Excelで学ぶ

統計解析 本格入門

Excel 2010 / 2013 / 2016 / 2019 対応

仕事で使える統計学 を確実にマスター！

日花 弘子
Hiroko Hibana

■本書中のシステム・製品名および会社名は、一般に各社の登録商標または商標です。
■本書では、TM、®マークは明記していません。

©2019	本書の内容は、著作権法上の保護を受けています。 著作権者、出版権者の文書による許諾を得ずに、本書の内容の一部、あるいは全部を 無断で複写・複製・転載することは禁じられております。

はじめに

『統計学』－もはや誰にとっても無視できない存在となりました。何らかの主張を通したいなら、データを使って訴求するのは、当たり前になっています。ところが、統計には、こんなセリフがあります。

『嘘には三種類ある。嘘と大嘘と統計だ。』

このセリフの『統計』には、データだけでなく、データにくっついてくるコメントや考察も含んでいるのでしょう。もっとも、データだけ見せられても困るので、データと考察がワンセットで扱われるのは、ごく自然なことです。

実際はどうかというと、データそのものは何の嘘もついていません。データの見方や取り扱い方を知らないまま考察したために、誤りという意味での嘘を招いてしまっているだけしょう。もちろん、中にはデータに精通し、データを巧みに操って意図的な主張をする人もいます。

だから今こそ、自分はデータやら数字やら、統計とは最も遠い存在だと自負している人こそ、統計に触れてほしいと思います。統計と聞くと難しいイメージですが、要はデータの正しい見方、取り扱い方を知るのが目的です。

本書は、2016年に発刊された「できるビジネスパーソンのためのExcel統計解析入門」に50ページ以上内容を追加し、統計解析の基本的な知識を網羅できるように調整したものです。また、データを扱うとなると、数式や計算がつきものですが、データの見方に集中できるよう、厄介な計算はExcelに任せています。

しかし、「Excelがあるから数式は知らなくてもいい。」とは申しません。データを扱う以上、数式からは逃れられませんし、何事にもスピードと効率を重視する現代では、多少なりとも数式を読めるようした方が得策です。本書は、勇気をもって数式を掲載するとともに、数式の意味を解説することで「数式」アレルギーの緩和にも努めています。もちろん、Excelのスキル向上にも力を入れています。

統計のスキルチェックとして、章末に練習問題を用意しましたが、新聞、雑誌、報道、テレビコマーシャルなど、統計のスキルチェックはどこでもできます。本書が「データを正しく見る目」に一役買えたら幸いです。

最後になりましたが、本書の増補・改訂の機会を与えてくださった平山編集長をはじめ、ビジネスパーソンの視点から意見をくれた日花稔氏、本書に関わったすべてのみなさまに感謝申し上げます。ありがとうございました。

2019年1月

日花弘子

本書を読むための準備

　本書では「分析ツール」と「ソルバー」を利用します。初期設定では利用できない状態になっていますので、次の操作を行って「分析ツール」と「ソルバー」を追加します。一度設定すれば、「分析ツール」と「ソルバー」が組み込まれた状態が続きます。起動のたびに操作する必要はありません。

　Excelを起動してください。Excel2013以降は「空白のブック」を開いてから操作します。

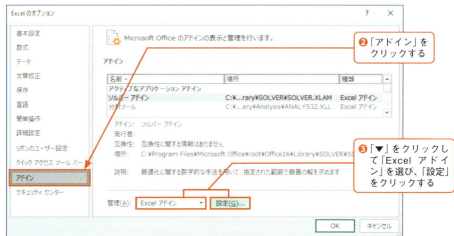

本書を読むための準備

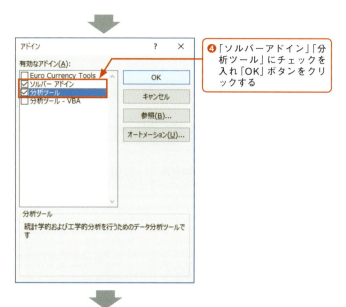

❹「ソルバーアドイン」「分析ツール」にチェックを入れ「OK」ボタンをクリックする

❺〔データ〕タブに【ソルバー】と【データ分析】が表示された

> MEMO **Excel について**
>
> 　Excelには、買取り型と、利用期間中は一定金額を支払い続けるサブスクリプション型があります。買取型のExcelには発売年が付されており、2019年1月時点での買取り型の最新バージョンはExcel2019です。サブスクリプション型はOffice365と呼ばれており、Office365の中にExcelが含まれています。
>
> 　買取り型とサブスクリプション型は、たんにExcelの利用形態が異なるだけでなく、利用できる機能にも差が生じます。Office365は「常に最新版で利用できること」を特徴としているためです。本書に掲載している画面は買取り型のExcel2019です。当面はOffice365でも利用できますが、今後のバージョンアップで機能などが変わる可能性があります。具体的には、新しい機能が追加されるだけでなく、画面構成が変わったり、古い機能が削除されたりすることがあります。

▶サブスクリプション型は、サービスを利用する権利にお金を払う形態。Office365では、月々払いや年払い方式がある。

▶Office365には、利用者の状況に応じて複数のエディションがある。個人向けのOfiice365 solo、企業向けにはOfiice365 Business、ProPlus、E3などがある。

CONTENTS

CHAPTER 01
統計学でデータの目利きを養う

01 なぜ、今、統計学を学ぶ必要があるのか　002

導入 ▶ ▶ ▶

▶ 統計学を学ぶ理由　002

本論 ▶ ▶ ▶

▶ 統計学を学ぶ理由①：データの目利きを高める　003
　Column　円グラフは見せる側になろう！？　004
▶ 統計学を学ぶ理由②：データのばらつき（全体像）を把握できるようにする　004
　Column　同じ学校なのに偏差値が違う　005
▶ 統計学を学ぶ理由③：データとデータの関係性を意識する　006
▶ 統計学を学ぶ理由④：最も効く要因をすばやく突き止める　007
▶ 統計学を学ぶ理由⑤：確率を意識できるようにする　008
▶ 統計学を学ぶ理由⑥：上振れ下振れリスクを軽減する　009
　Column　正規分布への誤解を解きたい　010
▶ 統計学を学ぶ理由⑦：データに振り回されない　010

02 そもそも「データ」とは何か　011

導入 ▶ ▶ ▶

▶ データから情報が生まれ、情報からデータが生まれる　011
▶ 数えられるデータと数えられないデータに分ける　012
▶ 時の流れで分ける　013

本論 ▶ ▶ ▶

▶ データ収集とデータのものさし　013

03 本書の構成　015

▶ 各章の概要　015
▶ 本書の進め方　015
　Column　ビッグデータと統計学　016

目 次

CHAPTER 02
データの全体像をつかむ

01 データを区分けする 018

導入 ▶▶▶

▶ ヒストグラムでデータ全体を図に表す 018
▶ ヒストグラム作成のポイント 019

実践 ▶▶▶

▶ Excelの準備 020
▶ Excelの操作①：階級数と階級幅を決定する 021
▶ Excelの操作②：度数分布表を作成する 022
▶ Excelの操作③：ヒストグラムを作成する 025
▶ Excelの操作④：ヒストグラムをクラス別に分解する 028
▶ 結果の読み取り 030

発展 ▶▶▶

▶ 階級数あれこれ 034

02 抜群のバランス感覚を誇る平均値を求める 036

導入 ▶▶▶

▶ 売上を平均価格と個数に分解する 037
▶ 平均値のある場所 038

実践 ▶▶▶

▶ Excelの表の準備 039
▶ Excelの操作①：売上見込み額を求める 040
▶ 結果の読み取り 041

発展 ▶▶▶

▶ 度数分布表から平均値を求める 042

03 しっくりこない平均値の正体 043

導入 ▶▶▶

▶ 平均値の弱み！？ 043
▶ 異質なデータの取り扱い 044
　　Column　すっかり悪者扱いになった平均値 045
▶ 2極化したデータの平均値 045

実践 ▶▶▶

▶ Excelの操作①：平均月商、平均来客数、平均客単価を求める 046

vii

CONTENTS

▸ 結果の読み取り　046

発展 ▶▶▶

▸ 異質なデータがあるかどうかわかりにくい場合　046

04 データの真ん中を知る　048

導入 ▶▶▶

▸ 異質なデータに惑わされない中央値　049
▸ 移動平均、移動中央で変動を除去する　050
▸ 2極化したデータの中央値　050

実践 ▶▶▶

▸ Excelの操作①：月別、3か月移動の平均値と中央値を求める　050
▸ Excelの操作②：問い合わせ件数の推移グラフを作成する　051
▸ 結果の読み取り　053
　　Column　業績動向に平均値や中央値を利用する　054

発展 ▶▶▶

▸ 四分位数　054

05 データの多数派を知る　056

導入 ▶▶▶

▸ 頻繁に現れる値を探す　057
▸ 最頻値の問題点　057
▸ 2極化したデータの最頻値　057

実践 ▶▶▶

▸ Excelの操作①：年別の最頻値を求める　058
▸ Excelの操作②：最頻値の出現回数を求める　060
▸ 結果の読み取り①：千円単位にまとめたデータで求めた最頻値　062
▸ Excelの操作③：取得したデータの度数分布表を作成する　062
▸ 結果の読み取り②：取得したデータの度数分布表と最頻値　063
▸ Excelの操作④：度数にデータバーを表示する　063
▸ 結果の読み取り③：年間消費支出額の推移　067

発展 ▶▶▶

▸ 指定した基準で数値をまとめるには　068

viii

目 次

06 データの全体像をフリーハンドで描く 069

導 入 ▶▶▶

実 践 ▶▶▶

▶ 平均値 ≒ 中央値 ≒ 最頻値 のデータ分布 070
▶ 平均値 ＞ 中央値 ＞ 最頻値 のデータ分布 071
▶ 平均値 ＜ 中央値 ＜ 最頻値 のデータ分布 071
▶ 平均値、中央値、最頻値でわかること 072
　　Column　　データ分布の裾の表現 072

07 データの散らばり具合を知る 073

導 入 ▶▶▶

▶ データの散らばりを調べる 074
▶ 平均値からの距離で何とかならないか 074
▶ 0にならない工夫をする 075
▶ 分散と標準偏差 076

実 践 ▶▶▶

▶ Excelの操作①：偏差と偏差の合計を求める 077

実 践 ▶▶▶

▶ Excelの操作②：分散と標準偏差を求める 078
▶ Excelの操作③：関数で分散と標準偏差を求める 080
▶ 結果の読み取り 082

08 ものさしの違うデータ同士を比べる 083

導 入 ▶▶▶

▶ データを標準化する 083
▶ 標準化データ（Z値）の読み取り方 085

実 践 ▶▶▶

▶ Excelの操作①：来店回数と買上金額の標準化データを求める 085
▶ 結果の読み取り 086

発 展 ▶▶▶

▶ 優良顧客をグラフで見える化する 087

ix

CHAPTER 03
データ同士の関係をつかむ

01 2種類のデータの意外な関係 ... 094

導入 ▶▶▶

- 散布図を描いてビジュアル化する ... 095
  - Column　間接相関にご注意 ... 096
- 相関係数で関係の強さを数値で示す ... 097

実践 ▶▶▶

- Excelの操作①：散布図を作成する ... 098
- Excelの操作②：相関係数を求める ... 100
- 結果の読み取り ... 101

発展 ▶▶▶

- 共分散を求める ... 102
- 共分散を標準化する ... 103

02 手持ちのデータを使って予測値を求める ... 106

導入 ▶▶▶

- 予測したいデータとそれを説明するデータを選ぶ ... 107
- 異質なデータの有無を散布図で確かめる ... 107
- 回帰分析で予測値を求める ... 107
- 予測に使える線が引けたかどうか判定する ... 108

実践 ▶▶▶

- Excelの操作①：散布図に近似曲線を引く ... 108
- Excelの操作②：回帰式から予測値を求める ... 112
- 結果の読み取り ... 113

発展 ▶▶▶

- 単回帰分析で使える関数 ... 114
- 回帰曲線の決定原理 ... 115

発展 ▶▶▶

- 決定係数の定性的な意味 ... 117

03 売上に影響を与えている要因を探る ... 118

導入 ▶▶▶

- 回帰分析で要因の影響力を測る ... 118

目　次

▶ t値で影響力を比較する 119
▶ 分析ツール「回帰分析」で着目する数値 119
▶ 使える説明変数と使えない説明変数を見分ける 121

実 践 ▶▶▶

▶ Excelの操作①：説明変数同士の相関を調べる 121
▶ Excelの操作②：回帰分析を実施する 122
▶ Excelの操作③：2回目の回帰分析を実施する 124
▶ 結果の読み取り 126

発 展 ▶▶▶

▶ 標準残差で外れ値を調べる 127
▶ 重回帰分析で使える関数 128

04 来店者の特徴を知る 130

導 入 ▶▶▶

▶ 定性データを定量化する 130
▶ 回帰分析で来店者の属性の影響力を測る 131

実 践 ▶▶▶

▶ Excelの操作①：定性データを定量化する 132
▶ Excelの操作②：回帰分析を実施する 134
▶ Excelの操作③：カテゴリースコアを求める 139
▶ 結果の読み取り 140

発 展 ▶▶▶

▶ 定性データをまとめて定量化する 142

05 総合評価のないアンケートのゆくえ 144

導 入 ▶▶▶

▶ 主成分分析で新しい総合評価を作る 145
▶ 主成分が説明する情報量を求める 146
▶ こぼれた情報をすくい取る 147

実 践 ▶▶▶

▶ Excelの表の準備 148
▶ Excelの操作①：仮の主成分得点と寄与率を求める 148
▶ Excelの操作②：制約条件を準備する 151
▶ Excelの操作③：ソルバーで主成分の係数を最適化する 151

　　Column　　内積が0の意味 156

▶ Excelの操作④：第1主成分と第2主成分の係数グラフを作成する 156

xi

CONTENTS

▶ Excelの操作⑤：店舗のポジショニングマップを作成する	159
▶ 結果の読み取り	160

発展 ▶▶▶

▶ 主成分同士の関係	161

06　データに白黒を付ける　　　　162

導入 ▶▶▶

▶ 判別分析でグループの境界線を引く	163
▶ 回帰分析で判別式と判別得点を求める	163

実践 ▶▶▶

▶ Excelの表の準備	164
▶ Excelの操作①：目的変数を定量化する	165
▶ Excelの操作②：回帰分析を実施する	166
▶ Excelの操作③：判別的中率を求める	167
▶ Excelの操作④：判別境界線を引く	169
▶ 結果の読み取り	174

発展 ▶▶▶

▶ グループが離れて見える新変数を合成する	174
▶ Excelの操作①：ソルバーの準備をする	176
▶ Excelの操作②：ソルバーを実行する	177
▶ Excelの操作③：判別的中率を求める	178
▶ 判別境界線の式	179
▶ 判別式の説明変数の影響力	179
Column　政府統計の利用	180

CHAPTER 04
全数データと一部データの関係をつかむ

01　少ないデータから本物の平均を知る　　184

導入 ▶▶▶

▶ 全数データから標本を抜き出す	185
Column　街頭インタビューは無作為抽出！？	186
▶ 母平均と標本平均値	186
▶ 標本平均値の平均値	187

実践 ▶▶▶

▶ Excelの操作①：元のデータをかき混ぜる	188

目　次

▶ Excelの操作②：無作為抽出を行う 192
▶ Excelの操作③：標本平均値の平均値を求める 193
▶ 結果の読み取り 194

発 展 ▶ ▶ ▶

▶ 標本平均値の平均値のデータ分布 195

02　少ないデータから本物のばらつきを知る 197

導 入 ▶ ▶ ▶

▶ 母分散と標本平均値の分散 198

実 践 ▶ ▶ ▶

▶ Excelの操作①：標本平均値の分散を求める 198
　　Column　　式の　読みやすさと効率性 199
▶ Excelの操作②：母分散と標本平均値の分散の比率を求める 200
▶ Excelの操作③：他の標本サイズの分散と比率を求める 200
▶ 結果の読み取り 201

03　ピックアップしたデータの全体像を知る 205

導 入 ▶ ▶ ▶

▶ 母集団と標本平均値のヒストグラムを比較する 206

実 践 ▶ ▶ ▶

▶ Excelの操作①：3つの母集団からまとめて標本を抽出する 207
▶ Excelの操作②：標本平均値の度数を求める 209
▶ 結果の読み取り 210

発 展 ▶ ▶ ▶

▶ 母集団が定性データの場合の標本平均値の分布 211

04　もう1つの散らばりを知る 213

導 入 ▶ ▶ ▶

▶ 標本分散の平均値と標本平均値の分散 214

実 践 ▶ ▶ ▶

▶ Excelの操作①：標本分散値と標本分散値の平均値を求める 215
▶ Excelの操作②：標本分散値の平均値を求める 216
▶ 結果の読み取り 217

発 展 ▶ ▶ ▶

▶ 標本分散などを表す数式 220

CHAPTER 05
データの形を知る

01 やってみるまでわからない 224
導入 ▶▶▶
- 期待値を求める 224

実践 ▶▶▶
- Excelの操作①：抽選券の期待値を求める 226
- 結果の読み取り 227

発展 ▶▶▶
- 標本平均値の平均値と期待値 227

02 山の形をしたデータ分布 229
導入 ▶▶▶
- 上振れ下振れリスクを確率とともに報告する 230
- データ分布と確率分布 230

実践 ▶▶▶
- Excelの操作①：実験的アプローチ－母平均と母分散を推定する 231
- Excelの操作②：実験的アプローチ－ヒストグラムを作成する 232
- Excelの操作③：実験的アプローチ－予算の取り得る範囲を求める .. 234
- 実験的アプローチ－結果の読み取り 234
- Excelの操作④：理論的アプローチ－案件データの性質を正規分布に当てはめる .. 235
- Excelの操作⑤：理論的アプローチ－正規分布で予算の範囲になる確率を求める .. 240
- 理論的アプローチ－結果の読み取り 241

発展 ▶▶▶
- 確率から確率変数を求める 243

03 標準の山 245
導入 ▶▶▶
- 正規分布を標準化する 246

実践 ▶▶▶
- Excelの操作①：標準化データを求める 247
- Excelの操作②：標準正規分布の確率を求める 247
- Excelの操作③：各月の売上高以上になる確率を求める 249
- 結果の読み取り 250

xiv

目 次

発 展 ▶▶▶

▶ 標準正規分布表を作成する 251

04 親戚の山々 253

導 入 ▶▶▶

▶ カイ二乗分布 253
▶ t分布 255
▶ F分布 256
▶ 二項分布 257

　　　Column　気持ちと確率的思考 260

CHAPTER 06
少ない情報で全体を推定する

01 高い信頼度で平均値を言い当てる 262

導 入 ▶▶▶

▶ 95%の信頼度で、母平均が存在する範囲を言い当てる 263
▶ 信頼度95%の意味 265
▶ 標本サイズと信頼区間 265

実 践 ▶▶▶

▶ Excelの表の準備 266
▶ Excelの操作①：標本平均値と母集団の関係を求める 267
▶ Excelの操作②：標本平均値が従う確率分布を作成する 267
▶ Excelの操作③：95%信頼区間の確率変数を求める 272
▶ Excelの操作④：危険率を求める 274
▶ 結果の読み取り①：データを母集団とみなした場合 276
▶ Excelの操作④：1回限りの標本平均値で母平均の95%信頼区間を求める 277
▶ 結果の読み取り②：データを標本とする場合 278

発 展 ▶▶▶

▶ 確率分布を使って信頼区間を導く 279

02 データが少ししかなくても平均値を言い当てる 280

導 入 ▶▶▶

▶ t分布を使って母平均を推定する 280

xv

CONTENTS

実 践 ▶ ▶ ▶

▶ Excelの操作①：t値を求める　282

▶ Excelの操作②：母平均を95％の信頼度で区間推定する　284

▶ 結果の読み取り　285

発 展 ▶ ▶ ▶

▶ t分布の信頼区間の導出　287

03　点数のばらつきを推定する　290

導 入 ▶ ▶ ▶

▶ カイ二乗分布を使って母分散を推定する　290

実 践 ▶ ▶ ▶

▶ Excelの操作①：カイ二乗値を求める　292

▶ Excelの操作②：母分散を95％の信頼度で区間推定する　293

▶ 結果の読み取り　294

発 展 ▶ ▶ ▶

▶ フィッシャーの近似式　295

04　新製品の購入比率を推定する　297

導 入 ▶ ▶ ▶

▶ 正規分布を使って母比率を推定する　297

実 践 ▶ ▶ ▶

▶ Excelの操作①：評価を1と0に振り分ける　300

▶ Excelの操作②：母比率を95％の信頼度で区間推定する　300

▶ 結果の読み取り　301

発 展 ▶ ▶ ▶

▶ 区間幅と標本サイズ　301

CHAPTER 07
偶然と必然の分かれ道

01　本音は別にある　306

導 入 ▶ ▶ ▶

▶ 統計の仮説検定は「等しい」を否定できるかどうかがカギ　307

▶ 矛盾を指摘できる基準は確率5％　308

実 践 ▶▶▶

▶ Excelの表の準備 309
▶ Excelの操作①：二項確率を求める 310
▶ Excelの操作②：失注数の確率を求める 311
▶ 結果の読み取り 312

発 展 ▶▶▶

▶ 正規分布に近似して仮説検定を行う 315

02 リニューアルで売上は伸びたのか 316

導 入 ▶▶▶

▶ 正規分布で仮説検定を行う 317

実 践 ▶▶▶

▶ Excelの操作①：Z値を求め、有意水準5%で仮説検定を行う ... 318
▶ 結果の読み取り 319

> Column　　Z.TEST関数とZ値 320

発 展 ▶▶▶

▶ 散らばりを検定する 321

発 展 ▶▶▶

▶ 小さい標本サイズで検定する 322

03 内容量のばらつきに差はあるのか 324

導 入 ▶▶▶

▶ F分布で仮説検定を行う 324

実 践 ▶▶▶

▶ Excelの操作①：F分布表を作成する 326
▶ Excelの操作②：F値を求め、有意水準5%で仮説検定を行う ... 327
▶ 結果の読み取り 327

> Column　　F.TEST関数の利用 327

発 展 ▶▶▶

▶ 回帰分析とF検定 328

04 平均に差はあるのか 330

導 入 ▶▶▶

▶ F検定してから平均値の差の検定方法を決める 330

CONTENTS

▸ t検定の方法	331

実 践 ▶▶▶

▸ Excelの操作①：F検定を行う	332
▸ Excelの操作②：F検定の結果にもとづき、t検定を実施する	332
▸ 結果の読み取り	333
Column　　T.TEST関数の利用	334

発 展 ▶▶▶

▸ 平均の差の検定に使うt値とt値が従う確率分布	335

05　シェアは伸びたのか　　336

導 入 ▶▶▶

▸ カイ二乗分布で仮説検定を行う	336

実 践 ▶▶▶

▸ Excelの操作①：カイ二乗値を求める	337
▸ Excelの操作②：有意水準の確率変数を求める	338
▸ 結果の読み取り	339

発 展 ▶▶▶

▸ 類似の分析例	340

06　給料は上がったのか　　341

導 入 ▶▶▶

▸ カイ二乗分布で仮説検定を行う	341
▸ 期待値の求め方	342

実 践 ▶▶▶

▸ Excelの操作①：カイ二乗値を求める	343
▸ Excelの操作②：有意水準の確率変数を求める	344
▸ 結果の読み取り	345
Column　　CHISQ.TEST関数の利用	345

発 展 ▶▶▶

▸ m × nの分割表で仮説検定を行う	345

CHAPTER 01

統計学でデータの目利きを養う

最近の統計学は、データ分析とセットになっていて、ビジネスマンにこそ必要という風潮です。もちろん、そのとおりで否定しませんが、統計学はビジネスマンに限らず、あらゆる人に必要な知識です。本章では、統計学がいかに身近な存在かをクイズ形式で解説しています。「統計とは」といった堅苦しい内容にならないように努めましたので、リラックスしてお読みください。

01　なぜ、今、統計学を学ぶ必要があるのか ▶▶▶▶▶▶▶▶▶ P.002

02　そもそも「データ」とは何か ▶▶▶▶▶▶▶▶▶▶▶▶▶▶ P.011

03　本書の構成 ▶▶▶▶▶▶▶▶▶▶▶▶▶▶▶▶▶▶▶▶▶▶▶ P.015

01 なぜ、今、統計学を学ぶ必要があるのか

CHAPTER 01

私たちは、日々さまざまな情報を能動的に手に入れていますが、自分の意思に関係なく情報を受動的に見聞きさせられている状態にも置かれています。提示される情報の多くは、データやグラフを使って説得力を向上させていますが、情報の真偽を判断するには、統計学の知識が必要です。ここでは、統計学を学ぶ理由について解説します。

導入 ▶▶▶

▶ 統計学を学ぶ理由

統計学を学ぶ理由は、データに対する目利きを高め、データにもとづいて発信される情報の真偽のほどを確かめる手段を持つためです。ビジネスに絞ると、不透明な先行き（不確実性）を軽減するのに統計学の知識が必要です。

ところで、統計とは、目的に沿って集められたデータと、データから計算等によって算出される加工データの集まりです。目的に沿ったとはいえ、何もしなければただの無味乾燥なデータの羅列です。ここに統計学を持ち込むことで、データ全体の傾向や特徴を捉え、有益な情報を見い出すことができます。以下、統計学を学ぶ理由や学ぶ必要性について、具体的な例を見ていきます。

本論 ▶▶▶

例題1 「アンケート結果を読み取ってください」

次の図は、アンケート調査結果に対するコメントと円グラフです。読み取れることや気づいた点、コメントとグラフを見た感想など、思いつくまま挙げてみてください。

● お客様満足度95％！大手A社、B社を抜いて堂々の第1位！

商品Aをご購入いただきましたお客様から高い評価を受けています。皆さまもぜひ一度、商品Xをお試しください。一度ご購入いただければ、たっぷり2か月はご使用になれます。

01 なぜ、今、統計学を学ぶ必要があるのか

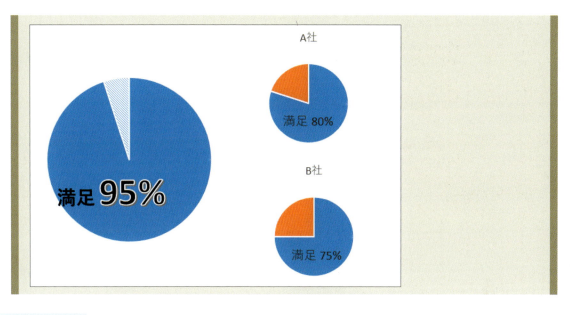

▶ 統計学を学ぶ理由①：データの目利きを高める

　統計学を学ぶ理由の1つ目はデータを見る目を養うためです。例題1のアンケート結果は、ツッコミどころがいくつかあります。

- 95%とは、いったい何人中の95%だろうか。
- いつの時点の95%なのか。アンケートの調査期間はどのくらいだったのか。
- 「お客様」の年代別や性別といった属性が知りたいが、よくわからない。
- 「買って損した」と思いたくない心理が少なからず働き、「満足」と答えているのではないか。
- 「どちらでもない」と答えたいが、選択肢がなく、不満とはいえないので、「満足」と答えているのではないか。

　テレビコマーシャルなどで「お客様満足度95％！」という声と同時に、よく目に飛び込んでくるのが円グラフです。円グラフは、数字でいわれてもよくわからないときに、比率で示すことによって「多い」「少ない」をひと目で判断できます。円グラフは情報提供者にとって訴求力の高い便利な図です。

　実は、円グラフ、もしくは、比率という表現は、「数字でいわれてもよくわからない」を克服するのと引き換えに、規模が示せないという弱点を抱えこんでいます。近年は円グラフの傍に、「n=○○」と規模を示したり、アンケートの調査方法が示されたりするようになってきましたが、小さく書かれていたり、離れた場所に記載されていたりするため見落としがちです。また、規模が違っていても、円の大きさが同じように描かれたり、意図的に大きさを変えたりすることもあります。例題1の円グラフは自社を大きく、他社を小さく見せていますが、比率ですからウソではありません。

　さて、問題のグラフには、次の文面が小さく注意書きされていました。ご覧ください。

003

CHAPTER 01 統計学でデータの目利きを養う

注）当社アンケートの有効回答数は80。購入から1週間程度で電話による聞き取りを実施。聞き取り調査期間X1年○月○日～○月○日。A社とB社のアンケート結果は○○調査会社から入手。A社：n=580、B社n=360、X0年○月時点の結果。

統計学では、データをいつ、どこから、どのくらい取るのかなど、データの取得条件が常に意識されます。したがって、統計学を学んでいると、円グラフより先に「n=○○」や、調査方法、調査期間といった箇所に目が向くようになります。ここでは、「回答の規模が違う」「他社の結果と時期がずれている」「調査会社の調査方法がわからない」といったことがすぐに意識されます。

Column 円グラフは見せる側になろう！？

円グラフは訴求力に優れた図であることに間違いはありません。円グラフを効果的に使えば、上司への説明やプレゼンテーションをうまく乗り切れるかもしれません。たとえば、「ここを突っ込まれると論点がずれるなぁ。本質的なことでもないし、さらっと乗り切りたいなぁ。」というときに円グラフ、あるいは比率を使うと、棒グラフで示すよりは比較的さらっと乗り切れる可能性があります。円グラフは規模を補う「n=○○」をきちんと書いていても、円という丸い形が規模の知覚をぼやかすためです。ただし、円グラフや比率を効果としてうまく使えるかどうかは、最終的に見せる側の説明力にかかっていることは申し添えておきます。

例題2 「成績を付けてください」

B組のZさんは、英語で85点を取りました。A組のXさんも英語で85点を取って、評価「優秀」を得ました。A組、B組ともに英語の平均点は50点前後です。B組のZさんも評価「優秀」でいいですよね？

▶ 統計学を学ぶ理由②：データのばらつき（全体像）を把握できるようにする

「Zさんも優秀と評価します。理由は優秀と評価されたXさんも同じ得点だからです。」はNGです。しかし、上述の情報だけで何とか成績を付けるとすれば、やはり「優秀」と付けるしかありません。ただし、「Xさんと同じ得点だから」では不十分で、「学年単位で絶対評価をする場合」という条件を明示する必要があります。

通常、数多くのデータを1つ1つ丹念に見ることはできないため、データの性質をひと言で表現する値が用いられます。性質を表す値の1つが平均値です。しかし、平均という1つの視点だけで判断することはできません。よって、例題2は、「成績を付ける条件や平均点以外の得点に関する値を見ないと成績は付けられない。」となります。

統計学を始めると、代表値と呼ばれる、データを特徴づけるさまざまな値を学びます。そして、代表値を見て、データの全体像を頭の中でイメージしたり、フリーハンドで図に描いたりすることができるようになります。次の図は、A組とB組の得点データから求めたさまざまな値と、値から類推される得点分布の概略図です。

▶平均値をはじめとする、データの性質や特徴を表す代表値についてはP.36以降で解説している。

01 なぜ、今、統計学を学ぶ必要があるのか

●得点データの代表値と類推される得点分布

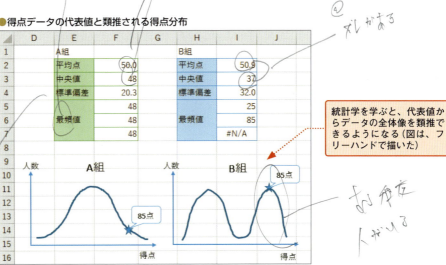

Column 同じ学校なのに偏差値が違う

「中学の偏差値は○○だけれど、高校は中学よりプラス10になるのよ。高校になると偏差値が上がってしまうから、中学のうちに受験させようかしら。」という話を耳にします。同じ学校で生じる偏差値の差は、中学を受験する人数と高校を受験する人数の違い、成績のばらつきの違いが原因の1つであることは、統計学を始めればわかるようになります。上述のセリフの場合は、次のようなイメージになります。

●中学の偏差値は高校偏差値に「換算すると」プラス10くらいのイメージ

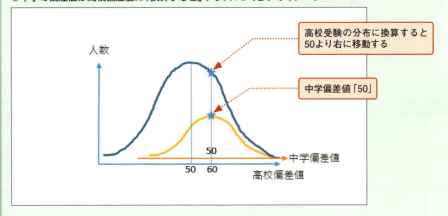

CHAPTER 01 統計学でデータの目利きを養う

例題3 「カレー粉の売上を伸ばしたいです。何か、作戦はありませんか?」

暑くて食欲が落ちる夏です。カレー粉売り場をエンドに移動して目立つようにし、「暑さを吹き飛ばせ!」と手作りのポップを置いて売ってみたものの売れ行きは今1つです。つい、買いたくなるような作戦はないでしょうか。

▶ 統計学を学ぶ理由③：データとデータの関係性を意識する

▶相関についてはP.94以降で解説する。

「どういうわけか、オムツを買った人はビールを買う傾向にある」というのは、併せ買いに関する有名なエピソードですが、併せ買いの組み合わせを決めるときに、統計学の相関分析が役に立ちます。データ同士の関係性を調べることによって、売り場の異なるカレー粉と夏野菜を一緒に置き、ついでにカレーの匂いを出しながら売るといった作戦を立てることができます。

なお、相関分析は、Excelの分析ツールで簡単に相関の値を算出することができます。第3章で解説しますが、相関の値は±1の範囲に収まります。大まかに言うと、中間の±0.5を境界にして+0.5以上(または−0.5以下)なら2つのデータ同士の関連性が高い(強い)と判断します。下の図からカレー粉と匂いの値は「0.83」です。かなり、強い相関がありますので、匂いを出しながらカレー粉を売るという作戦は売上アップを期待できそうです。

●分析ツール「相関」の出力例

	A	B	C	D	E	F	G
1		なす	ピーマン	おくら	トマト	匂い	カレー粉
2	なす	1					
3	ピーマン	0.477834	1				
4	おくら	0.428885	0.288461	1			
5	トマト	0.306496	0.292997	0.213339	1		
6	匂い	0.780796	0.569276	0.502699	0.328339	1	
7	カレー粉	0.647906	0.334714	0.50482	0.280288	0.830814	1
8							

夏野菜では、なすとおくらを優先的にカレー粉の近くに置くとカレー粉の売れ行きに効果がありそうだ

例題4 「自信作の商品、売れないのはなぜ?」

試行錯誤の商品開発を経てようやく販売にこぎつけた自信作の商品ですが、売れ行きがよくありません。売上に影響する要因を検討したところ、次の項目が挙げられました。どれが一番売上に影響しているでしょうか?

・価格
・テレビ広告
・インターネット広告
・折り込みチラシ

01 なぜ、今、統計学を学ぶ必要があるのか

▶ 統計学を学ぶ理由④：最も効く要因をすばやく突き止める

▶分析ツールや重回帰分析についてはP.118以降で解説する。

売上不振の要因を並べ立てていうところまでは比較的簡単ですが、並んだ要因の真偽のほどを確かめるのが容易ではありません。要因を突き止めるには統計学の重回帰分析と呼ばれる方法を使います。重回帰分析は、Excelの分析ツールに含まれており、簡単な操作で分析を行い、売上に影響している要因を突き止めることができます。

● 分析ツール「回帰分析」の出力例

	A	B	C	D	E	F	G	H	I	J	K
3	回帰統計										
4	重相関 R	0.91771									
5	重決定 R2	0.842192									
6	補正 R2	0.835547									
7	標準誤差	14450.1									
8	観測数	100									
9											
10	分散分析表										
11		自由度	変動	分散	観測された分散比	有意 F					
12	回帰	4	1.06E+11	2.65E+10	126.7493	3.34E-37					
13	残差	95	1.98E+10	2.09E+08							
14	合計	99	1.26E+11								
15											
16		係数	標準誤差	t	P-値	下限 95%	上限 95%	下限 95.0%	上限 95.0%		
17	切片	63558.79	33381.46	1.904015	0.059935	-2711.78	129829.4	-2711.78	129829.4		
18	価格	-73.772	34.82024	-2.11865	0.036729	-142.899	-4.64512	-142.899	-4.64512		
19	テレビ広告	4.705364	1.644975	2.860446	0.005202	1.439675	7.971053	1.439675	7.971053		
20	ネット広告	18.97843	5.323178	3.565243	0.000571	8.410581	29.54627	8.410581	29.54627		
21	折り込みチラシ	2.425712	0.646543	3.751817	0.000302	1.142161	3.709263	1.142161	3.709263		

細かい数値がたくさん並んでいて思わず拒絶反応が出た方もいるかもしれません。でも、ご安心ください。見るべきポイントは決まっています。慣れてくると、さっと目が動いて、瞬時に数値の良し悪しを判断できるようになります。

下の図は、上の図の「t」（セル範囲「D18:D21」）を表わしたグラフです。

● 売上影響度を表すグラフ

▶通常、影響度は、符号を考えない大きさだけで比較するが、ここでは、分析結果の数値をそのまま利用した。

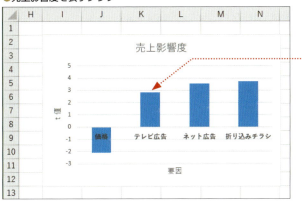

テレビ広告はネットやチラシに比べて売上への影響が低い。宣伝はテレビよりも、ネットやチラシを中心にすべきだった

007

CHAPTER 01 統計学でデータの目利きを養う

例題5 「どちらがお得？」

A店とB店は同じ商圏にあるスーパーマーケットです。A店、B店ともに抽選会を実施します。どちらもレシートの合計金額2000円ごとに1回抽選できるしくみです。この商圏内に住むXさんは、どちらの店もよく利用していますが、抽選会の期間中はお得感のありそうな方に行きたいと考えています。Xさんは、「はずれくじのない、B店の方が魅力的よね？景品の種類も多いし。B店に行きましょう。」

皆さんならどちらに行きますか？

●A店とB店の抽選内容

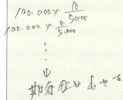

▶ 統計学を学ぶ理由⑤：確率を意識できるようにする

「お得」を判断するには、統計学には欠かせない確率と期待値が役に立ちます。例題の場合、A店抽選会の期待値は1本あたり214円、B店は153円程度と計算されます。これは、2000円の買い物ごとにA店なら214円ほど還元され、B店なら153円ほどの還元が期待されることを意味します。もしくは、抽選1本あたりの金銭価値と考えることもできます。いっけんして魅力的な抽選会はB店ですが、魅力的に見えることと「お得」は違うのです。日常的な場面でも統計学は役に立ちます。

例題6 「今期の予算はいくらになる？」

上層部から今期の予算はいくらになるかと尋ねられたとき、どう答えればいいでしょうか。ズバリ、「はい、○○円です。」でしょうか？それとも「本当は○○円くらいな気がするけれど、下振れはマズイから20%減の△△円にしよう。」でしょうか？ズバリ答えるのも気が引けますし、だからといって20%減で報告して実績との乖離が大きくなれば、たとえ業績が上振れても「予算の見積もりがいい加減」と評価されそうです。双方にとってよい答え方はないでしょうか？

01 なぜ、今、統計学を学ぶ必要があるのか

▶ 統計学を学ぶ理由⑥：上振れ下振れリスクを軽減する

理由⑥はP.4の理由②にも通じています。データにはばらつきがありますから、予算や実績も毎年ばらつききます。また、予算という未来のことをズバリ言い当てるなど、無理な話です。統計学を始めると、確率分布や推定を学びます。すると、引き合い中の案件を確率分布に表し、予算は〇〇円±△円の範囲に収まり、予想した範囲になる確率は70%くらいという答え方ができるようになります。ズバリ「点」で言い当てようとするのではなく、範囲を取ることで上振れ下振れリスクを軽減します。

下の図は、取引先との過去実績から予想される受注確度、受注した場合の引き合い案件の金額一覧から、ズバリ1つの金額を答えるときの予算金額（期待値）と確率分布による範囲を持たせた予算です。

▶期待値と確率分布についてはP.224以降、推定はP.262以降で解説する。

● 引き合い中の案件一覧

	A	B	C	D	E
1	案件No	取引先	受注確度(%)	金額	期待値
2	1	A社	90	61	54.9
3	2	B社	60	74	44.4
4	3	C社	20	82	16.4
5	4	D社	10	59	5.9
6	5	E社	10	76	7.6
7	6	E社	10	65	6.5
8	7	B社	70	22	15.4
58	57	B社	70	46	32.2
59	58	C社	30	30	9
60	59	B社	50	61	30.5
61	60	B社	60	40	24
62					

● 期待値と確率分布による予算範囲

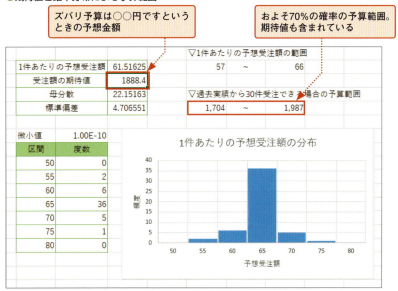

CHAPTER 01　統計学でデータの目利きを養う

Column　正規分布への誤解を解きたい

　統計ブームの到来で、さまざまな媒体でデータ分析や統計データに関する話題が増えてきました。その中で聞こえてくるのが、「多様化の時代に、こんなキレイな分布になるわけがない。統計なんてキレイごとばっかりで使えない。」です。中でも正規分布は美しい山の形をしていますので、冷たい目が向けられやすいです。例題6の図もかなりキレイな山の形をしていますので、「本のためにデータをキレイに揃えたのでしょう？」と疑われるのですが、乱数を発生させて無作為に求めた結果です。元がどんなデータであっても、平均の分布が正規分布になることは統計学を始めればわかります。正規分布は大切な確率分布であると実感していただけると思います。

例題7　「景気回復？」

　ある調査では、前回調査より給料が上がったかの問いに「はい」と答えた人の比率が多くなり、「いいえ」と答えた人の比率が減ったため、景気が回復していると考察していました。考察の根拠としたデータは次のとおりです。本当に景気が回復したといってよいでしょうか？

● アンケート調査結果

	A	B	C	D
1	給料は上がりましたか？			
2	回答	前回調査	今回調査	合計回答数
3	はい	490	1,015	1,505
4	いいえ	135	230	365
5	合計回答数	625	1,245	1,870
6				
7	▽比率			
8	回答	前回調査	今回調査	伸び率
9	はい	78.4%	81.5%	4.0%
10	いいえ	21.6%	18.5%	-14.5%
11				

▶ 統計学を学ぶ理由⑦：データに振り回されない

　上の例は、確かに今年の方が「給料が上がった」と答えた人の割合が多くなったのですが、たまたまの結果であり、誤差の範囲かもしれません。「前回よりも今回の方が、給料が上がったと答えた人が多い」といってよいかどうかは、統計的検定をしてみる必要があります。なお、検定の結果、前回よりも今回の方が、給料が上がったと答えた人が多いと判定されたとしても、景気が回復しているかどうかは別問題です。

　統計データとデータから求めた値に何らウソはありません。「はい」と答えた人の伸び率が4%になったのも本当です。しかし、その先にある、値から読み取った「情報」が意図的になっていることがあります。「情報」の真偽のほどを客観的に判断するために統計学を学ぶ必要があります。

▶4%の給料の伸びは、誤差の範囲か、前回より伸びたといえるのかはカイ二乗検定で判定する。→P.341

010

そもそも「データ」とは何か

右を見ても左を見てもデータ、データ…と、まるでデータに囲まれているかのように非常に多くのデータがあふれています。また、データと並んでよく使われる言葉に「情報」があります。ここでは、ひとくくりに呼んでいるデータや情報を定義し、データと情報の関係を明らかにします。早速、例題形式でデータと情報について見ていきます。

導入 ▶ ▶ ▶

例題1 「データから何か連想してください」

以下のデータから連想される情報を類推してください。

800　1000　　パート

▶ データから情報が生まれ、情報からデータが生まれる

　データは何らかの目的に沿って集められたもので、その形態は数字や記号や文字といったパーツ（部品、素材）です。まさに例題1の「800」「1000」「パート」はデータです。ここに何か意味づけをすることで情報になります。

　たとえば、以下のように情報を類推できます。例題1はデータにお題目が付いていませんので、自由に発想できます。解釈する人によって、数字を金額と捉えたり、人数と捉えたりします。

・パートの時給が800円から1000円に上昇した。
・パートから正社員になり、パート全体の人数が1000人から800人に減少した。

　例題1は極端な例ですが、データは共通でも、データを受け取った人によって、汲み取られる情報は違ってくることがわかります。ここに統計学を持ち込むと、分析手法の手続きに従って情報を取り出すので、データの解釈のばらつきを抑えることができます。
　さて、データがないと情報は得られないのでしょうか？　つまり、データと情報は「データ→情報」という一方通行の関係でしょうか？　答えはNoです。情報からデータを取り出すこともできます。最近の身近な例では、ツイッターなどのSNSを通じて書き込まれた

CHAPTER 01 統計学でデータの目利きを養う

さまざまな解釈にもとづく情報から共通ワードを取り出してデータ化したり、インターネットの検索ワードをデータ化したりしています。データと情報は双方向の関係にあります。

例題 2 「データを2種類に分けてください」

「○○データ」の○○に相当する部分を思いつくままに列挙したところ以下のようになりました。以下のデータを2種類に分けてください。また、どういう基準でデータを分けましたか？

品名	日付	日次売上	
天候	職種	給与	成長記録
身長	性別	人口	住所
株価	気温	アンケート	

▶ **数えられるデータと数えられないデータに分ける**

データは大きく分けると2種類に分かれます。上のデータを2つに分類すると、数値データと文字データに分かれます。

数値データ（量的データ）

日付	日次売上	給与	成長記録
身長	人口	株価	気温

文字データ（質的データ、または、定性データ）

品名	天候	職種
性別	住所	アンケート

統計学では、数値データを「量的データ」、文字データを「質的データ（定性データ）」といいます。両者は数値と文字という違いがありますが、「客観的事実」（誰が見ても同じこと）である点は共通しています。

▶名義尺度→P.14

MEMO　文字データの数値化

文字データは直接、データ同士を足したり、引いたり、平均を求めたりするようなことはありません。しかし、「成年」「未成年」や「ある」「ない」、「はい」「いいえ」などを「1」と「0」に数値化して統計解析に利用することができます。

▶順序尺度→P.14

MEMO　主観的なデータ

主観的なデータとは、人によって捉え方が変わるものを指します。たとえば、甘い／辛いや熱い（暑い）／冷たい（寒い）、濃い／薄いなどがあります。このようなデータも、「甘い〜辛い」、「薄い〜濃い」を段階的に「1〜5」で表せば数値化できます。主観的なデータはアンケート調査には欠かせない存在です。性質を順番に並べて数値化することで解析に利用できるデータに整えることができます。

02 そもそも「データ」とは何か

▶ 時の流れで分ける

　別の切り口で2つに分類すると、時間の流れに関係のあるデータと関係のないデータに分けることができます。統計では、時間の流れに関係のあるデータを「時系列データ」、時間の流れに関係のないデータを「クロスセクションデータ」といいます。

時系列データ

日付	日次売上	時間ごとの気温
日付順に並んだ天候	株価	成長記録

クロスセクションデータ

品名	地域ごとの天候／気温		職種	給与
身長	性別	人口	住所	アンケート

（手書きメモ）時間の流れに関係がないデータのこと

　以下の表は時系列データとクロスセクションデータの例です。

●苗の成長記録（時系列データ）

日数	日なた	日かげ
第1日目	1.0cm	0.7cm
第2日目	1.5cm	1.0cm
第3日目	1.8cm	1.2cm
第4日目	2.1cm	1.4cm
第5日目	2.4cm	1.6cm

●給与データ（クロスセクションデータ）

氏名	所属	給与
小松英輔	総務	250,000
里山雄治	経理	280,000
斉藤高志	生産	220,000
近藤秀樹	営業	290,000
吉野公浩	設計	310,000

　時系列データは、データ各行の上下間に関連があります。したがって、表の上下の行を入れ替えたりしません。入れ替えてしまうと表の本質が損なわれます。また、全体の平均を求めてもあまり有益な情報は得られません。逆に上下間の関連付けを示せる1日あたりの成長の度合いを求めることは意味のあることです。

　クロスセクションデータは、データの各行が独立していて、上下間には関連がありません。したがって、表の上下の行を入れ替えたり、氏名を50音順に並べ替えたりしても表の本質は損ないません。5人の給与の平均を求めることは給与の目安として一定の意味を示せる一方、上下の行で給与の差を調べても何も有益な情報は得られません。クロスセクションデータでは、各行の上下の関係を調べること自体が無意味です。

本論 ▶▶▶

▶ データ収集とデータのものさし

　データを収集するときは、データのものさしを意識します。ここでいうデータの「ものさし」とは、データ収集の基準のことです。

CHAPTER 01 統計学でデータの目利きを養う

●データの「ものさし」の分類

ものさしの分類	意味 / 説明	データ例
名義尺度 （質的データ）	データを区別するものさし データを数字に置き換えたもの。この数字は、記号と同じ。数値のように大小関係を比較することや（1>0）、数値の間隔を調べたりすること（1-0=1）に何の意味も持たない。単純にデータの違いを表したものさし。	有無の区別→有：1、無：0 はい、いいえの区別 →はい：1、いいえ：0
順序尺度 （質的データ）	区別したデータに順序が付くものさし 区別したデータには序列があり、大小関係を比較できるものさし。ただし、隣り合うデータ同士は等間隔とはいえない。例に示すとおり、「大変よい」と「よい」の差や「よい」と「普通」の差は同じとは限らない。	アンケート調査→好き：3、普通：2、嫌い：1 成績の5段階評価→大変よい：5、よい：4、普通：3、もう少し：2、がんばろう：1
間隔尺度 （量的データ）	順序のあるデータ間に等間隔の差があるものさし 隣り合うデータ同士の差が同じになるものさし。間隔尺度のデータは、数値で測定されたもので、例に示すとおり、気温の10度と20度の差は10度、20度と30度の差は10度であり、同じ意味を持つ「差」がある。ただし、気温20度は10度の2倍暖かいとはいわないため、間隔尺度で、比を表すことはできない。	気温→10度、20度、30度 小遣い→1万円、2万円、3万円 テストの点→10点、20点、30点
比尺度 （量的データ）	等間隔の差と比を表すものさし 隣り合うデータ同士の差の意味が同じであることに加え、その比にも意味を持つものさし。例に示すとおり、重さ1kgの2倍は2kgと表わすことができる。	重さ→1kg、2kg、3kg 体重→10kg、20kg、30kg 速さ→時速10km、時速20km、時速30km

▶順序尺度の隣同士の差を等間隔と仮定し、間隔尺度の1つとして利用することもある。

> **MEMO　間隔尺度と比尺度の違い**
>
> 　間隔尺度は、数値の「0」（存在しない）と同じ意味の「0」がありません。間隔尺度の「0」は、あくまでも基点に過ぎないのです。たとえば、気温「0℃」は、摂氏という単位の基点であって、温度がなくなるわけではありません。一方、比尺度は、数値の「0」と同じ意味を持つ「0」があります。重さ「0」kgとは、重さが「存在しない」ことを意味しています。では、テストの得点「0」点は点数が「ない」のでは？と疑問に感じるかもしれませんが、そもそも「0」点の定義が絶対的なものではありません。相対評価ができれば、何点を基点に考えてもよいのですから、比尺度ではなく、間隔尺度と考えます。

03 本書の構成

本書で取り上げる統計解析の概要と本書の進め方についてご案内します。各章の概要では、01
節で取り上げた例題との対応関係を示します。

▶ 各章の概要

各章の概要は次のとおりです。

章	統計解析	メリット	例題番号
02	度数分布とヒストグラム	データの全体像がつかめる。たとえば、データ分析に使うために集めたデータの特徴や分布を知っておくと、データ分析を実施する前に分析結果を類推できる可能性がある。また、得られた結果によっては、特異なデータなどの発見につながる	①②
	一次代表値（平均、中央値、最頻値）		
	二次代表値（分散、標準偏差）		
	データの標準化	通常、単位や規模の異なるもの同士は簡単に比較できないが、標準化によって比較が可能になる。たとえば、小規模店舗と大規模店舗の来客数のばらつきなどの比較が可能になる	
03	相関と回帰分析	いっけん関係のなさそうなデータ同士の関係性を見い出すことができる。相関によって関係性があると見いだされたデータから回帰分析によって予測値を求めることができる	③④
04	母集団と標本	Chapter06以降を身に着けるための土台である。統計解析を実施するにあたって身に着けておきたい知識である	⑤⑥
05	確率分布		
06	推定	正確なデータ分析をしようと思えば、必要と思われるデータをすべて収集しなくてはならないが、時間も費用もかかる。推定を知っておくと、少ないデータからデータ全体の特徴を類推できる	⑥
07	検定	検定を実施すると、変更前と変更後に違いがあるかどうかなどを知ることができる	⑦

▶ 本書の進め方

本書は例題形式で進めます。基本的には、例題の提示から、例題の解決に向けた実践的
な取り組み、及び、結果の読み取りまでで完結しますが、必要に応じて発展的な内容につ
いても解説します。

①導入

統計解析のテーマに合わせた例題の提示と例題に必要な統計の基礎知識を解説します。
例題には、身近な例やビジネスの現場で使える例のほかに、統計解析の理屈を検証するた

めの例も取り上げます。

②実践

　Excelを使って例題に関する操作から、結果の読み取りまで行います。Excelの操作では、統計解析ならではの機能を中心に紹介しますが、普段利用できるExcelのテクニックも多く盛り込んでいます。

③発展

　必要に応じて、統計の知識をさらに深めるための発展的な内容を解説しています。

Column　ビッグデータと統計学

　最近はやりの「ビッグデータ」は言葉が先行して意味が今1つです。総務省の平成24年度版情報通信白書によれば、ビッグデータとは「事業に役立つ知見を導出するためのデータ」と定義されています。漠然としていますが、仕事に役立つデータ全般と解釈できそうです。白書には、ビッグデータの特徴として、「多量性（Volume）、多種性（Variety）、リアルタイム性（Velocity）」があるとしています。これらは、3つの頭文字を取って3Vと呼ばれます。これまでも企業には、さまざまな業務データが蓄積されてきましたが、スマートフォンの普及により、ツイッターなどのSNSを通じた書き込み、GPS機能から読み取られるデータなども3Vに該当するデータとして利用されています。

　ところで、高性能なパソコンが普及した時代になったとはいえ、多種大量のデータを一度に処理して分析するには、まだ難しい場合があります。ですから、私たちは、然るべき専門家がビッグデータで分析した表、グラフ、考察を見る機会が多くなります。

　「専門家がやってくれるなら、統計学なんていらないじゃん。」ではありません。専門家がまとめてくれた表やグラフを使って、自分で情報を読み取り、考察の真偽を見極める目を養うために統計学を学んでおく必要があります。

CHAPTER 02

データの全体像をつかむ

本章では、ヒストグラム、平均値をはじめとする各種代表値、標準化データなど、さまざまな内容を取り上げますが、目的はひとつ、「データの全体像をつかむ」ことです。平均値と聞くと、初歩の初歩と思うかもしれませんが、売り上げ規模をつかむのにも役立つ大事な指標です。なお、本章で扱う内容は、後の章の基本です。ヒストグラムは頻出しますので、本章にて作成方法をマスターしてください。

01　データを区分けする ▶▶▶▶▶▶▶▶▶▶▶▶▶▶▶▶▶▶▶▶▶▶ P.018

02　抜群のバランス感覚を誇る平均値を求める ▶▶▶▶▶▶ P.036

03　しっくりこない平均値の正体 ▶▶▶▶▶▶▶▶▶▶▶▶▶▶▶ P.043

04　データの真ん中を知る ▶▶▶▶▶▶▶▶▶▶▶▶▶▶▶▶▶▶ P.048

05　データの多数派を知る ▶▶▶▶▶▶▶▶▶▶▶▶▶▶▶▶▶▶ P.056

06　データの全体像をフリーハンドで描く ▶▶▶▶▶▶▶▶▶ P.069

07　データの散らばり具合を知る ▶▶▶▶▶▶▶▶▶▶▶▶▶▶ P.073

08　ものさしの違うデータ同士を比べる ▶▶▶▶▶▶▶▶▶▶ P.083

データを区分けする

統計学では多くの数値データを一度に扱うため、まずは、数値データを整えて全体を捉えるという作業が必要になります。データの整頓に役立つのが度数分布と、度数分布をグラフにしたヒストグラムです。特にヒストグラムは、数値データ全体の形状と性質がわかる優れものです。ここでは、データの区分けのしかたとヒストグラムを中心に解説します。

導入 ▶▶▶

例題 「出来具合をひと目で確かめたい」

2クラスの期末テストの成績データが揃いました。1クラスは45人在籍しています。手始めに、成績状況を把握したいです。成績をひと目で確認するにはどうすればいいでしょうか。

●クラス別成績データ

	A	B	C	D	E	F	G	H	I	J	K
1	成績データ										
2			A組						B組		
3	50	42	61	40	59		23	20	67	57	76
4	52	34	51	43	69		15	13	71	63	62
5	48	41	40	52	58		18	16	55	60	76
6	40	62	50	53	52		23	16	65	73	65
7	54	54	49	42	61		22	25	71	75	68
8	50	54	42	58	41		12	22	66	75	70
9	59	47	41	43	61		22	82	69	79	68
10	45	67	50	38	70		28	65	84	77	76
11	57	29	52	44	50		17	73	68	60	76
12											

ここでは、成績データを例にするが、年齢、人口（人数）、重さ、長さ、金額などでも同様である

▶ ヒストグラムでデータ全体を図に表す

ヒストグラムは数値データの分布を見るためのグラフです。横軸は、区分けされた数値の範囲で、連続して並べられます。縦軸は区分けした範囲に入る数値データの個数です。

以下の図は、データからヒストグラムを作成する過程を表しています。まず、セル範囲「A2:A17」に入力されたひと塊の数値データをC列の「区分け」に従って線を引きます（❶）。次に、線の内側に入るデータの個数を数えて表に入力します。それぞれの区分けに入った数値データの数をまとめた表を度数分布表といいます（❷）。度数分布表をもとに縦棒グラフを挿入し、棒と棒の間隔をくっつけたグラフがヒストグラムです（❸）。

●データとヒストグラム

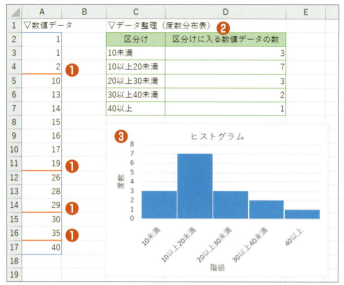

　棒と棒の間隔がくっついているのは、区分けが連続的に変化するからです。改めてA列のひと塊の数値データを見てください。線で区切っているだけです。つまり、ヒストグラムとはひと塊のデータの内訳を示している図なので、バラバラと別れたりしないのです。

　以上のことを踏まえた上で、自分だけで使う場合や一時的にデータのカタチを見るだけといった場合は、棒をくっつける操作はしなくても構いません。ただし、資料にして見せる場合はきちんとくっつけて表示します。

▶ ヒストグラム作成のポイント

　ヒストグラムを作成するポイントは2つです。いくつに区分けするのか、区分けする値領域の幅をどのくらいにするのか、です。ここで用語を確認します。区分けは階級、区分けの数は階級数、区分けする値領域の幅を階級幅、区分けに入るデータの個数を度数といいます。

　たとえば、以下の図では、「階級数5、階級幅10のヒストグラムの階級「10以上20未満」の度数は7です。」と表現します。

●ヒストグラム

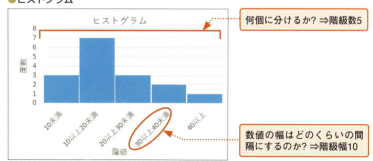

データの全体像をつかむ

● 階級数

階級数を決めるには、一定の目安があります。ところが困ったことに、目安の根拠となる階級数の決め方には複数の方法があって、しかもコレという決め手がないのが現状です。本書では以下の表を目安にします。

▶階級数あれこれ
→P.34

●階級数の目安

データ数	階級数
〜100	5〜7
100を超えて〜1000	8〜10
1000を超える	11〜15

● 階級幅

▶階級幅は、階級数で均等割りされないケースもある。複数の階級幅が混在する場合、ヒストグラムの度数は、各階級の面積で比較することになる。本書は、均等割りで解説する。

階級幅は、データの最小値から最大値の範囲を階級数で均等割りします。端数が生じた場合や切りが悪いときは、切のよい範囲になるように調整します。切よく調整するために、階級数が1つ、2つ加減しても問題ありません。

データの最大値と最小値の範囲はレンジといいます。データのレンジは？と聞かれたら、MAX関数とMIN関数で最大値と最小値を求めて引き算します。

$$階級幅 = \frac{データの最大値 - データの最小値}{階級数} = \frac{データのレンジ}{階級数}$$

● 階級

階級の表現は、○○以上○○未満です。以下の図の階級「40〜50」は、「40以上50未満」です。したがって、数値「50」は階級「50〜60」に入ります。

●階級の表現

実 践 ▶▶▶

▶ Excelの準備

サンプル
2-01

目的を達成するために、「そのためには（何が必要）？」と問いながら、必要な表を準備します。目的は、成績をひと目で把握することです。そのためには、ヒストグラムを作成します。ヒストグラムを作成するためには、度数分布表が必要です。度数分布表を作成するためには、階級数と階級幅が必要です。階級数と階級幅を決めるためには、レンジの把

01 データを区分けする

握が必要です。

　以上を踏まえ、表を準備します。サンプルファイルは、範囲が指定しやすいように、A組、B組の成績を縦一列に並べて入力しています。

● 成績把握のための表の準備

	A	B	C	D	E	F	G	H	I	J
1	成績データ				▽レンジ				▽階級数と階級幅	
2	No	A組	B組		最高点	最低点	レンジ		階級数	階級幅
3	1	50	23						6	
4	2	52	15							
5	3	48	18		▽度数分布表		1.00E-10		▽ヒストグラム	
6	4	40	23		階級	上限値	度数			
7	5	54	22							
8	6	50	12							
9	7	59	22							
10	8	45	28							
11	9	57	17							
12	10	42	20							
13	11	34	13							

▶ Excelの操作①：階級数と階級幅を決定する

▶均等割りすることで、ヒストグラムの高さで比較できる。

　最終的に、クラスごとのヒストグラムが比較できるように、2クラスとも共通の階級にします。階級幅はMAX関数とMIN関数を使ってレンジを求め、階級数で均等割りします。階級数は1クラス45人、全体で90人のため、5～7の範囲を目安にします。ここでは、一度で決め打ちしますが、現実には、最大値、最小値、階級数と階級幅を見ながら、切り良く調整します。

MAX ／ MIN関数 ➡ 指定した範囲の最大値と最小値を求める

書　式　=**MAX**(数値1, 数値2, …)
　　　　=**MIN**(数値1, 数値2, …)
解　説　数値に数値、数値の入ったセル、セル範囲を指定し、最大値と最小値を求めます。

データのレンジを求める

● セル「E3」「F3」「G3」に入力する式

| E3 | =MAX(B3:C47) | F3 | =MIN(B3:C47) | G3 | =E3-F3 |

▶手順❶は、セル範囲「B3:C3」をドラッグし、Ctrl+Shift+↓を押すと、効率よく範囲選択できる。

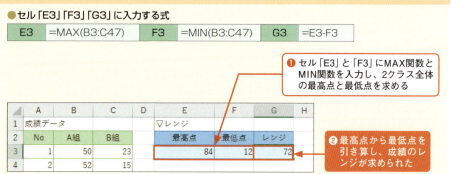

❶ セル「E3」と「F3」にMAX関数とMIN関数を入力し、2クラス全体の最高点と最低点を求める

❷ 最高点から最低点を引き算し、成績のレンジが求められた

021

CHAPTER 02 データの全体像をつかむ

階級数と階級幅を決める

●セル「J3」に入力する式

| J3 | =G3/I3 |

▶階級「15未満」に最低点12点が含まれる。階級「75〜90未満」に最高点84点が含まれ、2クラスの成績データ全体が網羅される。

	A	B	C	D	E	F	G	H	I	J
1	成績データ				▽レンジ				▽階級数と階級幅	
2	No	A組	B組		最高点	最低点	レンジ		階級数	階級幅
3	1	50	23		84	12	72		6	12
4	2	52	15							

❶ 階級数を6階級にすると、階級幅は12点刻みとなる。切りが悪いので、15点刻みにする

❷ 切り良く決めた階級幅で階級を入力する。このとき、最小値から最大値まで網羅されているかどうか確認する

Excel2013以降
▶手順❸は、「15」「30」と入力したあと、〔データ〕タブの【フラッシュフィル】をクリックする。直前に入力した値を手本にして、残りの上限値が自動入力される。

	A	B	C	D	E	F	G	H	I	J
1	成績データ				▽レンジ				▽階級数と階級幅	
2	No	A組	B組		最高点	最低点	レンジ		階級数	階級幅
3	1	50	23		84	12	72		6	12
4	2	52	15							
5	3	48	18		▽度数分布表		1.00E-10		▽ヒストグラム	
6	4	40	23		階級	上限値	度数			
7	5	54	22		15未満	15				
8	6	50	12		15〜30未満	30				
9	7	59	22		30〜45未満	45				
10	8	45	28		45〜60未満	60				
11	9	57	17		60〜75未満	75				
12	10	42	20		75〜90未満	90				
13	11	34	13							

❸ 度数を求めるため、階級の上限値を入力する

▶ Excelの操作②：度数分布表を作成する

　Excelでは、度数を求めるFREQUENCY関数と分析ツールのヒストグラムが用意されていますが、いずれも階級が「下限値を超えて上限値以下」であり、「下限値以上、上限値未満」ではありません。

　階級を「下限値以上、上限値未満」とするには、上限値から微小値を引き算します。得点データは整数のため、上限値から1点ずつ引けば十分ですが、上限値のセルの表示を変えないように、セル「G5」に100億分の1の微小値（1.00E-10）を準備しています。大げさな微小値ではありますが、P.20の図の上限値が「●（値を含む）」から「○（値を含まない）」になればいいのです。

FREQUENCY関数 ➡ 指定した階級の度数を求める

| 書　式 | {=**FREQUENCY**(データ配列, 区間配列)} |
| 解　説 | データが入力されているひと塊のセル範囲をデータ配列に指定し、区間配列で認識される階級ごとの度数を求めます。区間配列は、階級の上限値が入力されたセル範囲を |

指定します。階級は、区間配列内の1つ前のセルを下限値とし、下限値を超え、上限値以下と認識されます。

補足　各階級の度数を一度にまとめて求めるため、度数を求める範囲をすべて選択し、関数を配列数式で入力します。

下限値以上、上限値未満の階級を準備する

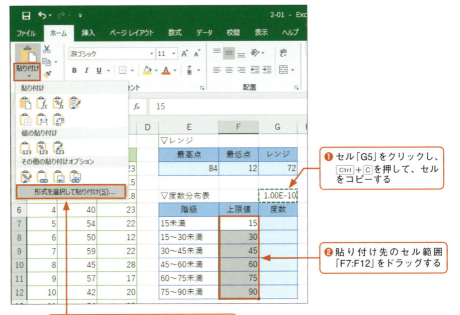

▶微小値を引くには、コピー＆ペーストを行い、ペースト方法を指定する。ここでは、微小値をコピーし、上限値からコピーした微小値を引き算した値をペーストする。

❶セル「G5」をクリックし、[Ctrl]+[C]を押して、セルをコピーする

❷貼り付け先のセル範囲「F7:F12」をドラッグする

❸[ホーム]タブの【貼り付け▼】→【形式を選択して貼り付け】をクリックする

❹「値」をクリックする

▶「値」を選択すると、罫線などの書式が保持される。

❺「減算」をクリックして「OK」ボタンをクリックする

CHAPTER 02 データの全体像をつかむ

❻ 上限値から微小値が引かれた。セルの表示に変化はないが、数式バーで微小値が引かれたことを確認できる

やってみよう！ FREQUENCY関数で各階級の度数を求める

● セル範囲「G7:G12」に入力する式

G7:G12　=FREQUENCY(B3:C47,F7:F12)

▶配列数式は、データの入ったセル範囲をひと塊とみなして入力する数式で、Ctrl＋Shift＋Enterを押して数式を確定する。

❶ セル範囲「G7:G12」をドラッグし、関数を入力して Ctrl ＋ Shift ＋ Enter を押す

▶配列数式で入力された数式の前後は中カッコ「{}」で囲まれる。

❷ 各階級の度数が求められた

▶ Excelの操作③：ヒストグラムを作成する

　ヒストグラムを作成するには、階級と度数をもとに縦棒グラフを挿入し、グラフを編集して棒と棒をくっつけます。

集合縦棒グラフを挿入する

▶離れたセルやセル範囲を同時に選択するには、2箇所目以降を、[Ctrl]を押しながらクリック、またはドラッグする。

❶ セル範囲「E6:E12」をドラッグし、[Ctrl]を押しながら、セル範囲「G6:G12」をドラッグする

❷〔挿入〕タブの【縦棒/横棒グラフの挿入】→【集合縦棒】をクリックする

▶手順❷はバージョンによってボタン名が異なるが、ボタンのデザインは共通している。同じデザインのボタンをクリックして集合縦棒グラフを挿入する。

▶バージョンによって、グラフ作成直後に表示されるグラフ要素が異なる場合がある。

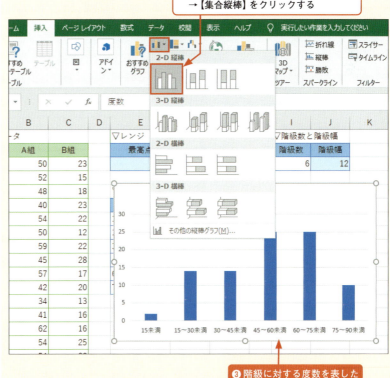

❸ 階級に対する度数を表した縦棒グラフが挿入された

025

CHAPTER 02 データの全体像をつかむ

 棒の間隔を編集する

❶ 任意の棒の上を右クリックし、【データ系列の書式設定】をクリックする

❷ 「データ系列の書式設定」作業ウィンドウが表示される

❹ 設定が終了したら「閉じる」をクリックする

Excel2010
▶手順❷以降、作業ウィンドウの代わりにダイアログボックスが表示される。ダイアログボックスで同様に操作する。

▶ヒストグラムの意味を忠実に守って、手順❸を「0」にすると、同じ色のべた塗りになり、階級の区切り目がよくわからない。このため、仕切りがわかる程度に間隔を空けている。

❸ 〔系列のオプション〕の「要素の間隔」は「0」とすべきだが、ここでは「3」とした

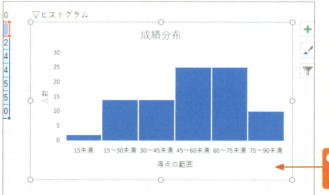

▶タイトルや軸ラベルは適宜挿入、編集する。グラフの基本的な編集方法はP.31のMemo参照。

❺ A組、B組全体の成績分布を表すヒストグラムが完成した

01 データを区分けする

グラフの目盛りを固定する

Excel2010
▶ダイアログボックスで操作する(→P.33)

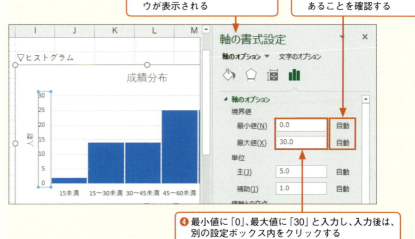

❶ グラフの「縦(値)軸」上で右クリックし、【軸の書式設定】をクリックする

❷「軸の書式設定」作業ウィンドウが表示される

❸ グラフの目盛りが「自動」であることを確認する

▶目盛りを固定する場合は、「自動」と同じ値であっても入力する。入力した値が確定すると、「リセット」に切り替わる。

❹ 最小値に「0」、最大値に「30」と入力し、入力後は、別の設定ボックス内をクリックする

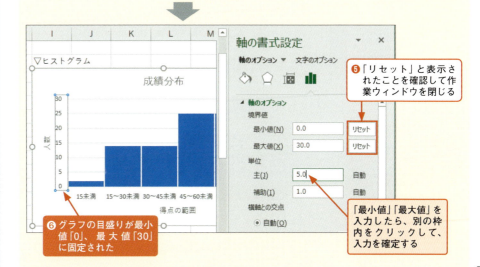

❺「リセット」と表示されたことを確認して作業ウィンドウを閉じる

▶「リセット」をクリックすると、目盛りに設定した値が解除され、「自動」の値に戻る。

❻ グラフの目盛りが最小値「0」、最大値「30」に固定された

「最小値」「最大値」を入力したら、別の枠内をクリックして、入力を確定する

027

CHAPTER 02　データの全体像をつかむ

▶ Excelの操作④：ヒストグラムをクラス別に分解する

　データ分析では、全体を大づかみしたら、ある視点でデータを分解し、データを詳細に見る手法が取られます。また、得られた結果が1つしかないと、いいのか悪いのかよくわかりませんので、何らかの比較対象を用意する必要があります。ここでは、A、B組全体の度数分布表とヒストグラムを利用して、クラスの視点でヒストグラムを2つに分解します。
　具体的には、ワークシートを2枚コピーしてA組用とB組用に分け、FREQUENCY関数のデータ配列の範囲を変更します。

ワークシートを準備する

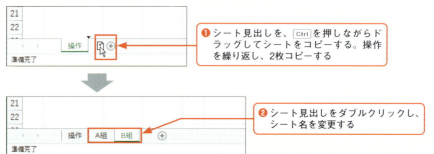

❶ シート見出しを、Ctrlを押しながらドラッグしてシートをコピーする。操作を繰り返し、2枚コピーする

❷ シート見出しをダブルクリックし、シート名を変更する

クラスごとの度数分布表とヒストグラムに更新する

❷ 数式バーの中をクリックする

▶配列数式で入力した式や関数は、配列単位で修正、変更する必要がある。[/]はひらがなの「め」の位置にある。

❶「A組」シートから変更する。度数を求めた任意のセルをクリックし、Ctrl+[/]を押し、同じ配列数式を入力したセル範囲を選択する

❸ 関数の引数が色枠で表示される。色枠のハンドルにマウスポインターを合わせ、左方向にドラッグする

▶手順❸は、数式バーで直接編集し、FREQUENCY関数のデータ配列を「B3:B47」に変更してもよい。色枠の範囲も自動的に変更される。

01 データを区分けする

▶グラフタイトルは適宜変更する。

▶P.27で目盛りを固定したため、度数が変化してもグラフの縦軸目盛りは変わらない。

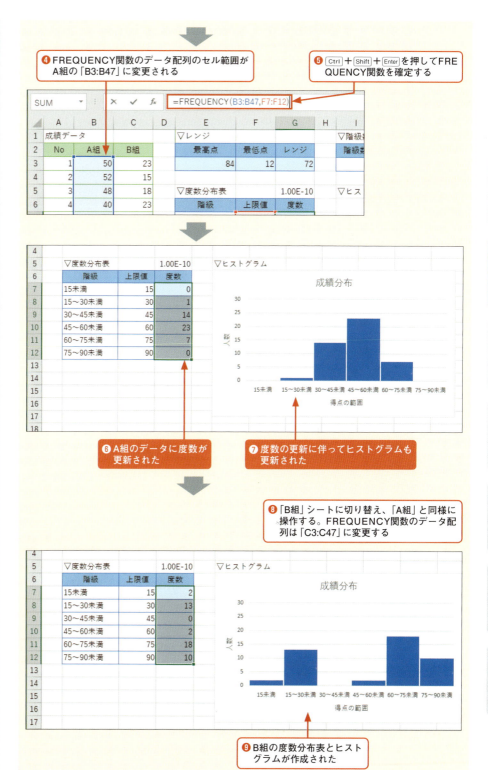

CHAPTER 02 データの全体像をつかむ

▶ 結果の読み取り

A組、B組、全体のヒストグラムは次のとおりです。全体にまとめた場合、クラスに分解した場合を見比べて情報を読み取ります。

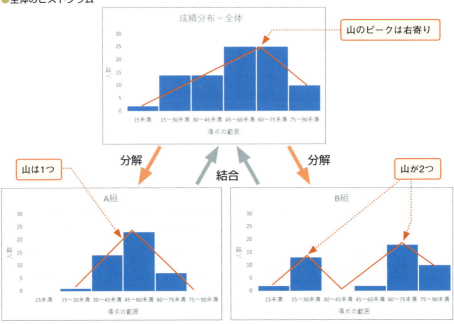

①全体のヒストグラム

全体のヒストグラムを見ると、ピークが右寄りで、期末テストは全般的に得点が高かったことを示しています。

②A組のヒストグラム

A組の成績は45点以上60点未満を中心に左右にばらついています。ヒストグラムの各棒の頂点を線で結んでみると、1つの山になります。A組の平均点は約50点（→側注参照）なのですが、平均点が山の頂点の「45点以上60点未満」に存在することから、平均点は、A組の出来映えを示す値と見ることができます。

③B組のヒストグラム

B組の成績は、2層に分かれています。A組と同様に線を引いてみると、山のピークが2つあります。B組の平均点は約53点ですが、平均点が含まれる階級「45点以上60点未満」にはあまり該当する人がいません。B組の平均点は、B組の出来映えを示す値として使うには無理があります。

もう一度、全体のヒストグラムを見直すと、右寄りのピークを形成していたのは、A組とB組がほどよく混ざっていたのではなく、B組の高得点層であることがわかります。

▶A組とB組の平均点は、AVERAGE関数で求められる。または、A組のデータ範囲をドラッグすると、ステータスバーに平均が表示される。

01 データを区分けする

> **MEMO** グラフの編集
>
> ここでは、グラフ要素の追加と削除、グラフ要素の書式設定を取り上げます。Excel 2013より、グラフの編集画面がダイアログボックスから作業ウィンドウに変更されているのと、グラフ編集用のリボンの構成が変更されています。編集できる内容は同様ですが、使い勝手が変わっていますので、バージョンごとに解説します。
>
> **Excel2013以降のグラフ要素の追加と削除**
>
> グラフを挿入すると表示される、【グラフ要素】ボタンをクリックし、必要なグラフ要素にチェックを入れます。軸ラベルなどの文字入力をする要素は、ラベルをクリックし、仮のラベル名をドラッグして上書きします。

▶手順❷でチェックを外すと、表示中のグラフ要素が削除される。

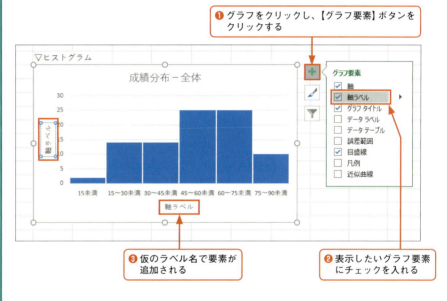

❶ グラフをクリックし、【グラフ要素】ボタンをクリックする

❷ 表示したいグラフ要素にチェックを入れる

❸ 仮のラベル名で要素が追加される

▶文字入力をするグラフ要素では、グラフ要素の上を2回ゆっくりクリックしても、要素内にカーソルが入り、文字入力できる。

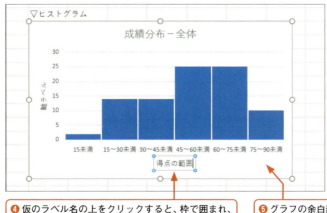

❹ 仮のラベル名の上をクリックすると、枠で囲まれ、グラフ要素が選択される。ラベル名をドラッグして文字を上書きする

❺ グラフの余白部分をクリックすると、ラベル名の変更が決定される

Excel2010のグラフ要素の追加と削除

〔レイアウト〕タブにグラフ要素の追加ボタンが用意されています。要素追加後の編集方法はExcel2013以降と同様です。不要な要素は、グラフ要素をクリックして[Delete]を押すと削除されます。

●〔レイアウト〕タブ

●「軸ラベル」の設定例

ボタンをクリックして、サブメニューから選択する

Excel2013以降の書式設定

作業ウィンドウでは、アイコンをクリックして書式設定の種類を切り替え、設定内容が折りたたまれている場合は、必要に応じて展開します。

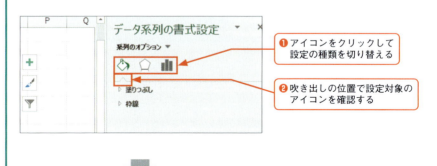

❶ アイコンをクリックして設定の種類を切り替える

❷ 吹き出しの位置で設定対象のアイコンを確認する

▶手順❸は、設定タイトルをクリックするごとに、設定内容の展開／折りたたみが切り替わる。

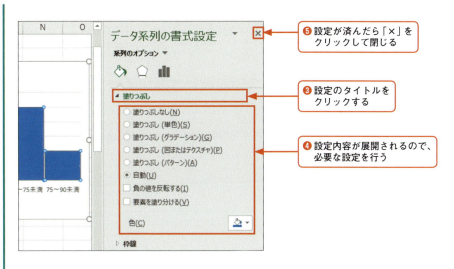

❺ 設定が済んだら「×」をクリックして閉じる
❸ 設定のタイトルをクリックする
❹ 設定内容が展開されるので、必要な設定を行う

Excel2010の書式設定

編集画面は、ダイアログボックスで表示されます。ダイアログボックス左側で書式設定の種類を切り替え、必要な設定を行い、設定が終了したら「閉じる」ボタンをクリックします。下の図は、「軸の書式設定」ダイアログボックスです。グラフの目盛を設定するときに頻繁に利用します。通常、目盛は「自動」で表示されますが、「固定」に変更すると、入力欄がアクティブになり、数値を指定することができます。

●「軸の書式設定」ダイアログボックスの「軸のオプション」例

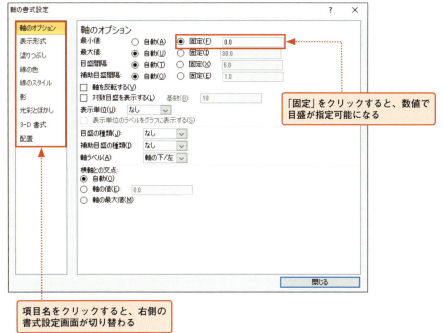

「固定」をクリックすると、数値で目盛が指定可能になる

項目名をクリックすると、右側の書式設定画面が切り替わる

発展 ▶▶▶

▶ 階級数あれこれ

これといった決め手に欠ける階級数ですが、よく利用されているのは「平方根」と「スタージェスの公式」です。ほかにも、「スコットの公式」、「フリードマン＝ダイアコニスの公式」があります。

どれを選んでも一長一短です。そもそも階級数の決め方が複数あること自体、決め手に欠けている証拠でもあります。しかし、商談や上司への説明などで、階級数を決めた根拠を問われる場合もあると思います。そのときは、同じ資料の中では1つの方法に統一します。

● 平方根

ビジネスの現場では、普通の電卓に付いている「ルート√」で気軽に計算できる「平方根」が採用されるケースをよく見かけます。「平方根」は、ExcelのSQRT関数で求められます。「平方根」の欠点は、データの個数が多くなると階級数が必要以上に多くなることです。

▶SQRT関数は、「=SQRT(正の数値)」を指定し、正の平方根を求める。

● 平方根による階級数

$$階級数 = \sqrt{データ数}$$

● 平方根による階級数とデータ数の関係

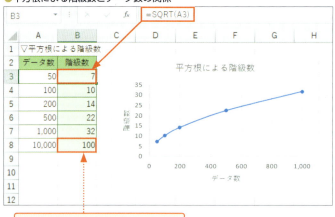

データ数が増えると階級数が多くなる

● スタージェスの公式

文献等ではスタージェスの公式を採用しているケースが多いです。対数を使いますが、ExcelのLOG関数で簡単に求められるので手間はかかりません。スタージェスの公式を使うにあたっての懸念材料は、データが左右対称の山の形をした正規分布を前提としていることです。データがどんな分布をしているのかよくわからないからヒストグラムを作るのに、本末転倒な気がする公式です。しかし、世の中のデータ分布は正規分布に近似できることも多いため、スタージェスの公式は階級数を決める根拠として使える公式です。また、

▶LOG関数は、「=LOG(数値,底)」と指定し、指定した底に対するデータの対数を求める。本節で示した階級数の目安はスタージェスの公式に依っている。

底を2とする対数を取るため、取り扱うデータが2倍、4倍、8倍と増えても、階級数は1ずつしか増えないのも特徴です。

● スタージェスの公式

階級数 = 1 + $\log_2$データ数

● スタージェスの公式による階級数とデータ数の関係

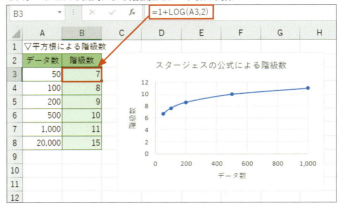

> **MEMO　スコットの公式とフリードマン＝ダイアコニスの公式**
>
> 　両公式とも、データ数だけで決まらない点が難点です。公式の中の四分位範囲とは、データのレンジを4等分にしたときの中央の2つ分のデータ範囲です。
>
> **スコットの公式**
> 階級数 ＝ レンジ/(3.5×標準偏差×（データ数）^(－1/3))
>
> **フリードマン＝ダイアコニスの公式**
> 階級数 ＝ レンジ/(2×四分位範囲×（データ数）^(－1/3))

▶フリードマン＝ダイアコニスの公式は、データが正規分布であるといった前提条件はない。

> **MEMO　営業成績や売上実績をヒストグラムにする場合**
>
> 　ヒストグラムは、目的に沿って集められたデータであれば作成可能ですが、同じ目的で集めたデータなら何でもいいとは限りません。たとえば、全国の営業部員の営業成績や全国の店舗の売上実績を「金額」で区分けするのは好ましくありません。なぜなら、売上には立地や商圏人口、顧客層などが影響するためです。都会の大型店と郊外の小型店を同一視できないことは百も承知だと思いますが、店舗名ごとの売上実績をペラ一枚の表にまとめてしまうと、つい、店舗条件が異なることを見逃してしまいます。
>
> 　売上実績や営業成績をヒストグラムにする場合は、同じ条件の店舗や営業員で層別にするか、店舗の規模や商圏あたりの比率にするなど、条件を揃える工夫が必要です。

② 抜群のバランス感覚を誇る平均値を求める

計算は嫌いという人も、平均だけは日常的に行っているのではないでしょうか。お徳用パックと通常パックのグラムあたりの値段比較、子どもの成績の5科目平均点、割り勘などたくさんあります。ビジネスでもざっと売上規模を求めたいときに平均が役立ちます。ここでは、おなじみの平均について、改めて考えてみたいと思います。

導入 ▶ ▶ ▶

例題 「売上規模をつかみたい」

　年商2億円のA社は、関西で限定販売中の商品Kを東京で発売する計画を立てています。発売が決定した場合、東京では、商品Tに名前を変えて販売する予定です。担当外だったX氏は、突然、東京での売上見込みを1時間後の会議で報告するよう指示されてしまいました。X氏は、紙に印刷された売上記録と書類を渡され、途方に暮れていたところ、先輩Y氏と後輩Z氏が手伝ってくれることになり、以下のデータが揃いました。

　売上記録は、販売時刻、販売員、販売価格等が記載され、1件あたりの販売数はすべて1個です。そこで、無作為に200件の、つまり、200個分の商品Kの販売価格を抜粋してデータ化しました。また、書類を確認したところ、出店候補のターゲット人口やシェアの見込みなどが記載されていました。

●商品Kの販売価格実績の抜粋

	A	B	C	D	E
1	売上記録から販売価格を無作為に抜粋				
2	400	500	410	410	370
3	500	380	400	410	400
4	500	370	410	370	370
5	500	370	410	400	620
6	500	480	370	450	440
38	440	440	400	440	480
39	410	370	400	500	480
40	480	440	500	550	550
41	370	480	480	400	480
42					

●出店候補の資料

	A	B
1	出店候補の資料	
2	ターゲット人口合計（人）	150,000
3	シェア	5%
4	年平均購入見込み個数/人	5.5

02 抜群のバランス感覚を誇る平均値を求める

▶ 売上を平均価格と個数に分解する

　売上は価格×個数に分解できます。例題のように販売価格が変化する場合は、販売価格を平均して使います。平均は、ばらつきのある数字を平らにならすことです。平均値は、次の式で表します。

$$平均値 = \frac{数値データの合計}{数値データの個数}$$

　以下の左図は、横軸に売上記録を抜粋したナンバー、縦軸に抜粋した販売価格を取った棒グラフです。抜粋したナンバーは、1件1個のデータですから、横軸は個数と同じです。200件抜粋したので本来は、横軸を200まで取るべきですが、ここでは簡易的に10個分にしています。グラフの縦棒1本は販売1個分に相当し、棒の高さをすべて足せば、10個分の売上高になります。

　右の図は、平均値で平らにならし、1個ずつをぴったり寄せて並べています。平均より高い棒は平均より低い棒に補うことで、縦が平均販売価格、横が個数の長方形になります。長方形の面積も左図と同じ売上高になります。

▶右図のオレンジ色は平均への不足を補っている。

●販売価格データ10個分

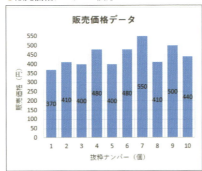

●平均販売価格で平らにした場合

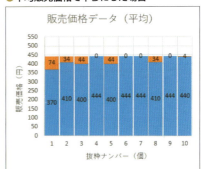

　東京で発売した場合の販売数見込みは、「ターゲット人口×シェア×年平均購入見込み個数」で計算できるので、平均販売価格が決まれば、上の右図のとおり、長方形の面積で東京の売上規模が計算できます。

● 平均の性質

　さて、本節は、平均にスポットを当てたいので、上の図から平均の性質を読み取ります。棒1本ずつの合計は平均でならした長方形の面積と同じになることから、次のことがわかります。

　棒10本分の合計 ＝ 370＋410＋400＋480＋400＋480＋550＋410＋500＋440 ＝ 4440
　長方形の面積 ＝ 444×10 ＝4440

1. データの平均値×個数は、個々のデータの合計になります。

037

データの全体像をつかむ

▶ 平均値のある場所

別の視点でも平均の性質を導きます。まず、例題の200件の販売価格データをドラッグで選択してステータスバーで確認すると、「平均:444.55」です。

▶ステータスバーを右クリックすると、ステータスバーに表示できるメニューが一覧表示される。「平均」にチェックが付いていない場合は、平均に合わせてクリックする。

●平均値の確認

▶ステータスバーの平均値はAVERAGE関数と同様である。

次に、抜粋した販売価格データをヒストグラムにして平均値のある階級を調べます。平均値「444.55」は階級「400以上450未満」にあります。

●抜粋した販売価格データのヒストグラム

▶右図は、サンプルファイル「2-02」の「ヒストグラム」シートで確認できる。

▶度数分布表を使った平均値の求め方
→P.42

上の図から平均値の性質として次のことがわかります。すでに平均の性質を1つ述べていますので、2番目からとします。

2. 平均値は、データの最小値から最大値の内側にあります。
3. 平均値は、バランスが取れる位置にあります。これは、平均値が重心にあることを示しています。

3番目の性質は、シーソー、または、やじろべえを思い出すとわかりやすくなります。シーソーややじろべえの中心の軸は、左右のつり合いが取れる点です。どちらか一方が重くなると傾いてしまいますが、軸を重たい方にずらせばつり合いが取れます。つり合いが取れる点が重心であり、平均値です。以下の図のように、重心は必ずしも中央にあるとは

限りません。

●データの重心

▶ここでのルールとは、データを全部足してデータの個数で割ることである。

　もう1つ別の見方をすると、平均値はデータ全体をひと言にまとめた値です。ルールに従って計算し、データをひと言にまとめた値を代表値といいます。データを1つずつ読み上げられても困りますが、「販売価格データの平均値は約444円です。」といえば、いろいろな値があるものの、異質なデータがない限り、平均値を中心にデータが集まっているのだろうと想像できるのです。

実 践 ▶▶▶

▶ Excelの表の準備

　無作為に200件の販売価格を選んでデータ化しましたが、後輩のZ氏が以下のようにキレイにまとめてくれました。平均値も求めてあります。Z氏にはいいにくいのですが、ちょっと余計なことをしました。平均といえば、AVERAGE関数を思い浮かべる方が多いと思いますが、下の図のようにまとめられた場合は、もうAVERAGE関数は使えません。

サンプル
2-02「操作」シート

●販売価格データから販売価格と出現回数(販売回数)にまとめた表

	A	B	C	D	E	F
1	▽200件のデータ内訳				▽出店候補の資料	
2	販売価格	販売数			ターゲット人口合計（人）	150,000
3	370	29			シェア	5%
4	380	8			年平均購入見込み個数/人	5.5
5	400	33				
6	410	18			平均販売価格/個	460
7	440	21			平均販売価格/個(10円単位に四捨五入)	
8	450	7			売上規模の見込み額	
9	480	43				
10	500	26				
11	550	11				
12	620	4				

F6: =AVERAGE(A3:A12)

後輩Z氏は、「=AVERAGE(A3:A12)」と入力して平均値を求めた

データの全体像をつかむ

AVERAGE関数 ➡ 指定した範囲の平均値を求める

書　式　=AVERAGE(数値1, 数値2, …数値N)

解　説　数値Nに指定した数値の合計を、数値Nに指定した数値の個数で割り算します。数値Nに数値の入ったセル範囲を指定した場合、セル範囲のセルの個数で割った値になります。

● 平均の単位を考える

　求めたい売上高を、単位も考慮して書くと次のようになります。求めるべきは1個あたりの平均販売価格であって、前の図のAVERAGE関数のように、370円～620円までの価格パターンの平均値でありません。平均値を求める場合は、何の平均なのか、単位をよく確認する必要があります。

$$売上高(円) = \frac{平均販売価格(円)}{1(個)} \times \frac{ターゲット人口(人)}{100(\%)} \times シェア(\%)$$

$$\times \frac{年間平均購入見込み個数(個)}{1(人)}$$

▶ **Excelの操作①：売上見込み額を求める**

　まとめられた表から1個あたりの平均販売価格を求めるには、「価格×個数」、つまり、価格パターンごとの売上を出して合計し、個数の合計で割り算します。売上規模の見込み額は予想額のため、1個あたりの平均販売価格は10円単位に切り捨て、切り捨てた分だけ堅めの予想になるようにします。

1個あたりの平均販売価格を求める

● セル「C3」「F6」に入力する式

| C3 | =A3*B3 | F6 | =SUM(C3:C12)/SUM(B3:B12) |

❶ 空いているC列を使って「価格×販売数」を計算する。ここでは、セル「C3」に計算式を入力し、セル「C12」までオートフィルでコピーする

	A	B	C	D	E	F
1	▽200件のデータ内訳				▽出店候補の資料	
2	販売価格	販売数			ターゲット人口合計（人）	150,000
3	370	29	10730		シェア	5%
4	380	8	3040		年平均購入見込み個数/人	5.5
5	400	33	13200			
6	410	18	7380		平均販売価格/個	444.55
7	440	21	9240		平均販売価格/個(10円単位に四捨五入)	
8	450	7	3150		売上規模の見込み額	
9	480	43	20640			
10	500	26	13000			
11	550	11	6050			
12	620	4	2480			

▶手順❷はセル「F6」をいったん Delete してから入力する。

❷ 「価格×販売数」の合計を「販売数」の合計で割り算し、1個あたりの平均販売価格が求められた

売上見込み額を求める

● セル「J3」に入力する式

| F7 | =ROUNDDOWN(F6,-1) | F8 | =F7*F2*F3*F4 |

▶セル「F7」は、数値を指定した桁数に切り捨てるROUNDDOWN関数を利用したが、セル「F6」を見て、直接10円単位に切り捨てた値を入力してよい。

	A	B	C	D	E	F
1	▽200件のデータ内訳				▽出店候補の資料	
2	販売価格	販売数			ターゲット人口合計（人）	150,000
3	370	29	10730		シェア	5%
4	380	8	3040		年平均購入見込み個数/人	5.5
5	400	33	13200			
6	410	18	7380		平均販売価格/個	444.55
7	440	21	9240		平均販売価格/個(10円単位に四捨五入)	440
8	450	7	3150		売上規模の見込み額	18,150,000

❶ 平均販売価格を10円単位に切り捨てる
❷ 計算式を入力し、売上規模の見込み額が求められた

▶ 結果の読み取り

　東京の売上高の見込み額は1815万円と計算されました。A社の年商は2億円ですので、見込み額どおりであれば、年商の約1割に相当する金額であり、A社に大きな貢献をすると期待されます。

　さて、売上見込み額の計算式をもう一度振り返ると、「1個あたりの平均販売価格×1人あたりの年平均購入見込み個数」とは、1人あたりの平均購入金額であり、客単価と言い換えることができます。

　売上高は価格と個数に分解されますが、同様に客単価と人数に分解して考えることもできます。

●売上高を価格と個数に分解する場合

$$売上高（円）= \frac{平均販売価格（円）}{1（個）} \times \frac{年間平均購入見込み個数（個）}{1（人）} \times シェア（\%） \times \frac{ターゲット人口（人）}{100（\%）}$$

●売上高を客単価と人数に分解する場合

$$売上高（円）= \frac{平均購入金額（円）}{1（人）} \times \frac{ターゲット人口（人）}{100（\%）} \times シェア（\%）$$

　上の式からシェアを取り除いた売上高、すなわち、ターゲットとする顧客全員分の売上高は、A社が参入する市場規模です。計算すると、3億6300万円になります。

● 残る疑問

　売上見込み額をズバリいってしまいましたが、よかったでしょうか。そもそも売上の根拠とした平均販売価格は、売上記録から抜粋したデータです。1時間後の会議に間に合わ

CHAPTER 02　データの全体像をつかむ

せるためとはいえ、抜粋したデータの数、抜粋回数には疑問が残ります。

　しかし、今回は、右裾に長いヒストグラムの価格の低い方から2番目の階級にある値を使っている点と10円単位に切り捨てた点を考慮して、上述の問題点を認識しつつ、東京に進出した場合の売上の目安とします。

　売上高を1つの金額で言い切らず、幅を持たせるには、販売価格のばらつき具合を調べる必要があります。値のばらつきについては、本章P.73で解説します。また、抜粋したデータの性質については、第4章で解説します。

発展 ▶▶▶

▶ 度数分布表から平均値を求める

　階級は「○○以上○○未満」のように数値に幅があります。そこで、階級の平均値を階級の代表値として使います。たとえば、階級「400以上450未満」は「425」を階級の代表とします。この値を階級値といいます。

$$階級値＝\frac{(階級の下限値＋階級の上限値)}{2}$$

　先頭の「400未満」は、階級幅が50のため、「350以上400未満」と考えて「375」とします。すると、P.39のZ氏がまとめた表と同様の形式になります。

　「階級値×度数」の合計を全度数「200」で割ると1度数あたりの、つまり、1個あたりの平均販売価格が求められます。

●度数分布表による平均値の計算

	C	D	E	F	G	H	I	J	K
K4				fx	=SUM(H4:H9)/200				
1		最大値	620						
2		最小値	370		微小値	1.00E-10			
3		階級	区間	度数	階級値	階級値×度数		1個あたりの平均価格	444.45
4		400未満	400	37	375	13875		階級値から求める平均価格	453.5
5		400以上450未満	450	72	425	30600			
6		450以上500未満	500	50	475	23750			
7		500以上550未満	550	26	525	13650			
8		550以上600未満	600	11	575	6325			
9		600以上650未満	650	4	625	2500			
10									

　計算結果は「453.5」です。200件の平均値「444.55」とは誤差があります。原因は階級幅です。階級幅が広くなるほど、さまざまな値が同じ階級に入るため、誤差が大きくなります。誤差を小さくするには、階級幅を小さくしますが、大まかに平均を把握するだけならこれで十分です。

しっくりこない平均値の正体

平均値はデータを代表する値の1つですが、平均値を聞いても、どうもしっくりこないときがあります。原因は、平均値がデータの重心であり、データ全体のバランスを取るように決められるからです。左右のつり合いを取るための重心は、中央にあるとは限りません。ここでは、平均値とデータの関係について解説します。

導入 ▶▶▶

例題 「平均月商、平均来客数、平均客単価を求めたい」

開店から半年以上が経ったある飲食店の月商、来客数、客単価をまとめました。この飲食店の平均月商、平均来客数、平均客単価はどのように見ればいいでしょうか。なお、下の表のNo1は、開店当時のデータです。認知度アップを目的にキャンペーンを実施し、商品をほぼ半額、もしくは、無料クーポンなどを出していました。

●売上実績

	A	B	C	D	E	F	G	H	I
1	▽売上実績					▽平均値			
2	No	月商	来客数	客単価			平均月商	平均来客数	平均客単価
3	1	1,080,000	720	1,500		キャンペーン含む			
4	2	550,000	208	2,644		キャンペーン含まない			
5	3	510,000	155	3,290					
6	4	560,000	166	3,373					
7	5	540,000	158	3,418					
8	6	580,000	166	3,494		キャンペーン実施			
9	7	620,000	168	3,690					
10	8	630,000	166	3,795					
11	9	610,000	158	3,861					
12	10	620,000	155	4,000					

(手書きメモ) 無料クーポンを出していると客単価が異常に低い

▶ 平均値の弱み!?

平均値は、すべての数値データを足して、全データ数で割って求めます。個々のデータの性質など知ったことではありません。数値は数値、皆一緒との考えです。通常はこれで問題ないのですが、数値の中にその他大勢とは明らかに異なる値がある場合、つり合いを

取るために、平均値は異質な値の方へ寄っていきます。

特に、データ分布が2極化している場合はさらに困ったことになります。つり合いを取るために、まわりにデータがないところに平均値が存在してしまうのです。こうなると、平均値はデータの代表値であるというのは厳しいです。

●平均値は異質な値に影響を受ける

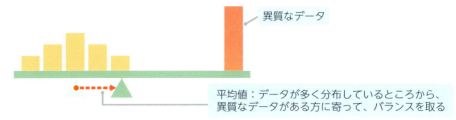

●2極化したデータでは、平均値のまわりにデータがない

　現代は、多様化の進んだ時代です。平均値を求めても、上のようなしっくりこない平均値になることが少なくありません。しかし、平均値は、今も昔も、データのつり合いが取れる場所にあります。上記の2つを平均値の弱みと紹介しましたが、平均値本来の性質です。しっくりこないと感じる正体は、「平均値は、多くのデータが存在する中心的な位置にあるものだ。」という思い込みです。

　今後は、しっくりこない平均値になったら、データが2極化しているのではないか、異質なデータがあるのでないかと類推するようにします。

▶ 異質なデータの取り扱い

　異質なデータには2種類あります。たんなるミスと、理由があって異質になっているケースです。例題は、開店キャンペーンという理由があるケースです。ミスは平均値を求める計算対象から取り除きますが、理由がある場合は、状況によりけりです。異質だからといって無条件に取り除くとは限らないことに注意します。

●異質なデータと外れ値

　外れ値とは、データの中で極端に離れた数値で、異質なデータのうちの1つです。しかし、異質なデータ、イコール、外れ値とは限りません。外れ値の目安は、データの99.7％が含まれる範囲の外側にある値です。第5章で解説しますが、データの99.7％が含まれる範囲と

は、「平均値±3×標準偏差」です。しかし、あくまでも目安であることと、外れ値を取り除くかどうかは、求める値（目的）によってケースバイケースです。

> **Column　すっかり悪者扱いになった平均値**
>
> 　このところ、平均値への風当たりが強いです。こんな値、意味がないとか、平均値なんて求めても何も見い出せないとか、さんざんです。しかし、ご説明したとおり、平均値が悪いのではありません。とはいえ、平均値のまわりにデータがない現象が増えつつある中、代表値の看板を下ろしてもらいたい気分になるのも当然です。問題なのは、いまだに平均値だけでデータ全体を語ろうとする風潮です。後節で解説しますが、データ全体を語るには、中央値や最頻値、できれば標準偏差も必要です。もちろん、平均値も欠かせません。複数の代表値を見ることでデータの特徴や分布の形がイメージできます。たまに、平均値、中央値、最頻値を掲載したり放送したりするのを見ることがありますが、まだまだ平均値だけが圧倒的です。他の代表値と一緒に掲載するのが当たり前になれば、平均値も悪者扱いされずに済むようになると思います。

▶ 2極化したデータの平均値

　2極化したデータでは、データを2つに分けて考えると、平均値のまわりにデータがないという状況を回避できる可能性があります。2極化する要因は、同じ目的で集められたデータの中に、性質の異なるデータが互いに多く混ざっているためです。性質の違いがわかれば、データを性質で分類して再度平均値を求めます。案外、しっくりくる平均値になります。なお、データを性質で分類することを層に分けるとか、層別にするという言い方をします。層の主な例は、性別、年代、地域などです。

　以下の図は、2-01節のB組の成績データです。B組全体の平均点付近にはほとんど人がいませんが、30点未満の層と30点以上の層に分けて平均点を求めると、度数の高い階級に平均値が存在します。

●層別の平均値

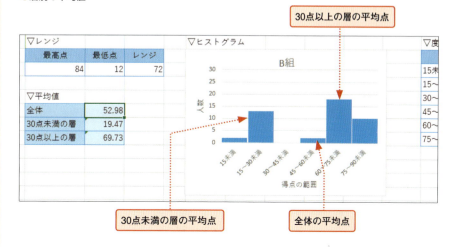

045

CHAPTER 02 データの全体像をつかむ

実践 ▶▶▶

▶ Excelの操作①：平均月商、平均来客数、平均客単価を求める

サンプル 2-03

AVEARAGE関数を利用して、月商、来客数、客単価の平均値と開店キャンペーンのデータを除いた各平均値を求めます。

各平均値を求める

● セル「G3」〜「I4」に入力する式

| G3 | =AVERAGE(B3:B12) | H3 | =AVERAGE(C3:C12) | I3 | =AVERAGE(D3:D12) |
| G4 | =AVERAGE(B4:B12) | H4 | =AVERAGE(C4:C12) | I4 | =AVERAGE(D4:D12) |

▶セル「G3」と「G4」に入力したAVERAGE関数をもとに、セル「I3」「I4」までオートフィルで関数をコピーすると効率よく入力できる。

	A	B	C	D	E	F	G	H	I
1	▽売上実績					▽平均値			
2	No	月商	来客数	客単価			平均月商	平均来客数	平均客単価
3	1	1,080,000	720	1,500		キャンペーン含む	630,000	222	3,307
4	2	550,000	208	2,644		キャンペーン含まない	580,000	167	3,507
5	3	510,000	155	3,290					
6	4	560,000	166	3,373					
7	5	540,000	158	3,418					
8	6	580,000	166	3,494					
9	7	620,000	168	3,690					
10	8	630,000	166	3,795					
11	9	610,000	158	3,861					
12	10	620,000	155	4,000					
13									

❶ セル「G3」〜「I4」にAVERAGE関数を入力し、キャンペーンを含む場合と含まない場合の各平均値が求められた

▶ 結果の読み取り

キャンペーンを含んだ金額や人数にするかどうか決める場合、今後も安定した経営を続けるという観点では、平均月商、平均来客数、平均客単価とも低めに見積もり、油断を防ぎます。すると、平均月商と平均来客数は、キャンペーンを含まずに考え、客単価はキャンペーンを含んだ状態で見ておくことになります。

発展 ▶▶▶

▶ 異質なデータがあるかどうかわかりにくい場合

データが羅列している場合は、見ただけでは異質なデータがあるかどうかよくわかりません。まずは、最大値と最小値、すべてのデータを範囲とする平均値を求めます。最大値や最小値に異質な値が含まれる場合は、理由を検討し、除外するかどうか決めます。

また、あらかじめ、値の範囲がわかっている場合は、値の範囲を条件に、条件から外れた値を強制的に除外することもできます。Excelでは、AVERAGEIF関数、または、AVERAGEIFS関数で条件付きの平均値を求めることができます。

AVERAGEIF関数 ➡ 1つの条件付き平均値を求める

書 式 =**AVERAGEIF**(範囲, 条件, 平均対象範囲)

解 説 条件を検索する範囲を指定し、条件に一致するセルに対応する平均対象範囲の平均値を求めます。

AVERAGEIFS関数 ➡ 複数の条件付き平均値を求める

書 式 =**AVERAGEIFS**(平均対象範囲, 条件範囲1, 条件1, 条件範囲2, 条件2…)

解 説 平均対象範囲に、平均値を求めたいセル範囲を指定し、条件1を検索する条件範囲1を指定して、条件に一致する数値を対象に平均値を求めます。条件範囲2と条件2以降も同様です。条件範囲と条件はペアで指定します。条件を付けるごとに、平均する数値が絞られます。

以下の例では、6000万円以上の価格を除く、平均販売価格を求めています。6000万円以上を除くとは、6000万円未満を平均対象にするという意味です。

●条件付きの平均値

	A	B	C	D	E	F	G	H
1	マンション価格(万円)							
2	6,600	3,150	2,880	3,030	6,450		平均価格	3,373
3	3,020	3,150	2,950	3,250	3,250		6000以上除外	3,020
4	3,150	3,130	3,060	2,950	3,220			
5	2,750	2,950	2,800	3,380	3,200		6000以上の件数	5
6	6,800	2,740	2,790	2,950	2,760		最高価格	6,800
7	2,820	3,110	3,180	2,950	3,100		最低価格	2,740
8	3,260	3,150	3,320	3,150	2,950			
9	2,760	6,350	3,360	2,850	2,950			
10	2,840	3,210	3,150	2,950	2,810			
11	3,040	2,950	6,550	2,740	2,780			
12								

「=AVERAGE(A2:E11)」と入力し、全体の平均価格が求められる

「=AVERAGEIF(A2:E11,"<6000",A2:E11)」と入力し、6000未満を対象に平均価格が求められる

マンション全体の平均販売価格は「3373」万円ですが、6000万円以上の価格を除くと「3020」万円になります。計算から除外した6000万円以上の件数は50件中5件です。6000万円以上の物件は、全体の1割ですが、350万円ほど、6000万円側に平均値を引き寄せています。上記の例では、6000万円以上を除いた「3020」をマンションの平均販売価格とした方がしっくりきます。

マンション価格は、あらかじめ価格帯がわかっていたため、データが羅列していても比較的除外しやすいケースです。しかし、中には、除外する値を経験に頼るケースも出てきます。

平均値は、条件付きを含め、Excelがあれば計算に不自由はしないものの、異質なデータを除外する/しない、除外するなら、いくつ以上/以下とするかといったさじ加減が必要になります。

データの真ん中を知る

データを小さい方、または、大きい方から数えてちょうど真ん中にあるデータを中央値といい、データの代表値の1つです。平均値だとしっくりこないこともあると思いますが、中央値は、なるほどと思うことが多くなります。ここでは、平均値と中央値を両方求めて中央値の性質を明らかにしながら、平均値と中央値を見て、データの何がわかるのかについて解説します。

導入 ▶▶▶

例題 「問い合わせ件数の推移が知りたい」

明らかに増加しつつある問い合わせを減らすため、4月から問い合わせ削減対策を実施し始め、4か月が経過しました。1月から7月までの1日の問い合わせ件数は次のとおりです。問い合わせ件数を集計し、推移を確認してください。

●問い合わせ件数

正月3日間は他の日に比べて異質に少ない。平均値への影響が気になる

1-3月より2-4月の最大値が増加している。問い合わせ件数が増加していることがわかる

	A	B	C	D	E	F	G	H	I	J	K	L	M	N	O	P
1	問い合わせ件数															
2	日	1月	2月	3月	4月	5月	6月	7月			1月	2月	3月	4月	5月	6月
3	1	55	322	354	475	155	336	368		平均値／月						
4	2	64	373	382	465	198	318	301		中央値／月						
5	3	88	397	350	462	188	305	352								
6	4	256	387	379	461	156	305	317			1-3月	2-4月	3-5月	4-6月	5-7月	
7	5	324	379	399	422	188	345	318		移動平均						
8	6	258	359	357	479	399	349	356		移動中央						
9	7	330	360	398	420	351	322	308		最大値	400	479	479	479	418	
10	8	296	370	365	410	373	320	334		最小値	55	155	155	155	155	
11	9	338	303	374	437	382	329	344								
31	29	255		359	155	400	308	282								
32	30	260		381	202	356	341	263								
33	31	265		392		374		255								

「正月3日」を含む1-3月を除き、通常は、最低155件以上あることがわかる

04 データの真ん中を知る

▶ 異質なデータに惑わされない中央値

　中央値は、データを数値の大きさ順に並べてちょうど真ん中の位置にあるデータです。データ数が偶数の場合は、真ん中の2個の平均を取ります。平均値は、データ全体のバランスが取れるように自ら動きますが、中央値は違います。最初から真ん中で待っていて、真ん中に来た数値を見るだけです。

　しかも、異質なデータは、数値の大きさ順に並べたときに、端の方に追いやられるので、中央値になることはありません。ですから、中央値は異質なデータが含まれていても影響を受けにくいのです。

●平均値と中央値

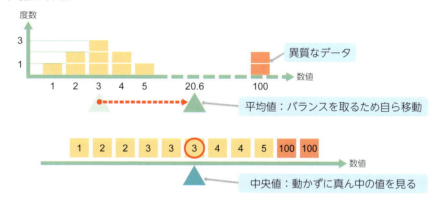

　「異質なデータに振り回されない中央値こそデータの代表値にふさわしい。何でしっくりこない平均値ばかり求めるのか。」と疑問を持つ方がいらっしゃいます。理由の1つは、使い勝手です。平均値は全部足して、全データ数で割ります。数字が得意な方なら暗算でも求められます。中央値は「並べて真ん中の数字を見るだけ」と原理は簡単ですが、「並べ替え」が暗算や電卓では無理なのです。

　平均値の代わりに中央値を使おう、とこれまで平均が活躍してきた割り勘を中央値に変えてみます。下の図の場合、あまり飲まず、食べなかった人は納得するでしょうが、会計したらお金が足りません。足りない分を誰が払うのか揉めそうです。

　平均値なら、「合計金額＝平均金額×人数＝個々の食事代の合計」が成り立ちますから、割り勘の金額にしっくりこない人もいるでしょうが、会計はぴったりです。

●中央値で割り勘

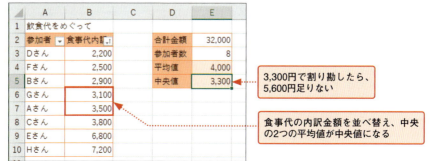

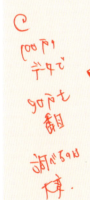

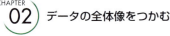

▶ 移動平均、移動中央で変動を除去する

　移動平均とは、日にちや月を少しずつずらしながら平均値を求める方法です。たとえば、3か月移動平均といったら、月数は1か月ずつずらしますが、常に3か月間の平均値を求めます。このようにすると、変動分が取り除かれて、変化の具合が読み取りやすくなる利点があります。移動中央も同様です。移動中央は、異質なデータの影響を受けにくい分、移動平均よりもさらに変化の具合が読み取りやすくなります。

▶ 2極化したデータの中央値

▶データの2極化
同じ目的で集められたデータが2種類のデータ層に分離した状態になること。

　2極化したデータで中央値を取ると、どちらかに偏った値になるか、データ数が偶数の場合は、2極化したデータ同士の平均を取る可能性もあり、中央値のまわりにデータがない状態が出てきます。たとえば、「1,1,10」なら中央値は「1」、「1,10,10」なら中央値は「10」、そして「1,1,10,10」の中央値は「5.5」になり、まわりにデータがありません。解決策は、平均値と同様にデータを層別にすることです。

実 践 ▶▶▶

▶ Excelの操作①：月別、3か月移動の平均値と中央値を求める

サンプル
2-04

　中央値と平均値を比較した場合、暗算や電卓で並べ替えができないといった使い勝手の面で平均値に軍配が上がる説明をしましたが、あくまでも手元にExcelがない場合の話です。中央値を求めるには、MEDIAN関数を利用すればすぐに求められます。もちろん、データの並べ替えも不要です。

MEDIAN関数 ➡ データの中央値を求める

書　式　**=MEDIAN**(数値1, 数値2, …, 数値N)
解　説　数値Nに数値の入ったセル、セル範囲を指定し、中央値を求めます。

問い合わせ件数の月別平均値と月別中央値を求める

●セル「K3」「K4」に入力する式

| K3 | =AVERAGE(B3:B33) | K4 | =MEDIAN(B3:B33) |

▶広いセル範囲を選択するときは、キーボードを使うと効率よく選択できる。

❷ 先頭のセル「B3」をクリックし、Shift + Ctrl + ↓ を押すと、データの末尾まで選択される

❶ セル「K4」に「=MEDIAN(」と入力する

❸ 閉じカッコを入力して Enter を押す

	1	問い合わせ件数									
	2	日	1月	2月	3月	4月	5月	6月	7月		
	3	1	55	322	354	475	155	336	368		1月	2月	3月
										平均値／月	277.1	
	4	2	64	373	382	465	198	318	301	中央値／月	=MEDIAN(B3:B33)
	5	3	88	397	350	462	188	305	352		MEDIAN(数値1, [数値2
	6	4	256	337	379	461	156	305	317		1-3月	2-4月	3-5月
	7	5	324	379	399	422	188	345	318	移動平均		
	8	6	258	359	357	479	399	349	356	移動中央		

04 データの真ん中を知る

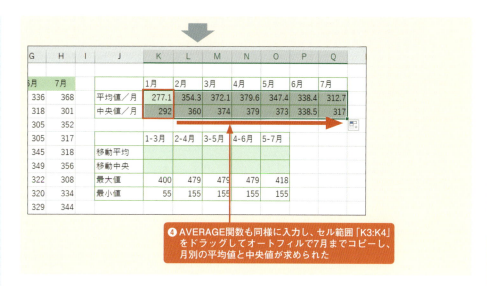

❹ AVERAGE関数も同様に入力し、セル範囲「K3:K4」をドラッグしてオートフィルで7月までコピーし、月別の平均値と中央値が求められた

問い合わせ件数の3か月移動平均と移動中央を求める

●セル「K7」「K8」に入力する式

| K7 | =AVERAGE(B3:D33) | K8 | =MEDIAN(B3:D33) |

❶ セル「K7」と「K8」に3か月分を範囲とする平均値と中央値を求め、セル範囲「K7:K8」をドラッグしてオートフィルで「5-7月」までコピーし、3か月移動平均と移動中央が求められた

▶ Excelの操作②：問い合わせ件数の推移グラフを作成する

　問い合わせ件数の月別平均値／中央値、および、3か月移動平均値／移動中央値をもとに折れ線グラフを作成します。折れ線グラフは時系列の推移を表すのに向いているグラフで、変化を見るために縦軸の目盛を拡大することができます。折れ線グラフの作成方法は同様のため、ここでは、3か月移動平均／移動中央の作成手順を紹介します。作成のポイントは、目盛の設定です。Excel2013以降で目盛の変更するときは、「リセット」と表示されないと変更したことにならないので注意します。

051

CHAPTER 02　データの全体像をつかむ

マーカー付き折れ線グラフを挿入する

▶月別グラフは、セル範囲「J2:Q4」を選択して同様に操作する。

▶手順❷はバージョンによってボタン名が異なるが、同じデザインのボタンをクリックして同様に操作する。

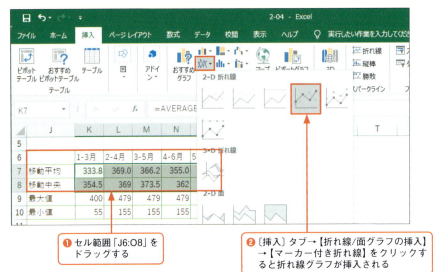

❶ セル範囲「J6:O8」をドラッグする

❷ 〔挿入〕タブ→【折れ線/面グラフの挿入】→【マーカー付き折れ線】をクリックすると折れ線グラフが挿入される

タイトル・目盛を編集する　　Excel2013以降

●グラフの編集

グラフタイトル	移動平均・移動中央の推移
目盛	最小値:260　最大値:400
単位(主)	20

❷ 縦軸の目盛をダブルクリックする

❶ タイトルを変更する

❸ 「最小値」「最大値」「主」(目盛間隔)を入力する。同じ値でも上書き入力する

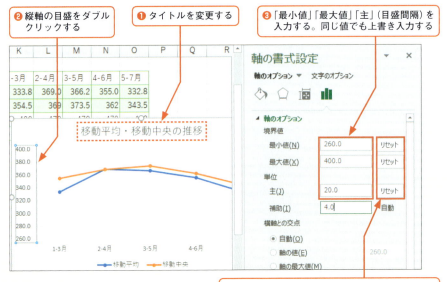

▶グラフの目盛を固定するときは、同じ値でも入力し直し、別の枠内をクリックし、「リセット」と表示されることを確認する。

▶グラフの編集方法
→P.31

❹ 目盛が設定されると「リセット」と表示される。「リセット」は目盛の固定を表す

052

04 データの真ん中を知る

目盛を編集する　　　Excel2010

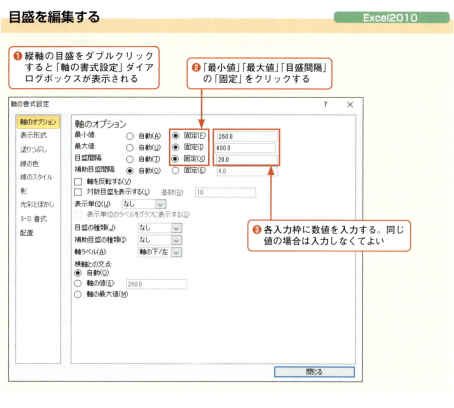

❶ 縦軸の目盛をダブルクリックすると「軸の書式設定」ダイアログボックスが表示される

❷ 「最小値」「最大値」「目盛間隔」の「固定」をクリックする

❸ 各入力枠に数値を入力する。同じ値の場合は入力しなくてよい

▶ 結果の読み取り

問い合わせ件数の月別、3か月移動の平均値及び中央値から次のことが読み取れます。

● 月別平均値と月別中央値の差

1月と5月は、正月休みとゴールデンウィークの連休で問い合わせ件数が少ない日があります。他の日に比べて異質なデータのため、平均値は影響を受けていますが、中央値は影響を受けていません。

1月と5月を除けば、概ね平均値と中央値は同程度であり、問い合わせ件数は平均値を中心にデータが集まっていると類推できます。

● 3か月移動平均と移動中央

月別推移と3か月単位の推移は次のとおりです。縦軸目盛は互いに比較できるように同じ設定にしています。移動平均、移動中央にすると変化が緩やかになることがわかります。

問い合わせ件数削減対策を実施した4月はまだ効果が表れていませんが、5月以降、削減されていることがわかります。

月別推移では、5月の問い合わせ件数の平均値が顕著に低くなっていますが、原因はゴールデンウィークによる連休が原因で問い合わせが減少したためです。平均値だけで観察していると、4月に対策を始めて5月に顕著に効果が出たと勘違いします。中央値を一緒に見たり、移動平均や移動中央を使ったりして総合的に見るようにします。

CHAPTER 02　データの全体像をつかむ

● 問い合わせ件数の推移

▶ 大きさを見る縦棒グラフは基点を「0」にして省略の波線などを入れる必要があるが、変化（線の傾き）を見るための折れ線グラフは、縦軸の基点を「0」にしなくてよい。

Column　業績動向に平均値や中央値を利用する

　季節変動が大きく、業績動向がつかみにくいデータは、平均値や中央値を使って変動分を除去しています。以下の図は3年間の月別売り上げと、平均値と季節指数と呼ばれる値を使って変動分を除去した売り上げです。平均値の代わりに中央値を使うこともできます。

●季節変動のある業績動向

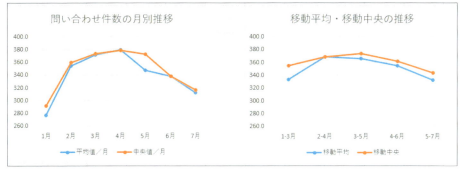

▶ 中央値を使う場合は、最低3年分のデータが必要になる。外部環境などで、例年と著しく異なる業績が含まれる場合に利用するとよい。

平均値を使って変動分を除去することにより、業績動向が把握しやすくなる。ここでは、上昇基調が読み取れる

発展 ▶▶▶

▶ 四分位数

　四分位とは、データ全体を4等分したときの位置を示し、四分位数は、四分位の数値です。四分位と四分位数の考え方は中央値と同じです。中央値はデータの真ん中の位置で待って

054

いて、真ん中に並ぶ数値でした。四分位数は、データ数を4等分する位置で待っていて、各位置に並ぶ数値です。数値の小さい方から第1四分位数のように表現します。第2四分位は、データの真ん中の位置になるので、第2四分位数は中央値と一致します。第3四分位は、データ数の3／4の位置であり、第1四分位は、データ数の1／4の位置です。よって、第1四分位と第3四分位の間は「3／4−1／4＝1／2」となり、データ数の半分が収まります。一般に、第1四分位数から第3四分位数までを四分位範囲といいます。

以下の図のように、四分位数を知ることによって、データのおおよその位置が把握できます。また、QUARTILE.INC関数を使って四分位数を求めることができます。

●最大値と最小値のみわかっている場合の「50」の位置

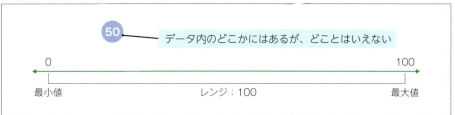

●四分位数がわかっている場合の「50」の位置

QUARTILE.INC関数 ⇒ データの四分位数を求める

書　式	=**QUARTILE.INC**(配列,戻り値)
解　説	配列には数値のセル範囲を指定し、数値を小さい方から並べたとき、四等分する位置にある数値を求めます。戻り値は四分位の位置を指定し、1～4は第1四分位数～第4四分位に対応します。0を指定すると、最小値が求められます。
補　足	データ数が偶数のときに、真ん中の2つの数値の平均値を計算して中央値にしたように、四分位数も、四分位にデータがないときは、計算によって四分位数が求められます。

●問い合わせ件数の四分位数

	A	B	C	D	E	F	G	H	I	J
1	問い合わせ件数									
2	日	1月	2月	3月	4月		代表値		1-3月	2-4月
3	1	55	322	354	475		データ件数		90	89
4	2	64	373	382	465		第1四分位数	1	308.25	356
5	3	88	397	350	462		第2四分位数	2	354.5	369
6	4	256	337	379	461		第3四分位数	3	375.5	390
7	5	324	379	399	422		第4四分位数	4	400	479
8	6	258	359	357	479		四分位範囲		67.25	34
9	7	330	360	398	420					

2～4月は、356件～390件が問い合わせ件数の半数を占めている

データの多数派を知る

いっけんバラバラなデータですが、同じデータ、もしくは、類似のデータが多く含まれている場合があります。データ内で最も多く出現するデータを最頻値、または、モードといいます。最頻値も平均値、中央値と同様、データの代表値です。ここでは、最頻値について解説します。

導入 ▶▶▶

例題 「米の一般的な消費支出額の推移が知りたい」

　コメ離れと聞くものの、実際のところはどうなのでしょうか？コメ離れが進んでいるなら、お米の購入額が減少傾向にあると考え、政府統計の総合窓口「e-Stat」（https://www.e-stat.go.jp/）から総務省の家計調査データを以下のようにまとめました。下の図は、全国52都市、二人以上の世帯から標本調査された、一世帯あたりの米、パン、麺類の年間消費支出額です。推移を調べるため、2007年、2012年、2017年の年次データを取得しました。ここでは、最も一般的な消費支出額の推移を確認したいです。どうすればよいでしょうか。

●米、パン、麺類の一世帯あたりの年間消費支出額

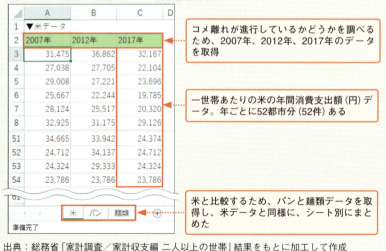

出典：総務省「家計調査／家計収支編 二人以上の世帯」結果をもとに加工して作成

05 データの多数派を知る

▶ 頻繁に現れる値を探す

最頻値は、データの中で最も頻繁に出現する値で、いわゆるデータの多数派です。

最頻値はヒストグラム、または、データと出現回数のグラフにしたとき、度数や出現回数が最も多くなるところにあります。データが集中している場所ともいえます。少数派のデータは最頻値の候補から除外されるため、異質なデータや外れ値に影響を受けることはありません。さすが多数派だけあって、最頻値は、平均値や中央値より共感と納得を得られやすい代表値です。

▶ 最頻値の問題点

最頻値の問題点は、数値が細かいと、中々同じ値が見つからないことです。解決策は、数値の端数を四捨五入するなど、同じと扱ってよい範囲で数値をまとめることです。

以下に、2つの散布図を示します。左側は、2007年の米の年間消費支出額と件数（出現回数）の関係を示す散布図です。右側は、千円単位に四捨五入した米の年間消費支出額と件数（出現回数）の散布図です。データをそのまま使った左側の図では、52件のデータはすべて異なり、最頻値は存在しませんが、データを千円単位にまとめた右側の図では、最頻値が現れます。

●データをそのまま使った場合（左）と千円単位に処理したデータを使った場合（右）

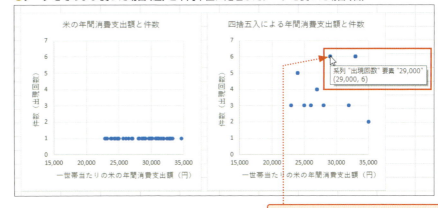

最頻値にマウスポインターを合わせると、千円単位にまとめた金額と出現回数が表示される。ここでは、29,000円が6件ある

▶ 2極化したデータの最頻値

最頻値は、最も多く出現する値ですが、最頻値が1つになるとは限りません。同じ出現回数であれば、すべて最頻値となります。データが2極化し、どちらも同じ頻度で発生している場合は、2つの最頻値が現れます。平均値や中央値と同様に、2極化したデータの場合は、層別に分類した方がわかりやすくなります。

実践

▶ Excelの操作①：年別の最頻値を求める

各年、各都市の年間消費支出額は異なるため、ここでは、千円単位に四捨五入した年間消費支出額を使って最頻値を求めます。数値を四捨五入するにはROUND関数を利用します。最頻値を求めるにはMODE.SNGL関数かMODE.MULT関数を利用できますが、上述したとおり、最頻値は1つとは限りません。ここでは、複数の最頻値が求められるMODE.MULT関数を利用します。さらに、「米」、「パン」、「麺類」は同じシート構成です。シートごとに同じ操作を繰り返す手間を省くため、3シートを同時選択してからROUND関数とMODE.MULT関数を入力します。

▶数値を桁数で丸めるのではなく、指定した数値の単位で端数処理したい場合は、MROUND関数を利用する（→P.68）

ROUND関数 ➡ 数値を指定した桁数に四捨五入する

書 式	=**ROUND**(数値,桁数)
解 説	数値に四捨五入したい数値や数値の入ったセルを指定します。桁数は小数点を基点の「0」にし、小数部は正の数、整数部は負の数を指定します。
補 足	整数部の一の位を四捨五入して、数値を千の位に丸めるには、桁数に「-3」を指定します。

▶MODE.SNGL関数は、指定したデータ内で、最初に見つかった最頻値を求める。データ内に最頻値が複数あっても1つのみ表示する。

MODE.MULT関数 ➡ データ内の複数の最頻値を求める

書 式	=**MODE.MULT**(数値1,数値2,…,数値N)
解 説	データに含まれる複数の最頻値を表示できるように、あらかじめ、縦方向のセル範囲を選択してから関数を入力し始めます。数値Nには最頻値を求めたいデータを指定します。
補足1	複数の最頻値を一度に求めるため、配列数式で入力します。
補足2	データ内の最頻値が1つの場合は、指定したセル範囲にすべて同じ値が表示されます。指定したセル範囲より最頻値が少なかった場合は、余ったセルに「#N/A」が表示されます。
補足3	データ内に最頻値が存在しない場合は、すべてのセルに「#N/A」が表示されます。

データの百の位を四捨五入する

●セル「E3」に入力する式

| E3 | =ROUND(A3,-3) |

❶「米」シートのシート見出しをクリックし、Shiftを押しながら「麺類」をクリックする

05 データの多数派を知る

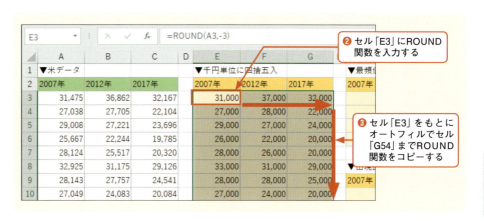

データの最頻値を求める

●セル範囲「I3:I6」に入力する式

| I3:I6 | {=MODE.MULT(E3:E54)} |

▶3シートの同時選択を維持したまま操作する。解除した場合は、先にP.58の手順❶を行っておく。

▶最頻値が何個見つかるかわからないので、最頻値を求める範囲は多めに取っておく。ここでは、4個とした。

▶MODE.MULT関数に指定するセル範囲「E3:E54」は、セル「E3」をクリックし、Ctrl + Shift + ↓ を押すと、データの末尾まで選択できる。

059

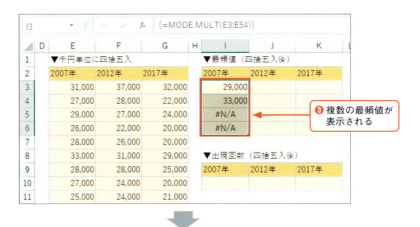

▶ Excelの操作②：最頻値の出現回数を求める

最頻値の出現回数はCOUNTIF関数で求めます。複数の最頻値が見つかった場合も出現回数は同数なので、最頻値のひとつを選び、COUNTIF関数の検索条件にします。

COUNTIF関数 ➡ 条件に合うセルの個数を求める

書　式	=**COUNTIF**(範囲,検索条件)
解　説	範囲にセル範囲を指定し、指定した検索条件に合う範囲のセルの個数を求めます。
補　足	検索条件には、MODE.MULT関数で求めた最頻値の1つを指定します。

出現回数を求める

●セル「I10」に入力する式

| I10 | =COUNTIF(E3:E54,I3) |

05 データの多数派を知る

▶3シートの同時選択を維持したまま操作する。解除した場合は、先にP.58の手順❶を行っておく。

▶シート見出しをクリックしてシートを切り替えると、シートの同時選択が解除される。

❶セル「I10」にCOUNTIF関数を入力し、セル「K10」までオートフィルでコピーする。各年の米の消費支出額の出現回数が求められる

パンの年間消費支出額の最頻値

最頻値の出現回数

❷「パン」シートのシート見出しをクリックする。最頻値と出現回数を確認する

麺類の年間消費支出額の最頻値

最頻値の出現回数

❸「麺類」シートのシート見出しをクリックし、最頻値と出現回数を確認する。米、パン、麺類の最頻値と出現回数が求められた

061

CHAPTER 02 データの全体像をつかむ

▶ 結果の読み取り①：千円単位にまとめたデータで求めた最頻値

取得したデータを千円単位にまとめた結果、米、パン、麺類の一世帯あたりの年間消費支出額の最頻値が求められました。複数の最頻値が見つかった場合もありますが、ほぼ1つの数値にまとまり、出現回数は最低でも6回以上あります。ただし、ここで求めた最頻値は、千円単位にまとめたデータを対象にしています。求めた最頻値が、データの多数派であると言うために、元データの度数分布表を作成し、度数の高い階級に最頻値が入っているかどうかを確かめます。早速、取得した元データの度数分布表を作成しましょう。

▶ Excelの操作③：取得したデータの度数分布表を作成する

▶度数分布表の階級数、階級幅　→P.20

▶下限値以上、上限値未満になるように微小値を引く操作　→P.23

千円単位にまとめたデータではなく、取得したデータの度数分布表を作成し、度数の高い階級に最頻値が入ってるかどうかを確認します。ここでは、1年あたり、52都市分（52件）のデータがあります。階級数の目安は5～7となるので、「7」としています。階級幅は、7階級で年間消費支出額の最小値から最大値を網羅するように「2250」としています。また、階級が「下限値以上、上限値未満」となるように、上限値から微小値を引く操作までは終えた状態です。

取得したデータの度数分布表を作成する

●セル範囲「O3:O9」に入力する式

O3:O9　{=FREQUENCY(A3:A54,$M$3:$M$8)}

▶ Ctrl + Shift + Enter を押して関数の入力を確定すると、関数に「{}」が表示される。

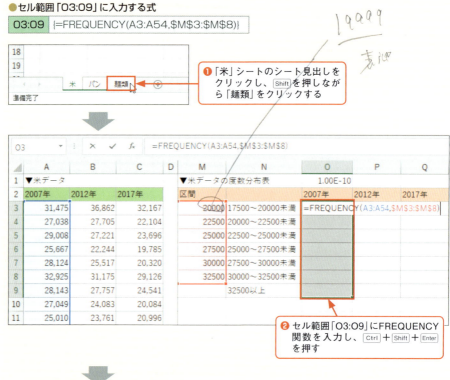

05 データの多数派を知る

▶オートフィルでコピーできるように、FREQUENCY関数の区間「M3:M8」は絶対参照を設定する。セル範囲「M3:M8」を選択してすぐに F4 を押すと、絶対参照に切り替わる。

▶ここでは、アクティブシート以外のシート見出しをクリックすると、シートの同時選択が解除される。

▶ 結果の読み取り②：取得したデータの度数分布表と最頻値

　取得したデータで度数分布表を作成した結果、米、パン、麺類のいずれも、千円単位のデータで求めた最頻値が、度数の高い階級に含まれています。千円単位にまとめて求めた最頻値は、各品目の一般的な年間消費支出額として扱えます。

▶ Excelの操作④：度数にデータバーを表示する

　度数分布表を視覚的にわかりやすくするには、ヒストグラムを作成します。しかしながら、今回のデータの場合、3品目×3年分で合計9つのヒストグラムが必要になり、少々手間がかかります。そこで、ここでは、条件付き書式のデータバーを利用し、簡易グラフで度数を視覚的にわかりやすくします。条件付き書式は、シートごとに設定します。

条件付き書式のデータバーを設定する

▶条件付き書式は、シートを同時選択した状態では利用できない。任意のシート見出しをクリックしてシートの同時選択を解除してから操作を始める。

▶データバーは任意の色を選択してよい。ここでは、「塗りつぶし（単色）」の【青のデータバー】を選択した。

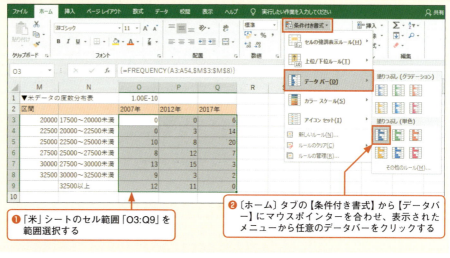

063

CHAPTER 02 データの全体像をつかむ

▶手順❹は、再度【書式のコピー/貼り付け】ボタンをクリックするか、Escを押すまで、【書式のコピー/貼り付け】が有効になり、クリックしたセルに書式がコピーされる。

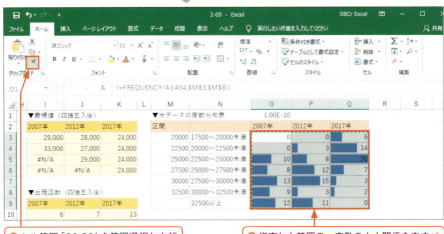

❹ セル範囲「O3:Q9」を範囲選択した状態で、〔ホーム〕タブの【書式のコピー/貼り付け】をダブルクリックする

❸ 指定した範囲の、度数の大小関係を表すバーが表示される

▶【書式のコピー/貼り付け】は、コピー先の先頭のセルをクリックするだけでコピー元と同じ領域で書式がコピーされる。

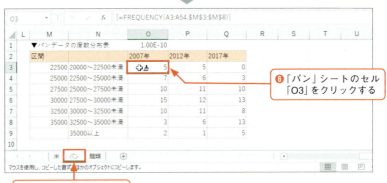

❻「パン」シートのセル「O3」をクリックする

❺「パン」シートのシート見出しをクリックする

❼ 条件付き書式がコピーされ、「パン」データの度数分布表にデータバーが表示された

05 データの多数派を知る

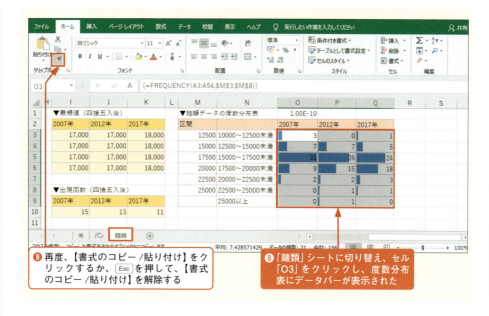

❾ 再度、【書式のコピー/貼り付け】をクリックするか、[Esc]を押して、【書式のコピー/貼り付け】を解除する

❽「麺類」シートに切り替え、セル「O3」をクリックし、度数分布表にデータバーが表示された

> **MEMO 条件付き書式はセル範囲の指定が肝心**
>
> 　条件付き書式は、条件に合うセルに色を付けたり、数値の大小関係をアイコンやバーで表示したりする機能です。通常、指定した範囲の数値を相対的に比較して書式を表示します。よって、指定する範囲が異なれば、設定される書式も変化します。データバーの場合は、指定する範囲の違いでバーの長さが変わります。下の図の左側は、セル範囲「O3:O9」を対象にしたデータバー、右側は、セル範囲「O3:Q9」を対象にしたデータバーです。左側は、度数「0」〜「13」を相対的に比較してバーを表示しているため、度数「13」はセル幅いっぱいにバーが表示されます。しかし、右側は、度数「0」〜「20」を相対的に比較しているため、度数「13」のバーは短く表示されます。データバーに限らず、条件付き書式では、最初に指定するセル範囲が重要です。もし、セル範囲を誤った場合は、次のMemoに示す方法で条件付き書式を削除してやり直します。誤った設定を放置して、条件付き書式を設定し直すと、誤った条件付き書式も残ったままになるので注意します。理由は、同じセルやセル範囲に64個まで条件付き書式を設定できるためです。

●セル範囲「O3:O9」を対象にしたデータバーとセル範囲「O3:Q9」を対象にしたデータバー

最大度数「13」はセル幅いっぱいにバーが表示される

最大度数「20」がセル幅いっぱいにバー表示されるので、度数「13」は相対的に短いバーで表示される

CHAPTER 02 データの全体像をつかむ

MEMO　データバーを削除する

　データバーの設定を誤った場合や不要になった場合は、条件付き書式を削除します。不要な条件付き書式を削除するには、「条件付き書式ルールの管理」ダイアログボックスを使います。本来は、条件付き書式を設定したセル範囲を選択してから操作するのが理想ですが、どこに設定したかわからない場合は、条件付き書式を設定したシートを表示して操作を行います。

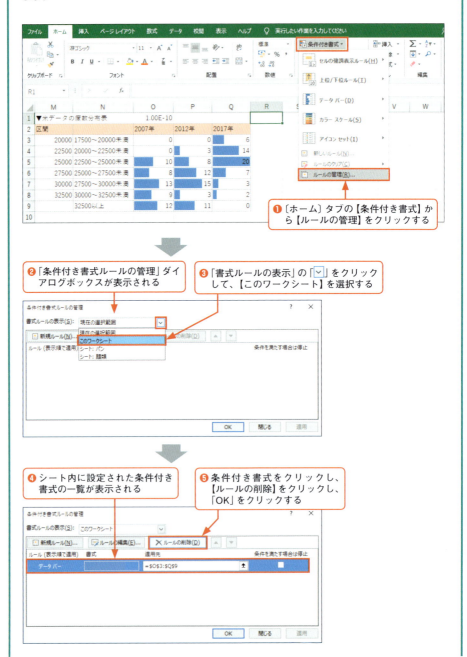

❶〔ホーム〕タブの【条件付き書式】から【ルールの管理】をクリックする

❷「条件付き書式ルールの管理」ダイアログボックスが表示される

❸「書式ルールの表示」の「∨」をクリックして、【このワークシート】を選択する

❹ シート内に設定された条件付き書式の一覧が表示される

❺ 条件付き書式をクリックし、【ルールの削除】をクリックし、「OK」をクリックする

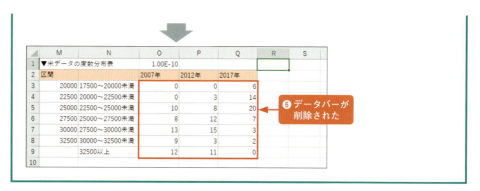

❻データバーが削除された

▶ 結果の読み取り③：年間消費支出額の推移

● 米の年間消費支出額の推移

　P.64の「米」シートのデータバーに着目すると、2007年、2012年、2017年と時系列の推移にともない、データバーの山が上に移動していることがわかります。上に移動するということは、年間消費支出額が低くなっていることを意味します。具体的に見ると、2007年の最頻値は、29,000円と33,000円ですが、2017年になると、24,000円です。2007年の最頻値をざっくり30,000円としても、10年間で年間消費支出額は25％減です。米の年間消費支出額から見た場合は、コメ離れが起きていると言えそうです。

● パンの年間消費支出額の推移

　米と同様に、P.64のパンのデータバーに着目すると、徐々にデータバーの山が下に移動していることがわかります。つまり、パンの年間消費支出額は増加しています。最頻値で見ると、2007年は28,000円ですが、2017年は34,000円です。10年間で21％増です。米の年間消費支出額の減少と合わせて、ごはんよりパンを食べる傾向が見えてきます。

● 麺類の年間消費支出額の推移

　P.65の麺類のデータバーに着目すると、2007年、2012年、2017年ともほぼ同様です。最頻値も17,000円か18,000円です。千円単位にまとめていますから、元データが17,499円なら17,000円に四捨五入されますし、17,500円なら18,000円に四捨五入されます。わずか1円の違いで17,000円になったり、18,000円になったりするので、最頻値はほぼ横ばいと見てよいですが、増加傾向にはあります。麺類の年間消費支出額という面からは、現時点で、ごはんの代わりに麺類を食べる傾向は見えません。

発展 ▶▶▶

▶ 指定した基準で数値をまとめるには

　ROUND関数に指定する桁数は、数値が10進数なので、数値の基準に言いかえると10、100、1000などとなります。この基準をフレキシブルに設定できるのがMROUND関数です。

MROUND関数 ➡ 数値を指定した倍数で切り上げたり切り捨てたりする

書　式　=**MROUND**(数値,倍数)

解　説　数値を倍数で割った余りが倍数の半分以上の場合は、数値を倍数単位で切り上げ、余りが倍数の半分未満なら数値を倍数単位に切り捨てます。

　以下の図は、米の年間消費支出額を500円単位で切り上げたり、切り捨てたりしている例です。千円単位よりもデータが細かくなるため、出現回数は千円単位の場合よりは減ります。

●MROUND関数の利用

500円単位にした場合、2007年の米の年間消費支出額の最頻値は「33,000」円だけになった

データが細かくなったため、千円単位の場合よりも出現回数は減る

データの全体像を
フリーハンドで描く

データのレンジ、平均値、中央値、最頻値がわかると大まかなデータ分布をイメージすることができます。ここでは、平均値、中央値、最頻値の関係からイメージできるデータ分布の全体像について解説します。

導入 ▶▶▶

例題1 「商品Aの内容量の分布をイメージする」

商品Aの内容量を45袋ピックアップして記録しました。データと各代表値は次のとおりです。商品Aの最頻値は、少数点第1位に四捨五入したデータで求めています。商品Aの内容量の分布をフリーハンドで描いてみましょう。

データはサンプル2-06「例題1」シートで確認できます。

●商品Aの内容量と代表値

	A	B	C	D	E	F	G	H
1	▽商品Aの内容量						▽代表値	
2	51.10	50.13	50.44	48.69	47.96		最大値	52.29
3	49.86	50.42	50.61	50.10	49.59		最小値	47.96
4	48.91	52.29	51.76	49.16	49.60		レンジ	4.33
5	50.93	50.42	50.89	49.68	48.74		平均値	50.11
6	50.84	49.19	50.15	50.14	50.03		中央値	50.13
7	51.67	50.63	48.75	49.54	50.67		最頻値	50.1
8	50.10	50.12	48.61	48.96	51.80			50.1
9	49.32	49.06	50.41	49.88	50.59			50.1
10	49.43	52.22	50.49	50.70	50.57			50.1

例題2 「社員の年齢分布をイメージする」

社員の年齢データを集めました。データと各代表値は次のとおりです。年齢データの分布をフリーハンドで描いてみましょう。

データはサンプル2-06「例題2」シートで確認できます。

●社員の年齢データ

	A	B	C	D	E	F	G	H
1	▽社員の年齢データ						▽代表値	
2	42	25	30	43	65		最大値	65
3	58	25	50	30	30		最小値	20
4	20	35	48	25	50		レンジ	45
5	40	25	20	25	45		平均値	38
6	55	30	30	45	35		中央値	35
7	40	55	25	20	58		最頻値	30
8	25	35	45	48	45			30
9	48	30	30	30	30			30
10	20	65	35	35	65			30

CHAPTER 02 データの全体像をつかむ

例題3　「携帯電話料金の分布をイメージする」

携帯電話の料金データを集めました。データと各代表値は次のとおりです。携帯電話料金データの分布をフリーハンドで描いてみましょう。

データはサンプル2-06「例題3」シートで確認できます。

●携帯電話料金データ

	A	B	C	D	E	F	G	H
1	▽携帯電話の料金						▽代表値	
2	2,980	5,800	6,600	5,000	3,200		最大値	8,400
3	6,600	5,000	4,400	1,780	5,000		最小値	1,780
4	1,980	4,400	6,800	7,200	4,400		レンジ	6,620
5	7,800	2,380	5,600	6,800	5,200		平均値	5,500
6	5,600	6,400	5,400	6,800	4,800		中央値	5,800
7	5,800	6,800	6,600	6,400	5,800		最頻値	6,800
8	7,400	3,600	6,800	7,800	6,400			6,800
9	1,970	6,000	5,800	6,800	8,400			6,800
10	7,800	5,600	5,200	4,800	6,600			6,800

実践 ▶▶▶

▶ 平均値 ≒ 中央値 ≒ 最頻値 のデータ分布

例題1は、平均値、中央値、最頻値ともほぼ同様の値です。データの特徴は次のとおりです。

① 異質なデータや外れ値に引き寄せられやすい平均値が最頻値とほぼ同じ値であることから、異質なデータや外れ値がありません。
② データの半分の位置にあたる中央値と最も頻度の高い最頻値が同様であることから、データの中央に山のピークがあります。

以上より、フリーハンドでデータ分布を描くと次のように、左右対称の分布が類推されます。

●例題1：データ分布の類推

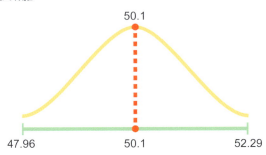

▶ 平均値 > 中央値 > 最頻値 のデータ分布

　例題2は、平均値、中央値、最頻値に差があるデータです。データの特徴は次のとおりです。

① 平均値が中央値より大きいことから、平均値は一部の大きなデータに引き寄せられています。
② 最頻値が3つの代表値の中で最も小さいことから、山のピークがデータの中央の位置より左にずれています。

　以上より、フリーハンドでデータ分布を描くと次のように、右裾に長いデータ分布が類推されます。

●例題2：データ分布の類推

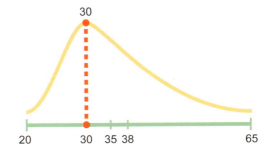

▶ 平均値 < 中央値 < 最頻値 のデータ分布

　例題3は、平均値、中央値、最頻値の順に値が大きくなるデータです。データの特徴は次のとおりです。

① 平均値が中央値より小さいことから、平均値は一部の小さなデータに引き寄せられています。
② 最頻値が3つの代表値の中で最も大きいことから、山のピークがデータの中央の位置より右にずれています。

　以上より、フリーハンドでデータ分布を描くと次のように、左裾に長いデータ分布が類推されます。

●例題3：データ分布の類推

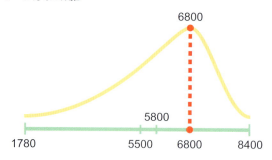

▶ 平均値、中央値、最頻値でわかること

　平均値、中央値、最頻値は、全部足して割るだけ、並べて真ん中のデータを見るだけ、多数派のデータをピックアップするだけ、と求めやすく、親しみやすい代表値です。筆者は代表値3兄弟と命名して、データに触れたときには、いつも3つの値を求めてデータの全体像を類推しています。
　平均値、中央値、最頻値の大小関係から類推できる分布の特徴は次の2点です。

① データの左右対称性
② データ分布の山のピークの位置

　これに加えて、山が尖っているのか、なだらかなのかといった山裾の広がり具合がわかるともっとイメージが具体化します。山裾の広がり具合とは、データの散らばり具合のことです。データの散らばりは分散や標準偏差と呼ばれる代表値を求めるとわかります。分散と標準偏差は次節で解説します。

Column　データ分布の裾の表現

　データ分布の端は裾と呼ばれます。裾に関する表現はいろいろあります。本節では、以下のオレンジ色の分布のように、データの右側が横軸になかなか到達しないとき、「右裾に長い」と表現しました。ほかにも、右に裾を引くとか、右側の裾が重いなどと表現します。青い分布はオレンジ色の分布に比べて速く横軸に到達していますので、オレンジの分布に比べて裾が軽いと表現をします。

▶横軸に到達としたが、厳密には横軸にはくっつかない。

●データ分布

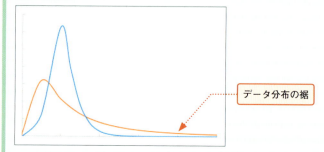

データの散らばり具合を知る

データの平均値、中央値、最頻値から、データ分布の形状を類推できますが、分布の傾斜の観点が抜けているため、左右対称の山の分布と予想しても、傾斜のきつい分布か、緩やかな分布かわかりません。ここでは、データの散らばり具合を表す分散と標準偏差を求め、傾斜の観点を加えます。予告しますが、分散と標準偏差は先の3つの代表値ほど単純ではなく、求め方がまわりくどいです。まわりくどくなる理由も含めて分散と標準偏差について解説します。

導入 ▶▶▶

例題 「ライバル同士の熾烈な戦い」

商圏人口、店舗規模、開店時期などの店舗条件が似ているA店とB店は、互いにライバル同士です。毎月の店長会議では、自店こそ最優秀な店舗と主張して互いに一歩も引きません。そこで、2店の売上データを比較することにし、A店とB店の3か月分の日次売上データを抜粋しました。データの代表値を調べたところ、それほど差があるようには思えません。何か、A店とB店の違いがわかる特徴はないでしょうか。

●A店とB店の3か月分の売上データと代表値

	A	B	C	D	E	F	G	H	I	J	K	L
1		売上データ										
2		▽A店				▽B店				▽データ集計		
3		473	557	452		578	557	545		集計値	A店	B店
4		485	547	430		491	439	438		売上合計金額	45,696	45,035
5		459	453	415		432	523	461		平均売上／日	508	500
6		643	686	469		581	528	488		中央値	513	496
7		484	236	462		512	509	480		最頻値	450	470
8		594	509	392		482	504	501			450	470
9		640	539	512		558	498	446			450	470
32		328	524	548		567	527	456				
33												
34	合計	16,152	15,250	14,294		15,715	15,315	14,005				
35	平均値	538.4	508.33	476.47		523.83	510.5	466.83				
36	中央値	532	514.5	474.5		528.5	511	466.5				
37	最頻値	590	540	530		580	560	470				
38		450	490	530		530	560	470				
39		#N/A	#N/A	530		470	560	470				

1か月単位の代表値

3か月全体の代表値。最頻値は売上金額を1の位で四捨五入した値で求めた

CHAPTER 02 データの全体像をつかむ

▶ データの散らばりを調べる

平均値、中央値、最頻値にあまり大きさ差がない場合は、データの散らばり方に違いがないかを見ます。散らばり方を見る最も簡単な方法は、レンジを求めることです。実際に求めてみると、次のようになります。

● A店とB店の売上額のレンジ

▽データの散らばり

	A店	B店
最大値	840	623
最小値	222	407
レンジ	618	216

A店は、B店より幅広く分布しているとわかります。つまり、A店とB店は売上規模をはじめ、平均値、中央値、最頻値もあまり差がありませんが、A店はB店よりも、売上にムラがありそうだと類推できます。しかし、レンジはデータの散らばり具合を語るには、物足りないです。というのも、レンジを見ても、すべてのデータは分布内のどこかにあります、と当たり前のことしかわからないためです。

それよりも、ある一定の範囲に、何個のデータが収まっているのか、あるいは、全データ数の7割は、○○～○○の範囲に収まっています、といった方がより具体的に散らばり具合を表しています。とはいえ、これも問題です。下の図はA店の売上金額のヒストグラムですが、データの7割くらいといったら、データの集中している付近でしょうか。すると、散らばり具合に大きな影響を与えそうな端のデータは無視されてしまい、直観的に違和感を覚えます。

エイヤっと主観で決める散らばり具合では、全員からの合意は得られません。すべての人に合意してもらうには、手元にあるデータを全部使って、散らばり具合を求める必要があります。

● A店の売上額のヒストグラム

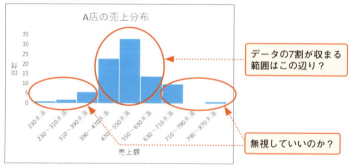

▶ 平均値からの距離で何とかならないか

散らばりとは、何を基準に散らばっているといっているのでしょうか。基準として思い浮かぶのは、平均値です。データから平均値までの距離は、散らばりが大きいほど長くな

りますし、散らばりが小さいほど短くなります。しかも、すべてのデータを対象に平均値からの距離を測れば、無視されるデータはありません。ただし、平均値からの距離は、データの数だけ存在するので、代表値にするために、1つの値に集約させる必要があります。

1つの値に集約するといったら、まずは合計ですが、合計ではうまくいきません。平均値はどこにあるかを思い出してください。平均値は、データがつり合う場所にあります。つり合うとは、平均値からプラス方向の距離の合計と平均値からマイナス方向との距離の合計が等しいということです。プラスとマイナスを足せば、必ず0になります。

ここで、用語とデータ分布の特徴を確認します。

・平均値からデータまでの距離を偏差といいます。「データの値－平均値」で求められます。
・どんなデータ分布でも、偏差の合計は0になります。

以下にB店の売上データと偏差を示します。90日分示すと、グラフ内が混雑するので、1週間分だけ表示しています。右向き矢印と左向き矢印の長さを合計すると、互いに打ち消し合って0になります。

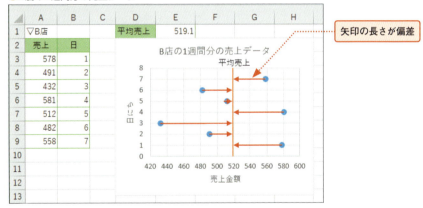
●B店の1週間分の売上データ

すべてのデータを使って散らばり具合を求めようと、偏差を調べましたが、偏差の合計は0になるとしか導けませんでした。偏差の合計が0とは、平均値がデータのつり合う場所にあることの言い換えに過ぎなかったためです。いずれにせよ、偏差の合計は散らばり具合を示す代表値としては使い物にならないことがわかりました。

▶ 0にならない工夫をする

偏差の合計は0になってしまいましたが、平均値からの距離で散らばり具合を測る考え方には賛成できます。偏差を使い、なおかつ、0にならない集約方法を考えればいいのです。

そこで、偏差×偏差を計算します。注目点は、マイナスとマイナスを掛け算するとプラスに変わることです。これで、足してもプラスマイナスで打ち消し合わなくなります。

B店の1週間分のデータで計算した結果は次のとおりです。偏差の合計は0になってしま

いますが、偏差×偏差の合計は0になりません。なお、偏差×偏差は偏差^{2}と表記し、偏差の2乗と読みます。ここで、用語を確認します。

・偏差の2乗の合計を変動といいます。変動が大きいほどデータが散らばっています。

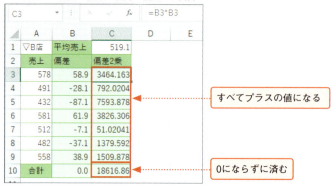

●B店売上の偏差、偏差の合計、偏差2の合計

すべてプラスの値になる

0にならずに済む

変動は、データの散らばり具合を示す指標として使えそうですが、心配な面があります。上の図のB店の売上データは、たったの7個しかないのに、ずいぶんと大きな値になっていることです。大きな値は、桁数が増えて見づらいです。そこで、平均値の「全部足してデータ数で割る」考えを取り入れ、変動をデータ数で割ります。「18616.86÷7」を計算すると、約2660になります。実は、この2660が分散です。

・変動をデータ数で割った値を分散といいます。分散は、変動の平均値です。

▶ 分散と標準偏差

分散は変動より小さな値になりましたが、それでもまだ大きいです。そもそも分散の単位は何でしょうか。振り返れば、散らばり具合を求めるのに、データと平均値との距離（偏差）を考えましたが、プラス方向の距離とマイナス方向の距離が打ち消し合ってしまう災難にあい、偏差×偏差を計算してようやく分散までこぎつけました。図で表すと、偏差は直線ですが、偏差×偏差は正方形の面積になります。

●B店の1週間分の売上と偏差、及び偏差の2乗

▶すべてのデータで偏差と面積を作図すべきだが、混雑してわかりにくくなるため、一部のみ描いた。

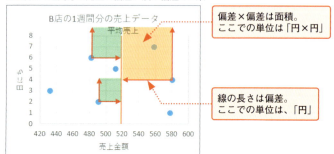

偏差×偏差は面積。ここでの単位は「円×円」

線の長さは偏差。ここでの単位は、「円」

図より、分散は、各データの正方形の面積を合計してデータ数で割った値です。一辺の長さはよくわかりませんが、分散も正方形になっています。線が面になるのですから、分散が大きくなるのも納得です。また、面になるため、分散の単位は元の単位の2乗になります。元の単位に戻すには、分散の正方形の一辺の長さを求めます。これを、ルート、または、平方根を取るといいます。分散の正の平方根を取った値こそ、標準偏差です。標準偏差は正方形の一辺の長さであり、元のデータの単位です。

- 分散の単位はデータの2乗になるため、正の平方根を取ってデータの単位に戻します。
- 分散の正の平方根を取った値を標準偏差といいます。標準偏差の単位は、データの単位です。

　分散と標準偏差までの道のりは、偏差の合計が0になることを回避するため、2乗という回り道をし、元の単位に戻すべく、平方根を取りました。回り道をした甲斐があって、分散と標準偏差は、個々のデータを無視することなく、すべてのデータを使って散らばり具合を表す代表値になりました。
　また、分散は、変動の「平均値」ですから、平方根を取った標準偏差は、データ全体のばらつきの平均値です。

●分散と標準偏差

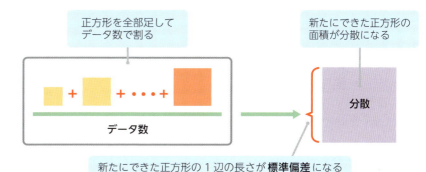

実践 ▶▶▶

▶ Excelの操作①：偏差と偏差の合計を求める

2-07「操作1」シート

A店とB店の偏差と偏差の合計を求め、偏差の合計が0になることを確かめます。

偏差を求める

●「操作1」シートのセル「K1」「I3」「O1」「M3」に入力する式

K1	=AVERAGE(A3:C32)	I3	=A3-$K$1
O1	=AVERAGE(E3:G32)	M3	=E3-$O$1

077

CHAPTER 02 データの全体像をつかむ

▶手順❶の引数は、先頭行の「A3:C3」をドラッグした後、[Ctrl]+[Shift]+[↓]を押して末尾行まで範囲を取る。

❶ セル「K1」にAVERAGE関数を入力し、A店の平均売上を求める

❷ セル「I3」に式を入力し、オートフィルでセル「K32」までコピーする。A店の売上偏差が求められた

❸ B店についてもA店と同様に操作する

偏差の合計を求める

●セル「K34」「O34」に入力する式

| K34 | =SUM(I3:K32) | O34 | =SUM(M3:O32) |

▶小数点を含む計算を行っているため、SUM関数の結果が「0」ではなく、指数表示の「1E-12」などになる場合がある。「1E-12」は、1兆分の1であり、0と考えてよい。

	H	I	J	K	L	M	N	O
1		A店平均値		507.73		B店平均値		500.39
2		▽A店偏差				▽B店偏差		
3		-34.7	49.3	-55.7		77.6	56.6	44.6
4		-22.7	39.3	-77.7		-9.4	-61.4	-62.4
5		-48.7	-54.7	-92.7		-68.4	22.6	-39.4
6		135.3	178.3	-38.7		80.6	27.6	-12.4
30		102.3	-143.7	62.3		48.6	-66.4	-18.4
31		-50.7	146.3	22.3		-3.4	2.6	-9.4
32		-179.7	16.3	40.3		66.6	26.6	-44.4
33								
34		偏差合計		0		偏差合計		0

❶ セル「K34」と「O34」にSUM関数を入力し、偏差の合計が0になることが確かめられた

実践 ▶▶▶

▶ Excelの操作②：分散と標準偏差を求める

偏差を使って分散と標準偏差を求めます。分散は、偏差の2乗の合計をデータ数で割って求めますが、A店とB店の売上データはすべてではなく、抜粋されたデータです。第4章で解説しますが、抜粋されたデータを用いる場合は、データの個数を1つ減らして割り算します。ここでは、89個です。

サンプル 2-07「操作2」シート

SQRT関数 ➡ 数値の正の平方根を求める

書　式　**=SQRT**(数値)
解　説　指定した数値の正の平方根を求めます。

07 データの散らばり具合を知る

数式を偏差の2乗に変更し、合計を確認する

●「操作2」シートのセル「I3」「M3」に入力する式

| I3 | =(A3-$K$1)^2 | M3 | =(E3-$O$1)^2 |

▶「操作2」シートにはあらかじめ「操作1」シートと同様の偏差を求める式が入力されている。ここでは、偏差の2乗になるように式を編集する。

❶ セル「I3」をダブルクリックし、式を変更してEnterを押す

❷ オートフィルでセル「K32」までコピーする

❸ B店もA店と同様に操作する

❹ SUM関数が更新され、偏差の2乗の合計、つまり変動が求められた

▶所々に表示される「####」は、数値を表示するための列幅が足りないことを表している。気になる場合は、列幅を広げる。

分散と標準偏差を求める

●「操作2」シートのセル「K35」「K36」「O35」「O36」に入力する式

| K35 | =K34/89 | K36 | =SQRT(K35) |
| O35 | =O34/89 | O36 | =SQRT(O35) |

❶ セル「K35」「K36」「O35」「O36」に数式を入力し、A店とB店の売上の分散と標準偏差が求められた

079

▶ Excelの操作③：関数で分散と標準偏差を求める

　Excelには、分散と標準偏差を求める関数が用途別に複数用意されています。A店、B店のように、すべてのデータではなく、抜粋したデータの場合は、VAR.S関数とSTDEV.S関数を使います。

　全数データの場合はVAR.P関数とSTDEV.P関数が用意されています。VAR.P関数とVAR.S関数の違いは、全データ数で割るか、「全データ数−1」で割るかの違いです。

VAR.S ／ VAR.P関数 ➡ データの不偏分散／分散を求める

書　式	=**VAR.S**(数値1, 数値2, …, 数値N)
書　式	=**VAR.P**(数値1, 数値2, …, 数値N)
解　説	数値Nにデータのセル範囲を指定し、データの不偏分散／分散を求めます。
補　足	分散は、変動を数値Nに指定したセル範囲の個数で割った値になり、不偏分散は、セル範囲の個数から1個引いた数で割った値になります。

STDEV.S ／ STDEV.P関数 ➡ データの標本標準偏差／標準偏差を求める

書　式	=**STDEV.S**(数値1, 数値2, …, 数値N)
書　式	=**STDEV.P**(数値1, 数値2, …, 数値N)
解　説	数値Nにデータのセル範囲を指定し、データの標本標準偏差／標準偏差を求めます。
補　足	STDEV.S関数はVAR.S関数の正の平方根です。STDEV.P関数はVAR.P関数の正の平方根です。

関数を利用してA店とB店の分散と標準偏差を求める

● 「操作2」シートのセル「C35」「C36」「G35」「G36」に入力する式

C35	=VAR.S(A3:C32)	C36	=STDEV.S(A3:C32)
G35	=VAR.S(E3:G32)	G36	=STDEV.S(E3:G32)

▶セル「C35」と「C36」に関数を入力したあと、セル範囲「C35:C36」をドラッグして Ctrl + C でコピーし、セル「G35」をクリックして Ctrl + V で貼り付けると効率よく関数を入力できる。

	A	B	C	D	E	F	G	H	I
1									A店平均
2	▽A店				▽B店				▽A店偏差
3	473	557	452		578	557	545		1206.4
4	485	547	430		491	439	438		516.8
5	459	453	415		432	523	461		2374.9
30	610	364	570		549	434	482		######
31	457	654	530		497	503	491		2573.9
32	328	524	548		567	527	456		######
33									
34	▽関数				▽関数				偏差2乗の
35	分散		10234		分散		2386.8		分散
36	標準偏差		101.16		標準偏差		48.855		標準偏
37									

❶ セル「C35」「C36」「G35」「G36」に関数を入力し、A店とB店の売上の分散と標準偏差が求められた

07 データの散らばり具合を知る

MEMO 分散と不偏分散、標準偏差と標本標準偏差の表記について

関数紹介のVAR.S関数は不偏分散、STDEV.S関数は標本標準偏差と記載していますが、本文中は、A店とB店の分散と標準偏差と表記してきました。混乱された方もいらっしゃると思いますが、現時点では関数機能の「不偏分散」と「標本標準偏差」は、全数データのVAR.P関数とSTDEV.P関数とを区別するためだと思ってください。

本文中では、A店とB店の売上データについて「抜粋した」という表記を何度となく使ってきました。全数データから一部を抜粋したので、関数機能名でいうところの「不偏分散」であり、「標本標準偏差」になります。実は「不偏」と「標本」は「関数を区別したいから」だけが理由ではなく、データを偏りなく抜き取った、全データから一部を標本として抜き取ったといった意味があります。

MEMO VAR.P関数とVAR.S関数、STDEV.P関数とSTDEV.S関数

よくVAR.P関数とVAR.S関数、STDEV.P関数とSTDEV.S関数はどのように使い分けるのですかという質問を頂きます。結論からいいますと、ビジネスで使うときは、迷わずVAR.S関数とSTDEV.S関数をご利用ください。理由は3つです。1つ目は、ビジネスデータはほぼ標本データです。全数とは、目的の対象となるすべてのデータです。5年に一度の国勢調査は全数データの例です。ただし、全数と標本の切り分けはあいまいなところがあって、たとえば学校のクラス全体を全数と捉えることもできますし、クラスの背後に学年が控えていると思えば、クラスは標本と捉えることもできます。これが、全数か標本かで悩むタネになっていますが、残り2つの理由より、悩む必要はありません。

2つ目の理由は、データ数が多くなるほど、結果が変わらなくなる点、最後の理由は、標本（抜粋した）とみなした分散と標準偏差を求めておけば、全数データの分散と標準偏差を包括する点です。

● VAR.P関数とSTDEV.P関数の場合

	A	B	C	D	E	F	G	H
33								
34	▽関数				▽関数			
35		分散	10234			分散	2386.8	
36		標準偏差	101.16			標準偏差	48.855	
37								
38	▽参考				▽参考			
39		VAR.P関数	10121			VAR.P関数	2360.3	
40		STDEV.P関数	100.6			STDEV.P関数	48.583	
41								

「P」の付く関数で求めた値の方が小さい。他も同様

上の図は、VAR.P関数とSTDEV.P関数を利用したときのA店とB店の分散と標準偏差です。90個で割るか、89個で割るかの違いしかないので、ほとんど同じ値になっていますが、よく見ると、いずれも「P」が付く方の値が、小さくなっています。値が小さいとは、ばらつきが小さいということです。ビジネスでは、不確実性に対処するため、しばしばばらつきを少し大きめに見積もります。データ数が増えると、「P」も「S」もほとんど変わらないので、多めに見積もるほどにはなりませんが、「S」が付く関数を使っておけば、無難です。

081

結果の読み取り

A店、B店の売上データから求められた代表値は次のとおりです。A店とB店の売上の平均値はあまり変わりませんが、標準偏差に大きな差が現れました。A店の売上のばらつきは、B店の2倍以上です。

店舗名	平均売上	標準偏差
A店	507.73	101.16
B店	500.39	48.855

A店はB店に比べて、よく売れる日もあれば、あまり売れない日もあり、売上にムラがあります。しかし、「ムラ」がたまたま「よく売れる日」ばかりに転べば、A店の売上は文句なく1位になります。要するに、ハイリスクハイリターンな店舗です。

B店は、A店とは反対に、A店のような高額な売上はなくても、毎日そこそこ売れる、安定的な店舗だとわかります。どちらが優秀店舗か、の問いは評価者のリスク選好によります。

● **平均値±標準偏差に入るデータ**

「平均値±標準偏差」とは、個々のデータを平らにならした値と個々のばらつきを平らにならした値で、どちらも平均値です。また、個々のばらつきは、平均値からの距離で測りました。平均値が異質な値に振り回されず、左右対称の山型になっていれば、平均値±標準偏差の範囲に入るデータは、「結果として」P.74のヒストグラムで示したデータの多数派が多く含まれることになります。結果としてと付けたのは、標準偏差を求める出発点が、散らばり具合に大きな影響を与えそうな端のデータを無視せず、データを全部使うことだったからです。

下の図はさまざまな書籍、文献等で一度は出てくる最もポピュラーな正規分布と平均値「m」、標準偏差「s」の位置関係です。

●平均値m：500 標準偏差s：50の正規分布

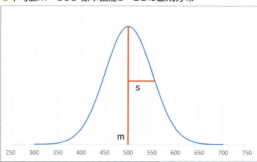

ものさしの違うデータ同士を比べる

平均値と標準偏差は、データの内容によって異なります。このため、異なる単位のデータ同士、たとえば、来店回数の単位は「回」、購入金額の単位は「円」なので、来店回数と購入金額は単純比較できません。そこで、平均値「0」、標準偏差「1」になるように、それぞれのデータを換算すれば、換算値同士は単位に関係なく比較できます。ここでは、単位の異なるデータ同士を比較するための、データの標準化について解説します。

導入 ▶▶▶

例題 「優良顧客を見つけたい」

ここでいう優良顧客とは、頻繁に来店して、比較的高額の買物をしてくれる人とします。そこで、顧客ごとに来店回数と買上金額を集計し、以下の表にまとめました。来店回数の単位は「回」、買上金額の単位は「円」です。単位の異なるデータ同士を比較し、優良顧客を見つけるにはどうすればいいでしょうか。

●顧客別来店回数と買上金額

	A	B	C	D
1	来店回数と買上金額		集計期間：X/1～Y/末	
2	顧客名	来店回数	買上金額	
3	浅川　由利	10	220,090	
4	榎並　悠真	7	146,000	
5	岡崎　葵	6	166,190	
6	角田　咲	13	249,550	
7	倉本　真美	5	230,630	
8	佐々木　直人	13	50,050	
9	須田　正也	12	267,630	
10	滝口　華子	9	72,060	
11	手塚　敦	1	77,070	
12	細川　由紀	13	100,320	
13	平均値	8.9	157,959	
14	標準偏差	4.1	80,731	

▶ データを標準化する

単位の異なるデータ同士を比較するには、データを標準化します。データの標準化とは、

CHAPTER 02 データの全体像をつかむ

データを平均値「0」、標準偏差「1」に換算することです。

● 平均値を0に換算する

▶偏差 →P.75

データの平均値が0になるようにするには、データをどのように換算すればよいでしょうか。前節をお読みになった方はすぐに見当が付いたはずです。散らばり具合を求めるのに障害となった「偏差の合計は0になる」です。合計を0にしてしまえば、いくつで割っても平均値は0です。よって、平均値が0になるようにするには、データを偏差に換算すればよいことになります。

● 標準偏差を1に換算する

標準偏差を1に換算するには、元のデータが標準偏差分の1になっていればいいことです。

例題の来店回数の標準偏差は「4.1」回ですが、来店回数の各データを最初から4.1で割っておけば、標準偏差は1になると予想できます。実際の結果は次のとおりです。買上金額も同様に実施したところ、標準偏差が1になりました。

● 標準偏差を1に換算する

	A	B	C	D	E	F	G
1	来店回数と買上金額　集計期間：X/1〜Y/末				▽標準化データ		
2	顧客名	来店回数	買上金額		顧客名	来店回数	買上金額
3	浅川　由利	10	220,090		浅川　由利	2.442174	2.726224
4	榎並　悠真	7	146,000		榎並　悠真	1.709522	1.808482
5	岡崎　葵	6	166,190		岡崎　葵	1.465305	2.058572
6	角田　咲	13	249,550		角田　咲	3.174826	3.091141
7	倉本　真美	5	230,630		倉本　真美	1.221087	2.856782
8	佐々木　直人	13	50,050		佐々木　直人	3.174826	0.619962
9	須田　正也	12	267,630		須田　正也	2.930609	3.315096
10	滝口　華子	9	72,060		滝口　華子	2.197957	0.892597
11	手塚　敦	1	77,070		手塚　敦	0.244217	0.954655
12	細川　由紀	13	100,320		細川　由紀	3.174826	1.24265
13	平均値	8.9	157,959		平均値	2.173535	2
14	標準偏差	4.1	80,731		標準偏差	1	1
15							

> 「=B3/B$14」と入力し、来店回数を標準偏差「4.1」で割った

> データをそれぞれの標準偏差で割っておけば、標準偏差を「1」に換算できることがわかった

● Z値

▶単位に関係しない値のことを無名数という。

標準化されたデータをZ値といいます。平均値を0に換算する方法と標準偏差を1に換算する方法から、Z値は次のようになります。偏差の単位と標準偏差の単位は、データの単位です。分母分子で単位は打ち消し合うので、Z値は単位に関係のない値となります。

$$Z = \frac{偏差}{標準偏差}$$

データを標準化しない場合は、それぞれの単位のものさしでデータの大小関係や散らばり具合を見てきましたが、標準化されたものさしを使えば、単位の垣根を超えて値を比較できるようになります。次の図は身長「cm」と体重「kg」の比較です。身長と体重はそれぞれ専用の計りを使いますが、標準化すれば、同じものさしで比較できます。

08 ものさしの違うデータ同士を比べる

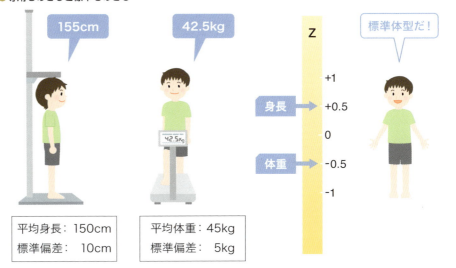

● 専用ものさしと標準ものさし

▶ 身長155cmの標準化データは0.5、体重42.5kgの標準化データは、-0.5となり、どちらも標準偏差の範囲内である。

▶ 標準化データ（Z値）の読み取り方

　Z値は、元のデータを平均値「0」、標準偏差「1」になるようにした換算値です。よって、Z値が0より大きければ、元のデータは平均値より大きな値ですし、0より小さければ、元のデータは平均値より小さい値です。さらに、Z値が1より大きければ、元のデータは平均値より大きいだけでなく、標準偏差を超えるほど大きい値です。Z値の見方は次のとおりです。

● Z値の見方

標準化データ（z）	元のデータの値
z = 0	データは平均値と同じ値である
0＜z＜1	データは、平均値より大きいが標準偏差の範囲内にある
z＞1	データは標準偏差の範囲を超えるほど、平均値を大きく上回る値である
-1＞z＞0	データは、平均値より小さいが標準偏差の範囲内にある
z＜-1	データは標準偏差の範囲を超えるほど、平均値を大きく下回る値である

　例題では、来店回数も多くて、買上金額も多い顧客を探しています。つまり、来店回数と買上金額の両方のZ値が少なくとも0を超え、できれば1を超える人を見つければよいことになります。

実 践 ▶▶▶

▶ Excelの操作①：来店回数と買上金額の標準化データを求める

　来店回数と買上金額の平均値と標準偏差はAVERAGE関数とSTDEV.S関数で求めてあ

サンプル
2-08

CHAPTER 02 データの全体像をつかむ

りますので、Z値の式に当てはめ、来店回数と買上金額の標準化データを求めます。

顧客ごとの来店回数と買上金額のZ値を求める

● セル「F3」に入力する式

F3　=(B3-B$13)/B$14

	A	B	C	D	E	F	G
1	来店回数と買上金額		集計期間：X/1～Y/末		▽標準化データ		
2	顧客名	来店回数	買上金額		顧客名	来店回数	買上金額
3	浅川　由利	10	220,090		浅川　由利	0.268639	0.769608
4	榎並　悠真	7	146,000		榎並　悠真	-0.46401	-0.14813
5	岡崎　葵	6	166,190		岡崎　葵	-0.70823	0.101956
6	角田　咲	13	249,550		角田　咲	1.001291	1.134525
7	倉本　真美	5	230,630		倉本　真美	-0.95245	0.900166
8	佐々木　直人	13	50,050		佐々木　直人	1.001291	-1.33665
9	須田　正也	12	267,630		須田　正也	0.757074	1.358479
10	滝口　華子	9	72,060		滝口　華子	0.024422	-1.06402
11	手塚　敦	1	77,070		手塚　敦	-1.92932	-1.00196
12	細川　由紀	13	100,320		細川　由紀	1.001291	-0.71397
13	平均値	8.9	157,959				
14	標準偏差	4.1	80,731				

❶ セル「F3」に数式を入力する

▶オートフィルでコピーしても、平均値と標準偏差がずれないように、セル「B13」と「B14」は行のみ絶対参照を設定する。

❷ セル「F3」をもとに、セル「G12」までオートフィルで数式をコピーし、来店回数と買上金額の標準化データが求められた

▶ 結果の読み取り

来店回数の「回」と買上金額の「円」を標準化することで、来店回数と買上金額を同じ目線で比較できるようになります。

・来店回数＞1　かつ　買上金額＞1の顧客

　来店回数、買上金額ともに平均値を超えるだけでなく、標準偏差を上回っています。何度も来店し、店にお金を落としてくれるお得意様です。該当する顧客は、「角田　咲」です。

・来店回数＞0　かつ　買上金額＞0の顧客

　来店回数、買上金額ともに平均値を超える顧客です。比較的来店回数も多く、購入金額も多い、比較的優良な常連客です。該当する顧客は、「浅川　由利」「須田　正也」です。

・来店回数＜－1　かつ　買上金額＜－1の顧客

　来店回数、買上金額ともに平均値未満で、標準偏差も下回ります。フラッと何となく立ち寄った顧客、たまたま目的の商品があって一度購入しただけの顧客などで「手塚　敦」が該当します。

・来店回数＞0　かつ　買上金額＜0の顧客

　「佐々木　直人」「滝口　華子」「細川　由紀」は、来店回数は平均を上回るものの、買上

08 ものさしの違うデータ同士を比べる

金額は平均未満です。何度も店まで足を運んでくれている客のため、商品の魅力を感じてもらえるように工夫し、優良顧客に育てます。

・来店回数＜0　かつ　買上金額＞0の顧客

「岡崎　葵」「倉本　真美」は、上述と反対のパターンです。時期をずらして何度か集計し、来店回数のZ値が減少傾向になる場合は、他店へ移動したことが推察されます。

最後に残った「榎並　悠真」は、来店回数も買上金額も平均未満ですが、標準偏差の範囲内です。今後も、同様の調査を実施し、Z値の変化を見ていく必要があります。

発展 ▶ ▶ ▶

▶ 優良顧客をグラフで見える化する

サンプル
2-08_Adv

比較するデータが2種類であれば、標準化データを散布図にしてひと目で見比べることができます。作成手順は次のとおりです。グラフ上に顧客名をラベルとして表示すれば、より一層見やすくなります。なお、顧客名をグラフに表示するには、バージョンによって方法が異なります。

散布図を挿入する

❶ セル範囲「F2:G12」をドラッグし、〔挿入〕タブの【散布図またはバブルチャートの挿入】をクリックし、【散布図】をクリックする

❷ 来店回数のZ値と買上金額のZ値の散布図が挿入された

▶バージョンよってボタン名が異なるため、同じデザインのボタンをクリックする。

▶グラフタイトルや軸ラベルなどの書式は適宜設定する。「横（値）軸」の目盛は最小値「−2」、最大値「2」、単位は「0.5」刻みに設定する。

087

CHAPTER 02 データの全体像をつかむ

 グラフにデータラベルを追加する

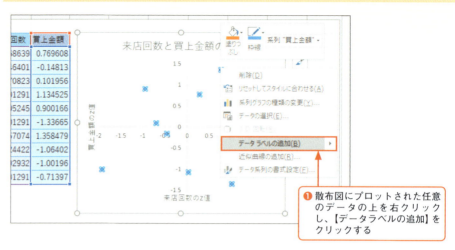

❶ 散布図にプロットされた任意のデータの上を右クリックし、【データラベルの追加】をクリックする

 グラフに顧客名を表示する　Excel2013/2016

▶Excel2010はP.90参照。

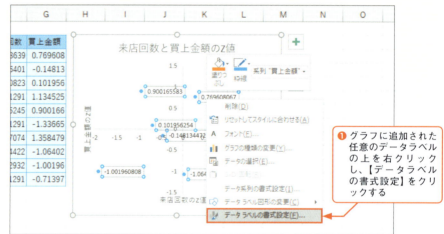

❶ グラフに追加された任意のデータラベルの上を右クリックし、【データラベルの書式設定】をクリックする

▶「Y値」のチェックを外すと、データラベルがなくなってしまい、編集不能になるため、顧客名を表示してから、チェックを外す。

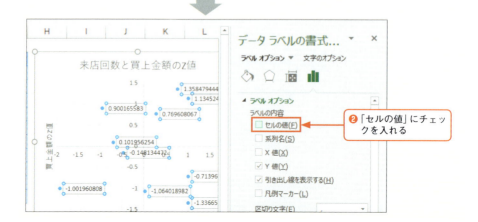

❷「セルの値」にチェックを入れる

088

08 ものさしの違うデータ同士を比べる

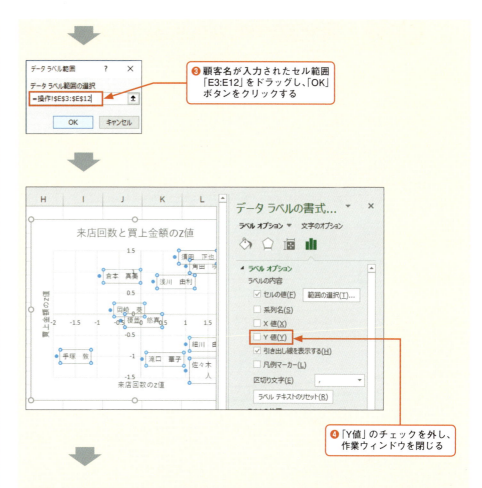

❸ 顧客名が入力されたセル範囲「E3:E12」をドラッグし、「OK」ボタンをクリックする

❹ 「Y値」のチェックを外し、作業ウィンドウを閉じる

▶ここでは、縦軸、横軸ともに、0.5刻みずつのため、縦と横の目盛のマス目が正方形になるようにグラフの大きさを整えている。

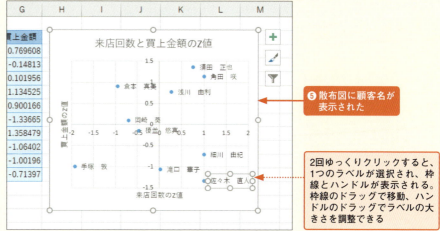

❺ 散布図に顧客名が表示された

2回ゆっくりクリックすると、1つのラベルが選択され、枠線とハンドルが表示される。枠線のドラッグで移動、ハンドルのドラッグでラベルの大きさを調整できる

089

CHAPTER 02 データの全体像をつかむ

グラフに顧客名を表示する

Excel2010

❷ 手順❶で確認したデータの顧客名とセルを確認する（ここではセル「E7」）

❶ 散布図上のデータにマウスポインターを合わせ、ポップヒントの内容を確認する

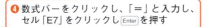

❹ 数式バーをクリックし、「=」と入力し、セル「E7」をクリックし Enter を押す

❸ データラベルの上を2回ゆっくりクリックして、1つのラベルを選択する

❺ データラベルが顧客名に上書きされた。他のラベルについても同様に操作する

090

● グラフの見方

縦横4つに区切られたエリアのうち、右上のエリアが平均以上です。また、「0」を中心とする、±1の範囲内は標準偏差の範囲内です。例題のような顧客分析は、一度で終わりにせず、定期的に実施し、標準偏差内の顧客の動きを観察し、右上のエリアに誘導する方策を立てて実施します。

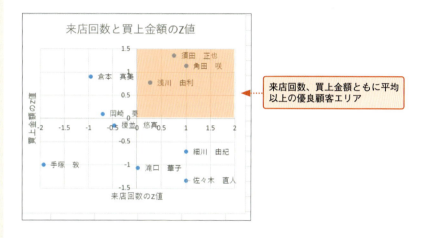

> MEMO　**関数でデータを標準化する**
>
> データを標準化するには、ExcelのSTANDARDIZE関数を利用することもできます。
>
> **STANDARDIZE関数** ➡ **標準化データを求める**
>
> 書式　=**STANDARDIZE**(x, 平均, 標準偏差)
> 解説　複数の数値から成るデータの平均と標準偏差をもとに、指定した数値データxを標準化します。
>
> ●関数を使ったデータの標準化
>
>
>
> 　本書では、今後もデータの標準化が何度か出てきますが、P.84の計算式を使います。計算式が単純であることと、計算式の方が、データの平均を0、標準偏差を1に換算するというデータの標準化の意味を意識できるためです。とはいえ、知っていて損のない関数です。時間のある方は、計算式の代わりに関数を入れてご確認ください。

091

練習問題

問題❶ 内容量のデータ分布を確認したい

2-06節で扱った例題1〜例題3の度数分布表とヒストグラムを作成してください。フリーハンドで類推したデータ分布との整合性も確かめてください。

サンプル
練習：2-renshu1
完成：2-kansei1

●例1

	A	B	C	D	E	F	G	H	I	J	K	L
1	▽商品Aの内容量						▽代表値			▽度数分布表		1.00E-10
2	51.10	50.13	50.44	48.69	47.96		最大値	52.29		階級	上限値	度数
3	49.86	50.42	50.61	50.10	49.59		最小値	47.96		48.65未満		
4	48.91	52.29	51.76	49.16	49.60		レンジ	4.33		48.65〜49.30未満		
5	50.93	50.42	50.89	49.68	48.74		平均値	50.11		49.30〜49.95未満		
6	50.84	49.19	50.15	50.14	50.03		中央値	50.13		49.95〜50.60未満		
7	51.67	50.63	48.75	49.54	50.67		最頻値	50.1		50.60〜51.25未満		
8	50.10	50.12	48.61	48.96	51.80			50.1		51.25〜51.90未満		
9	49.32	49.06	50.41	49.88	50.59			50.1		51.90〜52.55未満		
10	49.43	52.22	50.49	50.70	50.57			50.1				
11												

上の図は「例題1」シートです。「例題2」「例題3」シートも同様のレイアウトで作成されています。各シートのJ列に入力している階級を参考に上限値を入力してください。

問題❷ 偏差値を求めたい

2-08節で扱ったデータの標準化の考え方を利用して、以下の成績データの標準化得点を求めてください。得点を標準化する際は、平均値「50」、標準偏差「10」になるようにします。国語、数学ともに優秀な受験番号を挙げてください。P.87以降の発展もお読みになった方は散布図を作成し、2科目とも優秀なエリアに入る受験番号を確認してください。

サンプル
練習：2-renshu2
完成：2-kansei2

●国語と数学の成績データ

	A	B	C	D	E	F	G
1	▽得点データ		各100点満点		▽標準化得点		
2	受験番号	国語	数学		受験番号	国語	数学
3	A001	58	42		A001		
4	A002	65	60		A002		
5	A003	83	92		A003		
6	A004	82	43		A004		
7	A005	51	76		A005		
8	A006	37	46		A006		
9	A007	58	23		A007		
10	A008	94	72		A008		
11	A009	100	95		A009		
12	A010	60	41		A010		
13	平均点				平均点		
14	標準偏差				標準偏差		
15							

偏差値を求める問題です。テストの得点を平均値「50」、標準偏差「10」で標準化すると、科目を問わずに成績の比較ができます。

CHAPTER

03

データ同士の関係をつかむ

本章では、相関分析と回帰分析を中心に解説します。これらの内容は、複数のデータが必要ですが、幸いにも現在は、社内外を問わず、さまざまなデータが蓄積・整備されていますので、精度の高い分析が可能になってきています。本章で扱う内容は、統計解析の中でも特にビジネスに直結するデータ分析です。ぜひ、分析方法をマスターしてください。

01 2種類のデータの意外な関係 ▶▶▶▶▶▶▶▶▶▶▶▶▶▶▶▶▶ P.094

02 手持ちのデータを使って予測値を求める ▶▶▶▶▶▶▶▶▶ P.106

03 売上に影響を与えている要因を探る ▶▶▶▶▶▶▶▶▶▶▶ P.118

04 来店者の特徴を知る ▶▶▶▶▶▶▶▶▶▶▶▶▶▶▶▶▶▶▶▶▶ P.130

05 総合評価のないアンケートのゆくえ ▶▶▶▶▶▶▶▶▶▶▶ P.144

06 データに白黒を付ける ▶▶▶▶▶▶▶▶▶▶▶▶▶▶▶▶▶▶▶▶ P.162

01 2種類のデータの意外な関係

「ベビー用品のオムツが売れるとビールの売上もアップする」これは、いっけん何の関わりもなさそうなデータ同士の関係性の発掘が売上アップにつながるという有名なエピソードです。ここでは、2種類のデータの関係性と関係の強さについて解説します。

導入 ▶ ▶ ▶

例題 「みかんとこたつの関係、販売価格と販売数量の関係が知りたい」

みかんの出荷量とこたつふとんの出荷数量を調べたところ、次のようになりました。どのような関係が見えるでしょうか。

●みかんとこたつふとんの年次データ

	A	B	C	D	E
1	年産	みかんの10aあたりの出荷量（t）		年度	こたつふとん（枚）
2	2005年産	1,005,000		2005年度	713,000
3	2006年産	743,200		2006年度	511,596
4	2007年産	950,500		2007年度	268,498
5	2008年産	807,800		2008年度	322,292
6	2009年産	893,400		2009年度	296,456
7	2010年産	700,100		2010年度	283,087
8	2011年産	828,600		2011年度	241,870
9	2012年産	757,300		2012年度	195,931
10	2013年産	804,400		2013年度	174,622
11	2014年産	782,000		2014年度	201,800
12					
13	出典（左）： 農林水産省　作況調査（果樹）より、「みかん」データを抜粋し、加工して作成				
14	出典（右）： 経済産業省生産動態統計年報　繊維・生活用品統計編				
15	「こたつふとん」データを抜粋し、加工して作成				

農林水産省-統計URL
http://www.maff.go.jp/j/tokei/index.html
経済産業省-統計URL
http://www.meti.go.jp/statistics/index.html

次に、商品Aと商品Bの販売価格と販売数量について、20日分のデータをピックアップして表にまとめました。なお、商品Aは、老舗ブランドA社の商品、商品Bは、商品Aと同種類のプライベートブランド商品です。商品Aと商品Bの価格と数量にはどのような関係が見えるでしょうか。

01 2種類のデータの意外な関係

●商品Aと商品Bの販売価格と販売数量

	A	B	C	D	E
1	▽商品A			▽商品B	
2	販売価格	販売数量		販売価格	販売数量
3	711	15		441	54
4	320	138		544	74
5	602	14		579	72
6	662	27		400	62
18	503	95		526	64
19	503	54		589	70
20	765	18		404	52
21	646	26		466	53
22	362	125		550	92
23					

▶ 散布図を描いてビジュアル化する

2種類のデータの関係性を調べるには、散布図を描いて「目で見る」のが基本です。みかんとこたつふとんの出荷数量の関係、及び、商品Aの販売価格と販売数量の関係は次のようになります。

●みかんとこたつふとんの関係

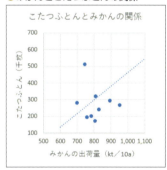

●商品Aの販売価格と販売数量の関係

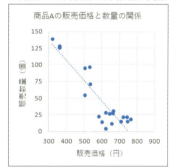

● 正の相関と負の相関

みかんとこたつふとんの出荷量は、うっすらと右肩上がりの関係が見えます。右肩上がりとは、みかん、または、こたつふとんの出荷量が増加すると、こたつふとん、または、みかんの出荷量が増加する関係です。一方が増減すると、もう一方も同様に増減する関係を「正の相関」があるといいます。

商品Aの販売価格と販売数量は、価格が下がると販売数量が増加する右肩下がりの関係がはっきり見えます。一方が増えたり減ったりすると、もう一方は反対の動きになって減ったり、増えたりする関係を「負の相関」があるといいます。

● 相関と因果 （相関関係があわ 因果関係がありかではない）

みかんとこたつふとんは互いに関係がありそうだとわかりましたが、みかんが売れるからこたつふとんが売れるのでしょうか？それともこたつふとんが売れるからみかんが売れ

CHAPTER 03 データ同士の関係をつかむ

るのでしょうか？どちらに起因してもう一方に影響しているのか、定かではありません。このような2種類のデータは相関関係にあるものの、因果関係はよくわかりません。相関があるから因果があるとは限らない例です。

販売価格と販売数量の関係は、価格の上下が販売数量に影響すると考えるのが一般的です。販売価格と販売数量は相関関係に加えて因果関係もあります。

一般に、2種類のデータに因果関係があるときは、原因は結果に先立つという関係が成り立ちます。価格と数量の場合は、販売価格を決めるというアクションが先にあって、価格を見て購買が発生するので因果関係が成立しています。

Column 間接相関にご注意

間接相関とは、見た目上の相関関係のことです。疑似相関とも呼ばれます。

次の例は、年次の20歳の人口推移とビールの販売量の関係です。正の相関が見て取れます。通常、人口がビールの販売に影響していると考える方が自然ですので、因果もあるように思えます。しかし、ビールの販売量データは、20歳以上の成人を対象にした販売と考えるのが普通です。よって、20歳の人口とビールの販売量の関係性を調べるなら、20歳を対象にしたビールの販売量か、せめて、年代別のビールの販売量で関係性を見る必要があります。なぜなら、20歳の人口とビールの販売量には何のかわかりもなく、他の年代の飲酒量の減少などが原因かも知れないためです。下の図は、たまたま、相関を示しただけに過ぎない可能性が大いにあります。

一般に、大きなくくりのデータ、たとえば、全国データ、都道府県別データ、年単位のデータなどでは、さまざまな要因が入り込む余地が生まれ、間接相関になる可能性が出てきますので注意が必要です。この意味では、前述のみかんとこたつふとんの関係も疑いの余地が出てきます。こたつふとんの減少は、人々の生活様式の変化、みかんの減少は、くだもの離れといった要因が裏に隠されているかも知れません。ただし、間接相関を気にしすぎていては新たな発見もできませんので、気になる2種類のデータがあれば、相関を調べてみることをお奨めします。

▶右図は、はっきりとした間接相関とまではいえないものの、鵜呑みにすることもできない結果である。

●20歳の人口とビールの販売量の関係

年	20歳人口	ビール
2000年	1,582	5,185
2001年	1,513	4,622
2002年	1,489	4,132
2003年	1,491	3,783
2004年	1,472	3,617
2005年	1,421	3,408
2006年	1,373	3,305
2007年	1,341	3,215
2008年	1,300	2,986
2009年	1,258	2,844
2010年	1,201	2,764
2011年	1,190	2,690
2012年	1,205	2,685
2013年	1,189	2,665

出典：「人口推計」（総務省統計局）（http://www.stat.go.jp）を加工して作成
「酒のしおり」（国税庁）（http://www.nta.go.jp）を加工して作成

▶ 相関係数で関係の強さを数値で示す

　2種類のデータを散布図にすると、はっきりと直線性が見える場合とぼんやりと直線性が見える場合があります。しかし、直線性が見える／見えない、はっきり／ぼんやりというのは、「見た目」の域を出ないため、見る人によって判断が変わります。そこで、誰もが共通の認識になるための客観的な数値が必要となります。相関係数は、2種類のデータの結び付きの度合い、すなわち、相関の強さを±1の範囲で表した数値です。

　下の図の①②③は、右肩上がりが読み取れる正の相関です。相関係数はプラスになり、はっきりと右肩上がりが読み取れるほど、プラス1に近づきます。⑤⑥⑦は、右肩下がりの負の相関が読み取れ、はっきりするほどマイナス1に近づきます。④は、相関が読み取れません。相関係数は0に近づきます。相関が見られないことから、無相関といいます。

●相関の強さ

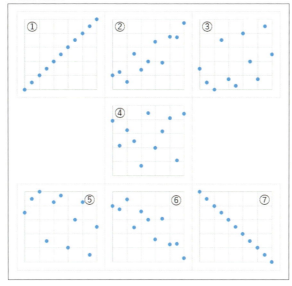

▶相関係数は関数で求められる。
→P.100

　相関係数と相関の強さの目安は次のとおりです。係数の境界値は文献によってさまざまで、あいまいなところがありますが、本書では以下の表を目安に分析を進めます。なお、相関係数は「R」または「r」と表記されます。

●相関係数と相関の強さ

正の相関	負の相関	相関の強さ
0≦R<0.2	−0.2<R≦0	無相関
0.2≦R<0.5	−0.5<R≦−0.2	弱い相関
0.5≦R<1	−1<R≦−0.5	強い相関
R=1	R=−1	完全相関

CHAPTER 03 データ同士の関係をつかむ

実践

▶ Excelの操作①：散布図を作成する

サンプル
3-01「商品A」シート

　散布図は、一般的に横軸に原因、縦軸に結果を取り、グラフ上の各点が正方形の中に散らばるように、グラフの目盛りや形状を調整します。Excelの散布図は、表の左側（上側）が横軸になります。ここでは、商品Aと商品Bの価格と数量の散布図を作成して、相関を目で確認し、相関の強さにあたりを付けます。商品Aと商品Bを比較できるように、商品Aで作成した散布図をコピーして商品Bに利用します。

商品Aの散布図を作成する

❶ セル範囲「A2:B22」を範囲選択し、〔挿入〕タブの【散布図またはバブルチャートの挿入】から【散布図】をクリックする

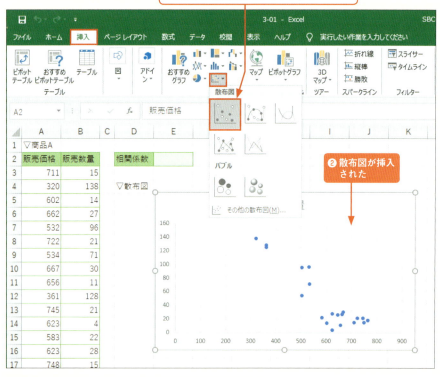

❷ 散布図が挿入された

▶手順❶は、バージョンによってボタン名が異なるが、同じデザインのボタンをクリックする。

● グラフの編集

グラフタイトル	商品Aの販売価格と販売数量の関係
軸ラベル	縦軸ラベル：販売数量
	横軸ラベル：販売価格
目盛	縦軸目盛：0～160　20刻み
	横軸目盛：300～800　50刻み

01 2種類のデータの意外な関係

▶グラフの目盛りを固定する。
→P.27

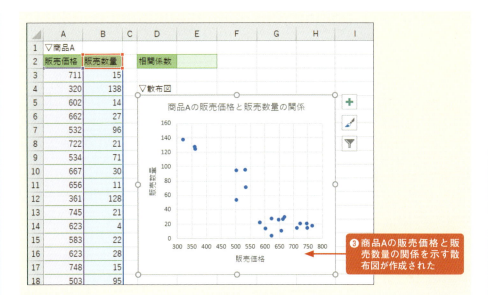

❸ 商品Aの販売価格と販売数量の関係を示す散布図が作成された

▶グラフの編集
→P.31
グラフの目盛が変化しないように、Excel2010は「固定」を選択し、Excel2013以降は、「リセット」と表示されるように設定する。さらに、グラフ全体の形状が正方形になるように調整する。

商品Bの散布図を作成する

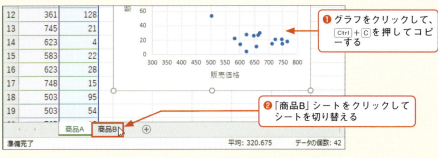

❶ グラフをクリックして、Ctrl+Cを押してコピーする

❷ 「商品B」シートをクリックしてシートを切り替える

❹ [デザイン]タブの【データの選択】をクリックする

❸ 「商品B」シートのセル「D5」をクリックしてCtrl+Vでグラフを貼り付ける

Excel2010
▶【データの選択】は、リボンの左から4番目に配置されている。

099

CHAPTER 03 データ同士の関係をつかむ

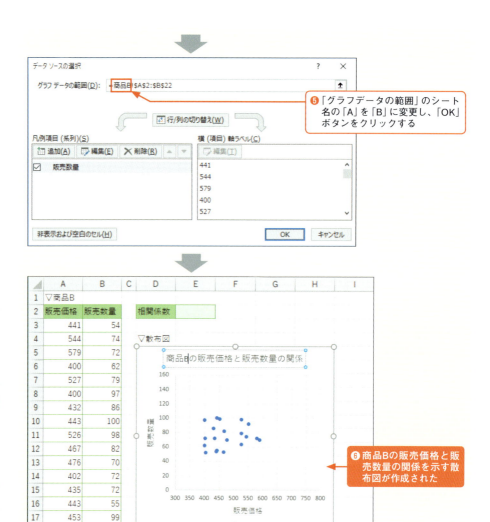

❺「グラフデータの範囲」のシート名の「A」を「B」に変更し、「OK」ボタンをクリックする

❻ 商品Bの販売価格と販売数量の関係を示す散布図が作成された

▶グラフタイトルを「商品B」に変更しておく。

▶グラフ目盛が自動的に変化した場合は、コピー元の商品Aのグラフの目盛が固定されていないのが原因。操作はやり直さず、商品Aと同様に目盛を設定する。

▶ Excelの操作②：相関係数を求める

商品Aと商品Bの相関係数を求めます。相関係数は、CORREL関数で求められます。関数は複数のシートに同時に入力できるので、「商品A」シートと「商品B」シートを同時選択してから入力します。

CORREL関数 ➡ 2つのデータの相関係数を求める

書　式	=**CORREL**(配列1, 配列2)
解　説	2つのデータの入ったセル範囲を配列1と配列2に指定し、相関係数を求めます。
補足1	セル範囲内の各セル同士を互いに対応付けるため、配列1と配列2は同じ列数×行数で構成されている必要があります。
補足2	要因と結果の関係はわからないことが前提のため、配列1と配列2に指定するセル範囲を入れ替えても同じ結果になります。

販売価格と販売数量の相関係数を求める

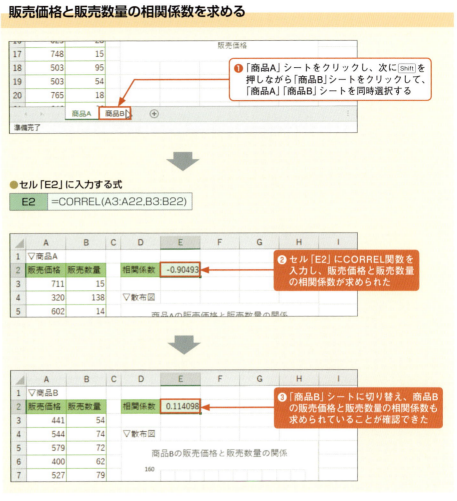

▶「商品B」のシート見出しをクリックすると、シートの同時選択が解除される。または、いずれかのシート見出しを右クリックし、【シートのグループ解除】(【作業グループ解除】)をクリックする。

▶経済学でも、価格と数量の関係を示すグラフがあり、需要曲線と呼ばれる。ただし、需要曲線は、縦軸に要因となる価格、横軸に要因の結果となる数量を取ったグラフである。

▶ 結果の読み取り

散布図より、老舗ブランドの商品Aは、右肩下がりの負の相関が見て取れます。相関係数も「−0.9」であり、強い相関です。老舗ブランドの商品Aは、販売価格の変化に対して販売数量が敏感に反応する性質を持っていることがわかります。

経済学では、価格の変化に販売量が敏感に反応することを、需要の価格弾力性が高いといいます。需要の価格弾力性が高い商品は、バーゲンに向いている商品です。老舗ブランドの商品Aを目玉商品として広告を打てば、集客に貢献する可能性が高くなります。

価格の変化に対して販売量があまり反応しないときは、需要の価格弾力性が低いと表現されます。値下げをしても販売量の増加に効果がありませんが、価格が上がってもあまり販売量が低下しません。プライベートブランドの商品Bは、散布図からは相関が見えず、相関係数も「0.11」であることから、販売価格と販売量は無相関です。価格が変化しても販売量があまり反応しないことから、価格弾力性の低い商品だとわかります。このような商品は、値下げせずに通常価格で販売しておいた方が売上に貢献します。

CHAPTER 03 データ同士の関係をつかむ

発展 ▶▶▶

▶ 共分散を求める

共分散は、偏差の積（掛け算）の平均値から2種類のデータの関係性を見る指標で、相関係数のもとになる値です。共分散を求めるために、ここでは、商品Aを例にします。

商品Aの場合、散布図と相関係数から、「全体的に」販売価格が下がると、「全体的に」販売数量が増加する負の相関関係にありました。下の図では、「個別に」分解して見るために、偏差を求めています。すべてのケースで、販売価格の偏差がマイナスのときは、販売数量の偏差は必ずプラス、販売価格の偏差がプラスのときは、販売数量の偏差は必ずマイナスになっています。これは、価格が平均より下がれば販売量が平均より増加し、価格が平均より上がれば販売量が平均より減少すると言っているのと同じです。全体的な関係を個別に見て確かめただけです。

●商品A（負の相関）の共分散の導出

次に販売価格の偏差と販売数量の偏差を掛け算します。上の図に示すように、偏差のどちらかがマイナスなので、掛け算した結果は必ずマイナスになります。そして、「価格偏差×数量偏差」の合計値と平均値は、偏差同士の掛け算が必ずマイナスになるので、マイナスの合計は必ずマイナスになり、平均値もマイナスになります。この平均値が共分散です。式で書くと次のようになります。

▶ Σは、合計の意味。

$$共分散 = \frac{\sum_{1}^{データの個数}(各販売価格の偏差) \times (各販売数量の偏差)}{データの個数}$$

一般化して式を書き直します。販売価格はx、販売数量はy、平均販売価格はm_x、平均販売数量はm_yとします。nはデータの個数です。iは、n個のデータのうちのi番目のデータという意味です。

01　2種類のデータの意外な関係

$$共分散 = \frac{\sum_{i=1}^{n}(x_i - m_x)(y_i - m_y)}{n}$$

　共分散を求めた過程をさかのぼります。共分散がマイナスになるときは、2種類のデータの偏差同士の掛け算がマイナスになります。偏差同士の掛け算がマイナスになるとは、2種類のデータの偏差はマイナスとプラスに分かれるという意味です。偏差がプラスとマイナスに分かれるということは、2種類のデータには負の相関があります。

　同様に、共分散がプラスになるときは、2種類のデータの偏差同士の掛け算がプラスになるので、2種類のデータの偏差は、マイナス／マイナス、もしくは、プラス／プラスの関係です。これは、一方の値が増減すると他方の値も増減することを指していますので、正の相関があることを示します。

　下の図は、無相関になった商品Bの共分散です。無相関の場合、共分散は0に近づき、偏差同士に規則性が見えません。片方の偏差がプラスのときにもう片方もプラスになったりマイナスになったりします。よって、偏差同士の掛け算もプラスとマイナスが混在し、合計値と平均値は、プラスとマイナスが打ち消し合って0の方向に近づきます。

●商品B（無相関）の共分散の導出

	A	B	C	D	E	F	G	H	I	J	K
1		▽商品B			▽商品Aの偏差				▽価格偏差×数量偏差		
2	ケース	販売価格	販売数量		価格偏差	数量偏差	価格偏差×数量偏差		合計値	2130.55	
3	1	441	54		-34.15	-21.15	722.2725		平均値	106.5275	(共分散
4	2	544	74		68.85	-1.15	-79.1775				
5	3	579	72		103.85	-3.15	-327.1275				
6	4	400	62		-75.15	-13.15	988.2225				
19	17	589	70		113.85	-5.15	-586.3275				
20	18	404	52		-71.15	-23.15	1647.1225				
21	19	466	53		-9.15	-22.15	202.6725				
22	20	550	92		74.85	16.85	1261.2225				
23	平均値	475.15	75.15								
24											

符号に規則性がない

プラスになったりマイナスになったりする

商品Aと比較すると、かなり小さい値である

MEMO　共分散の名前から導出する

　共分散には「分散」という言葉が入っています。分散は、偏差の合計が0になってしまい、散らばりの指標としては使い物にならないので偏差を2乗し、1つの値にまとめるために偏差の2乗を合計してデータ数で割りました。共分散の場合は、データが2種類あるので、互いの偏差同士を掛ければ0になりません。あとは分散と同じ手続きです。1つの値にまとめるために偏差同士の積（掛け算）の合計をデータ数で割れば、共分散が求められます。

▶ **共分散を標準化する**

　共分散も正の相関、負の相関、無相関を知ることができましたが、共分散はあまりメジ

103

ャーではありません。なぜなら、共分散の値はデータの単位によって大きく変化してしまう性質があるからです。下の図は、販売価格を千円単位に変換したときの商品Aの共分散です。販売価格を1000で割ったために、共分散も1000分の1の値になります。だからといって、相関の強さが1000分の1になるわけではありません。共分散は、単位に大きな影響を受けます。商品AとBの場合、共分散の単位は「価格（円）×数量（個）／データ数」です。

●単位と共分散の値

そこで、単位によらない値に変換します。

単位に依らないといえば、P.84では、異なる単位同士の値を比較するために、データを標準化しました。相関係数も同じです。相関係数は、共分散の標準化データなのです。

商品A、Bの場合は、「（価格）円×（数量）個」の単位で割り、データ数を掛けると、単位が打ち消し合って数値だけになります。結論から言うと、共分散を標準偏差で割れば単位がなくなります。商品A、Bの販売価格と販売数量の標準偏差は、次のように示せます。

$$販売価格(x)の標準偏差(円) = \sqrt{\frac{\sum_{i=1}^{n}(x_i - m_x)^2}{n}}$$

$$販売数量(y)の標準偏差（個） = \sqrt{\frac{\sum_{i=1}^{n}(y_i - m_y)^2}{n}}$$

共分散を販売価格の標準偏差と販売数量の標準偏差で割ります。

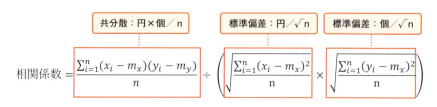

変形します。

$$相関係数 = \frac{\sum_{i=1}^{n}(x_i - m_x)(y_i - m_y)}{\sqrt{\sum_{i=1}^{n}(x_i - m_x)^2} \times \sqrt{\sum_{i=1}^{n}(y_i - m_x)^2}}$$

下の図は、商品Aの共分散を販売価格と販売数量の標準偏差で割って求めた相関係数です。P.101の相関係数と同じ「−0.90493」になります。

●商品Aの相関係数

	A	B	C	D	E	F	G	H	I	J	K
1		▽商品A			▽商品Aの偏差				▽価格偏差×数量偏差		
2	ケース	販売価格	販売数量		価格偏差	数量偏差	価格偏差×数量偏差		合計値	−99971.6	
3	1	711	15		117.6	−32.95	−3874.92		平均値	−4998.58	(共分散)
4	2	320	138		−273.4	90.05	−24619.67		価格の標準偏差	128.7219	
5	3	602	14		8.6	−33.95	−291.97		数量の標準偏差	42.91209	
6	4	662	27		68.6	−20.95	−1437.17		相関係数	−0.90493	
7	5	532	96		−61.4	48.05	−2950.27				
8	6	722	21		128.6	−26.95	−3465.77				

> **MEMO　関数で共分散を求める**
>
> 　共分散は、COVARIANCE.P関数で求めることもできます。Excel2010/2013は関数名を「COVAR」に読み替えてください。使い方は同じです。
>
> **COVARIANCE.P関数 ⇒ 共分散を求める**
>
> 書　式　**=COVARIANCE.P**(配列1,配列2)
> 解　説　2種類のデータの入ったセル範囲をそれぞれ配列1と配列2に指定し、共分散を求めます。配列1、配列2に指定するセル範囲は入れ替えても同じ結果となります。
> 補　足　配列1と配列2は相対的に同じ位置にあるセル同士に対応するため、同じ列数×同じ行数で構成されている必要があります。
>
> ●関数による共分散の算出
>
>

105

02 手持ちのデータを使って予測値を求める

2種類のデータに直線的な相関関係が見られる場合は、データを近似する線を引くことにより、引いた線の数式からデータのない場所を計算で求めることができます。ここでは、企業活動の中で常に収集されるデータから直線的な相関関係を示す2種類をピックアップし、売上などの予測値を求める方法を解説します。

導入 ▶▶▶

例題 「広告費から売上を予測したい」

下の図は、過去3年間の月別広告費と売上高のデータです。散布図を作成してデータを観察すると、広告費をかけると売上がアップする正の相関に見えます。

広告費から売上を予測することはできるでしょうか？

●月別広告費と売上データ

右肩上がりの正の相関に見える

02 手持ちのデータを使って予測値を求める

▶ 予測したいデータとそれを説明するデータを選ぶ

新たな発見を目的とする場合は、さまざまなデータ同士で相関を調べますが、例題のように、データを使って予測値を求めたい場合は、1つは予測したいデータ、もう1つは、予測したいデータを説明するデータを選びます。例題は、売上金額を広告費で説明し、広告費をもとに売上予測したいということです。

統計学では、予測したい（知りたい）データを目的変数といい、予測値を説明するデータを説明変数といいます。変数と付くのは、定数ではないからです。定数とは、何があっても値が定まっていて動きませんが、売上金額は広告費次第で金額が変化します。広告費もいろいろな値を取ります。いつも決まった費用なら、予測する必要がありません。数式上の定数は出てきますが、基本的に、世の中のたいていのデータは変数と思って差し支えありません。

▶ 異質なデータの有無を散布図で確かめる

予測値は計算で求めます。計算するためには、計算式が必要です。計算式は、2種類のデータの散布図に、データを近似する直線を引いて、直線を表す数式を求めます。よって、散布図の中に、異質なデータがあると、データを近似する直線に悪影響を及ぼすことになります。

P.44では、外れ値などの異質なデータを取り除くかどうかは、状況によりけりで、外れ値イコール仲間外れはではないと説明しました。しかし、予測値を求めるときは、悪影響を及ぼすので、原因を確かめた上で除外します。このとき、相関係数を±1に近づけようと、外れ値ではないデータを意図的に除外してはいけません。そうはいっても、判断しかねる微妙なデータもあると思います。その場合は、「残差」を調べて判断する方法があります。残差についてはP.108とP.127をご覧ください。

▶ 回帰分析で予測値を求める

回帰分析は、データ同士の関係性を数式にして、数式から予測値を求める分析手法です。データ同士の関係性は、目的変数と説明変数に直線的な関係があることを前提としています。直線的な関係は線形といい、直線的な関係を示す数式は回帰式といいます。また、目的を説明する変数が1つの場合は単回帰分析と呼ばれます。回帰式は次のとおりです。

単回帰分析の回帰式：$y = ax+b$　　y:目的変数　　x:説明変数

例題の場合、広告費を回帰式のxに入力すれば、計算で売上高の予測値yが求められます。

● 回帰曲線の引き方

回帰曲線とは、2種類のデータを近似する曲線（ここでは直線）です。曲線と表記するのは、直線は線がまっすぐになっただけの曲線の1つの形だからです。正方形や長方形が四角形の1つの形であるというのと同じです。回帰曲線は目分量でエイっと引く目分法も存在しますが、一般的には2つのルールがあります。

①回帰曲線は、平均値を通ります。

ここでは、線形の回帰曲線上に売上平均と広告費平均が乗ります。

②散布図上の各データと回帰曲線との距離が最小になるように引きます。

データと回帰曲線までの距離は残差といいます。残差は、縦軸データ、すなわち、目的変数のデータと回帰曲線上の予測値「y」との差です。

●回帰曲線と残差

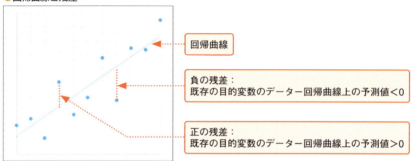

▶ 予測に使える線が引けたかどうか判定する

▶厳密には、残差の2乗和が最小になるように線を引いている。

ルールを守り、残差が最小になるように回帰曲線を引いたとはいえ、回帰曲線の予測の精度は、相関の強弱に影響されます。直感的には、相関係数の絶対値（符号に関係のない大きさ）が1に近いほど、精度が高まると予想されます。この直感はほぼ合っていて、回帰分析では相関係数を2乗した決定係数で判定します。相関係数は−1〜1まで取りますが、2乗するということは、マイナスがなくなるので、決定係数の範囲は0〜1になります。1に近いほど、予測の精度が高まりますが、一般的には、0.5以上で回帰式は予測に使えると判定します。決定係数「0.5」とは、回帰式でデータの50%を説明できるという意味です。なお、決定係数は相関係数Rの2乗値なので、「R2乗値」「R^2値」などと表記されます。

実 践 ▶ ▶ ▶

▶ Excelの操作①：散布図に近似曲線を引く

3-02

Excelでは、2種類のデータの関係を示すグラフ上に、さまざまな近似曲線と近似曲線を表す数式及び、決定係数を追加することができます。回帰分析ですので、近似曲線は直線的な関係を示す「線形近似」を選びます。また、データの平均値が回帰曲線上に乗ることを確認します。

散布図を作成する

P.98を参考に、広告費を横軸、売上高を縦軸とする散布図を作成します。また、セル「G2」にCORREL関数を入力して、相関係数を求めておきます。

02 手持ちのデータを使って予測値を求める

Excel2010
▶縦軸目盛り線は〔レイアウト〕タブ→【目盛線】→【主縦軸目盛線】→【補助目盛線】をクリックする。

●グラフの作成及び編集

グラフのセル範囲	セル範囲「C2:D38」
グラフタイトル	広告費と売上高の関係
軸ラベル	縦軸ラベル：売上高（千円）
	横軸ラベル：広告費（千円）
目盛	縦軸目盛：10000 〜 16000　主（目盛間隔）：500
	横軸目盛：0 〜 5000 主：1000、補助：500
目盛り線の追加	第1補助縦軸

●セル「G2」に入力する式

| G2 | =CORREL(C3:C38,D3:D38) |

❷ セル「G2」にCORREL関数を入力し、広告費と売上高の相関係数が求められた

▶散布図全体が正方形になるようにグラフの形状を整える。

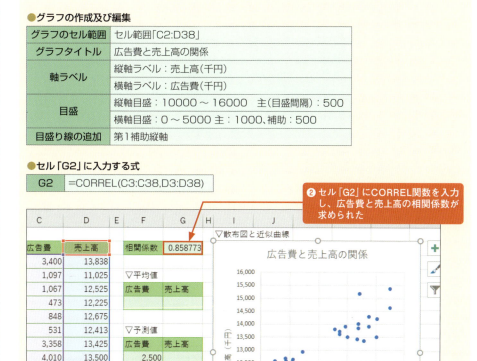

❶ 散布図が作成された。異質な値も見当たらない

近似曲線を追加する

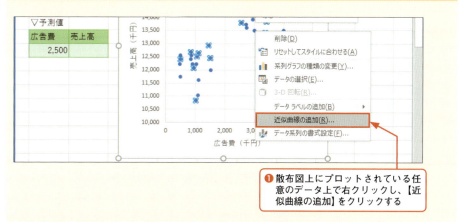

❶ 散布図上にプロットされている任意のデータ上で右クリックし、【近似曲線の追加】をクリックする

CHAPTER 03 データ同士の関係をつかむ

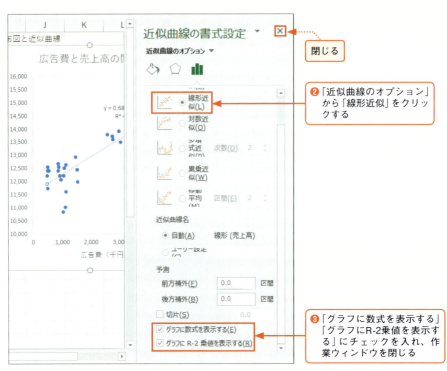

Excel2010
▶手順❷❸は、ダイアログボックスで同様に操作する。

❷「近似曲線のオプション」から「線形近似」をクリックする

❸「グラフに数式を表示する」「グラフにR-2乗値を表示する」にチェックを入れ、作業ウィンドウを閉じる

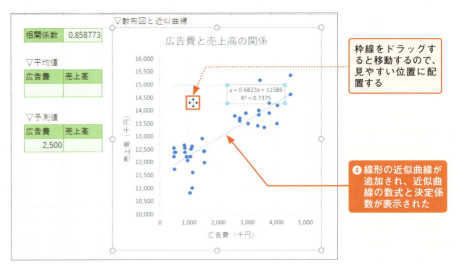

枠線をドラッグすると移動するので、見やすい位置に配置する

▶数式とR2乗値は、通常の文字編集と同様に〔ホーム〕タブの【フォントサイズ】で文字サイズが変更できる。適宜、見やすく調整する。

❹線形の近似曲線が追加され、近似曲線の数式と決定係数が表示された

02 手持ちのデータを使って予測値を求める

 データの平均値が回帰曲線上にあることを確認する

●セル「F6」に入力する式

❶ セル「F6」にAVERAGE関数を入力し、オートフィルでセル「G6」にコピーする

❷ セル範囲「F6:G6」をドラッグし、Ctrl + C を押す

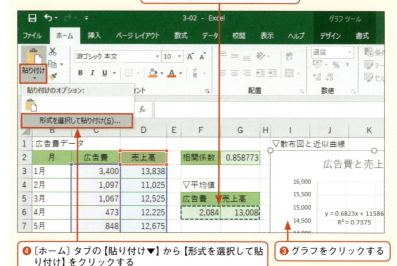

❸ グラフをクリックする

❹ 〔ホーム〕タブの【貼り付け▼】から【形式を選択して貼り付け】をクリックする

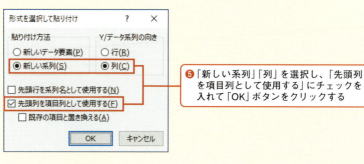

❺「新しい系列」「列」を選択し、「先頭列を項目列として使用する」にチェックを入れて「OK」ボタンをクリックする

▶「先頭列を項目列として使用する」とは、「広告費」を横軸のデータとして使うという意味である。

111

CHAPTER 03 データ同士の関係をつかむ

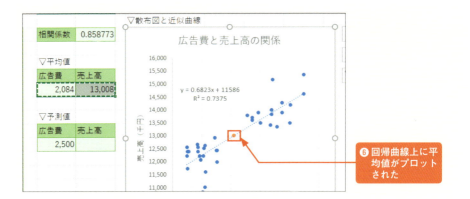

❻ 回帰曲線上に平均値がプロットされた

▶ Excelの操作②：回帰式から予測値を求める

グラフに表示された回帰式から予測値を求めます。

広告費に対する売上予測値を求める

●セル「G10」に入力する式

| G10 | =0.6823*F10+11586 |

❶ セル「G10」に予測値を求める計算式を入力し、売上予測値が求められた

MEMO　回帰式が指数で表示された場合

下の図のように、グラフ上に追加した回帰式が指数形式で表示されることがあります。指数形式は、数値を簡略化して表示する形式なので、予測値を求める式に利用できません。指数形式になった場合は、表示形式を変更します。

●指数形式で表示された回帰式

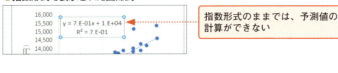

指数形式のままでは、予測値の計算ができない

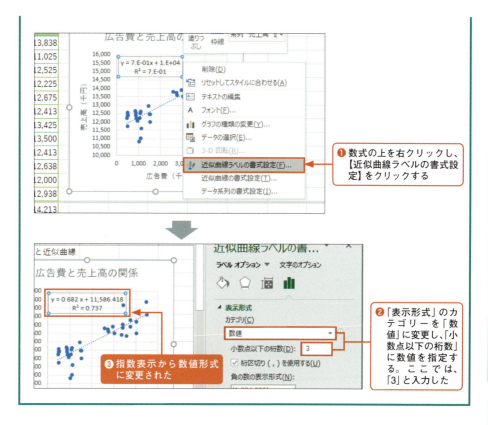

▶ 結果の読み取り

　広告費と売上高の散布図に線形の近似曲線を引き、回帰式から予測値を求めました。近似曲線を追加した際、回帰式と同時に表示したR2乗値は、約「0.74」になり、回帰式はデータの約74%を説明しています。0.5以上で回帰式は予測に使えるという判断ですので、高い精度の回帰式といえます。

　ところで、相関係数と決定係数は「相関係数の2乗＝決定係数」、または、「決定係数の平方根＝相関係数」の関係にあります。予測に使える回帰式の決定係数「0.5」を相関係数に換算すると、概算で「±0.7」です。相関係数「±0.7」といえば、強い相関に分類され、散布図の目視でも明らかに相関していることがわかるレベルです。予測に使おうと思ったら、強い相関関係が必要ということです。

　なお、例題では、売上高を説明する変数を広告費のみにしましたが、複数の説明変数を用意して売上高を予測することもできます。説明変数が複数あるので、重回帰分析と呼ばれています。重回帰分析については、次節で解説します。

● 目標売上高に必要な広告費を求める

　回帰式は、「y=ax+b」で表現されますので、「y」にあたる売上高を決め、「y」を満たす広告費「x」は「y=ax+b」を「x=(y−b)/a」に変形して求めます。たとえば、売上高「12000」を実現するには、次の式で広告費と求めます。すると、広告費は「606.77」となり、約610千円の費用をかけると目標売上に達すると計算されます。

CHAPTER 03 データ同士の関係をつかむ

$$12000 = 0.6823 \times 広告費 + 11586$$

● 回帰式の傾きと切片

単回帰分析における回帰式は、「y=ax+b」で表現され、「a」は傾き、「b」は切片といいます。広告費と売上高の関係では、「b」に相当する「11586」は広告費「0」の場合の売上高になります。広告なしでも売上高「11586」が見込めると読みますが、何もしなくても「11586」の売上が見込めるという意味ではありません。

もともと、売上高は広告費だけで説明できるわけではなく、さまざまな説明変数によって構成される金額です。よって、切片「b」は、広告費にお金をかけなくても、他の説明変数によって、売上高が「11586」見込めます、と読み取ります。

「a」に相当する「0.6823」千円は、売上高を説明するさまざまなデータから、広告費をピックアップしたときの広告費1千円あたりの売上貢献度、あるいは、売上に対する影響力と読み取ります。

● 売上を説明するデータ例

広告費以外の売上高を説明する変数

立地条件　気象　社会現象 etc

商品価値

広告費

売上高

広告費の売上への影響力は、単位広告費あたり、0.6823 千円

発 展 ▶▶▶

▶ 単回帰分析で使える関数

単回帰分析に利用できる関数を紹介します。特に予測値を求める場合、グラフ上に表示される回帰式より計算に使う数値の桁数が多く、より精緻な値が得られる可能性があります。ただし、予測値はあくまでも予測に過ぎないので、精緻にすること自体にあまり意味はありません。関数を使うメリットは、元のデータに変更があった場合に値が自動更新されることです。

RSQ関数 ➡ 線形近似曲線の決定係数を求める

書　式　　=**RSQ**(既知のy, 既知のx)

解　説　　既知のyと既知のxの関係が直線近似であることを前提に、回帰曲線の当てはまりの良さを求め、0 〜 1の範囲で表示します。既知のxは説明変数、既知のyは目的変数を指定します。

02 手持ちのデータを使って予測値を求める

FORECAST関数 → 線形近似曲線の予測値を求める

書　式	=**FORECAST**(x, 既知のy, 既知のx)
解　説	既知のyと既知のxの関係が直線近似であることを前提に、指定したxに対する予測値を求めます。既知のxで既知のyを説明する関係であり、xは既知のxと同じ種類のデータです。
補足1	Excel2016からFORECAST.LINEと関数名が変更されましたが、Excel2016でも引き続きFORECAST関数が利用できます。

SLOPE関数 → 線形の単回帰式の傾きを求める
INTERCEPT関数 → 線形の単回帰式の切片を求める

書　式	=**SLOPE**(既知のy, 既知のx)
書　式	=**INTERCEPT**(既知のy, 既知のx)
解　説	既知のyと既知のxの関係が直線近似であることを前提に、回帰式「y=ax+b」のaの傾きをSLOPE関数、bの切片をINTERCEPTで求めます。既知のxは説明変数、既知のyは目的変数を指定します。

関数による回帰式の導出と予測値の算出

▼セル「F14」「G14」「G17」「G21」に入力する式

F14	=SLOPE(D3:D38,C3:C38)	G14	=INTERCEPT(D3:D38,C3:C38)
G17	=RSQ(D3:D38,C3:C38)	G21	=FORECAST(F21,D3:D38,C3:C38)

サンプル
3-02_Adv

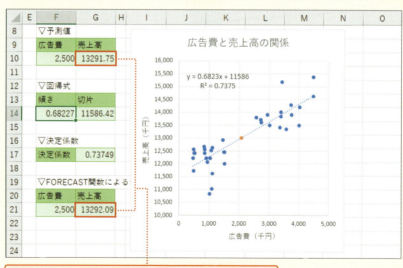

グラフ上の回帰式を使った予測値とFORECAST関数を使った予測値。厳密に見ると違いが出るが、同じと見てよい

▶ 回帰曲線の決定原理

　回帰曲線は、データの平均値を通り、各データと回帰曲線までの距離ができるだけ小さくなるように引くのがルールです。データから回帰曲線までの距離は残差「ε」といいます。残差は、目的変数のデータと回帰式による予測値との差です。グラフでいうと、縦軸方向の差分を見ていることに注意します。横軸方向の差分は見ていません。

● 回帰曲線と残差

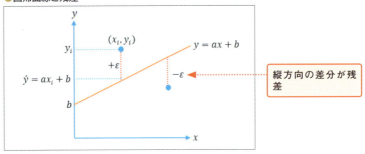

　残差のルールがあるのは、平均値を通るルールだけでは、いろいろな線が引けてしまい、予測が意図的になるためです。残差のルールでしっかりと線の引き方に縛りを設ける必要があります。

● 平均値のルールのみ適用した場合

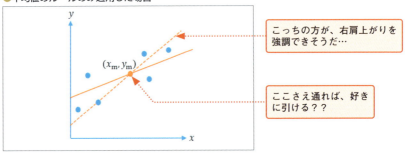

　残差のルールを設けたからには、できるだけ精度の高い回帰曲線を引くことが課題です。精度の高い回帰曲線を引くには、残差が最も小さくなるように引けばよいのですが、残差はデータの数だけあります。各残差を1つずつ確認することはできないので、1つの値に集約させます。集約といえば合計ですが、例によって、負の残差と正の残差で打ち消し合いますので、ここでも「2乗してから合計する」手法が取られます。これを残差平方和と呼びます。そしてこの残差平方和が最も小さくなるように決めた「a」と「b」が回帰式になります。一般に、残差平方和が最小になるように回帰式の「a」「b」を決める手法を最小二乗法といいます。

● 最小二乗法

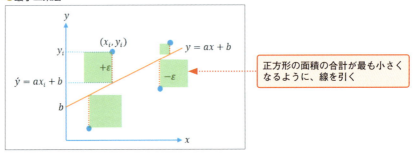

02 手持ちのデータを使って予測値を求める

発 展 ▶▶▶

▶ 決定係数の定性的な意味

　決定係数は相関係数の2乗値で、回帰式の当てはまりの良さを示す判定値として紹介しましたが、ここでは、もう少し掘り下げて決定係数の定性的な意味を考えます。
一般に、回帰式と目的変数のデータの分散には次の関係があります。

目的変数の分散 ＝ 回帰式による予測値の分散 ＋ 残差の分散

　この式を見ると、直感的に、回帰式上の予測値から残差分離れたところに目的変数の実測データがあるので、分散も同様の関係になるのではないかと想像できます。
　精度の高い回帰式であれば、残差の分散が小さく、回帰式の予測値の分散が目的変数の分散に近づきます。残差の分散が0のときは、次の式が成り立ちます。

目的変数の分散 ＝ 回帰式による予測値の分散

　両辺を目的変数の分散で割って、変形します。

$$\frac{回帰式による予測値の分散}{目的変数の分散} = 1$$

　回帰式が目的変数とぴったり重なるとき、回帰式による予測値の分散と目的変数の分散の比率は1になります。では、ぴったり重ならないときはどうでしょうか。残差があり、残差の分だけ比率が下がると考えると、次の式になります。「=1」しか成立しない上記の式より、次に示す式の方が一般的です。下の式なら、残差の分散が0のときは「1」になることも表現できています。

$$\frac{回帰式による予測値の分散}{(目的変数の分散＋残差の分散)} \leqq 1$$

　では、続きです。回帰式が目的変数を説明するのに、あまり当てはまらなくなってきたらどうなるでしょうか。当てはまらないということは、残差の分散が膨らむということです。残差の分散が大きくなると、上の式の分母がどんどん大きくなって、比率は0に近づきます。

$$0 \leqq \frac{回帰式による予測値の分散}{(目的変数の分散＋残差の分散)} \leqq 1$$

　回帰式と目的変数がぴったり合うと1になり、当てはまらなくなると0に近づく、まさに、上の式が決定係数です。

03 売上に影響を与えている 要因を探る

売上高や来客数をアップしたいといった目標を効率的に達成するには、金額や人数を説明する要因をピックアップし、どの要因が効くのかを調べれば、力の入れどころがわかります。ここでは、目的に対する要因の影響力を測る方法を解説します。たとえば、ネット広告に力を入れたものの、売上が伸びないなどというとき、要因の影響力を測ることによって、ネット広告より紙媒体の方が売上に効いているといったことがわかります。

導入 ▶ ▶ ▶

例題 「広告媒体ごとの売上への影響が知りたい」

　下の図は、広告媒体と売上高のデータです。ラジオ広告、ネット広告、新聞折り込みチラシ、ダイレクトメール、テレビCMのうち、売上に効く媒体を知るにはどうすればいいでしょうか。なお、各広告媒体のデータは、それぞれ単位が異なります。

●月ごとの各種広告媒体と売上データ

	A	B	C	D	E	F	G
1	単位　千円		回	クリック数	回	千円	秒
2	No	売上高	ラジオ広告	ネット広告	新聞折り込み	ダイレクトメール	テレビCM
3	1	13,838	3	3415	10	630	15
4	2	11,025	1	2864	2	0	15
5	3	12,525	0	4490	2	0	15
6	4	12,225	0	3717	2	0	0
35	33	14,025	1	3242	8	0	45
36	34	14,213	1	3516	8	630	45
37	35	13,725	2	3858	4	0	45
38	36	14,625	2	3549	10	630	45

それぞれ単位が異なる

▶ 回帰分析で要因の影響力を測る

前節（→P.114）では、広告費と売上高の関係を調べ、次のような回帰式を得ました。

売上高 = 0.6823 × 広告費 + 11586 （単位：千円）

03 売上に影響を与えている要因を探る

　売上を説明する広告費は、単位広告費あたり「0.6823」ほど売上に効いています。広告費は売上に対する説明変数であり、売上のもとになる要因です。今回の例題は、説明変数、すなわち、要因が複数あるケースです。要因の数が増えても、目的変数と説明変数は線形の関係にある、という考え方は同じです。1つの説明変数で目的変数を説明するときは、単回帰分析といいましたが、複数の説明変数を利用するときは、重回帰分析といいます。

　　単回帰分析の回帰式：$y = ax + b$
　　重回帰分析の回帰式：$y = a_1x_1 + a_2x_2 + a_3x_3 \cdots + a_nx_n + b$

▶ t値で影響力を比較する

　t値を説明する前に、目的に対する影響力を測る場所を考えます。単回帰分析では、回帰式の傾き「a」が目的に対する影響力でした。重回帰分析も同様でいいでしょうか？ 実は、目的を説明する要因の単位がすべて揃っているなら、傾き「a」の値で比較することができます。しかし、単位が異なる場合は傾き「a」で比較できません。例題の場合、各種広告媒体を説明変数とする回帰式は次のようになります。

　　売上高 ＝ a_1（千円／回）×ラジオ広告（回）＋
　　　　　　 a_2（千円／クリック数）×ネット広告（クリック数）＋
　　　　　　 a_3（千円／回）×新聞折り込み（回）＋
　　　　　　 a_4（千円／千円）×ダイレクトメール（千円）＋
　　　　　　 a_5（千円／秒）×テレビCM（秒）

▶Z値 →P.84

▶相関係数は共分散の標準化データである。→P.104

　a_1 ～ a_5はそれぞれ、1回あたり、1秒あたりなど、単位が異なるため、傾きでの単純比較ができません。が、ここまで通しでお読みになった方はすでに察しが付いていると思います。単位が異なる数値同士を比較するには、「データの標準化」を行います。これまでに、Z値や相関係数を求めました。回帰分析では、回帰式の傾きの標準化データがt値です。もう少し詳しくいうと、t値は、傾き「a」を標準誤差で割った値になります。ただし、Excelの分析ツールを利用すれば、t値はダイレクトで出力されますので、計算は不要です。

▶ 分析ツール「回帰分析」で着目する数値

　Excelの分析ツール「回帰分析」を実行すると、下図のような結果が出力されます。さまざまな値が出力されますが、着目するポイントは決まっています。上述のt値も出力されます。

119

CHAPTER 03 データ同士の関係をつかむ

●広告費と売上高の回帰分析の出力結果

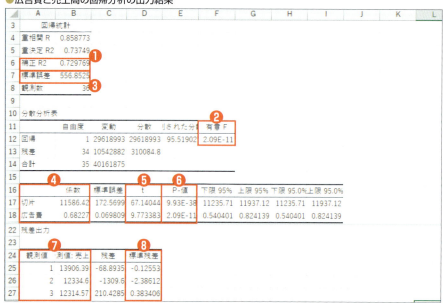

●分析ツールで着目する値と値の見方

No	指標名	内容
①	補正R2	回帰式の当てはまりのよさを0〜1で示します。数値は、回帰式で説明できるデータの割合です。補正R2が0.5ならば、回帰式で実データの半分程度を説明できると考えます。 一般に、結果を説明する要因の種類を増やすと、決定係数Rは1に近づきやすく、誤った判断になりがちです。そこで、重回帰分析では、補正R2を見て回帰式の当てはまりの良さを判定します。
②	有意F	分析結果が間違えている危険性が5%あることを承知の上で使うとき、有意水準5%と言ったり、危険率5%といったりします。有意Fは、0.05より小さければ、有意水準5%のもとでは有意な結果であると判定します。単回帰分析では、有意Fと要因のP-値は一致します。
③	標準誤差	残差の標準偏差です。値が小さい方が、ばらつきが小さく、精度がよいと判断します。
④	係数	回帰式の係数です。近似曲線の数式の対応関係と同様です。
⑤	t	要因の影響度を示します。正の相関の場合はプラス、負の相関の場合はマイナスになるので、t値は大きさ（絶対値）を見ます。t値が2より大きい要因は、影響力があると判断します。
⑥	P値	各要因の有意Fと考えます。各要因のP-値が有意水準を下回っているかどうか見ます。有意水準5%とする場合、要因のP-値が0.05を上回ると、結果を説明する要因として使うには危険率が高いことを意味します。
⑦	予測値	観測値は、回帰分析で指定した説明変数のセル範囲の1行目からのデータに対応します。 予測値は、各行の説明変数を回帰式に入力して求めた値です。
⑧	標準残差	残差は、回帰分析で指定した目的変数のセル範囲の各データから各予測値を引いた値です。残差は目的変数の単位を持ちますが、標準残差は単位に依らない標準化データです。標準残差の絶対値が2以上のデータが5%以内、2.5以上3未満が1%以内であればデータは使えると判断します。なお、標準残差の絶対値が3以上のデータは外れ値として除外します。

▶外れ値と標準残差について。→P.127

▶上の図は単回帰分析の結果のため、セル「F12」の有意Fとセル「E18」のP値はともに「2.09E-11」であり、一致している。

▶分析ツールでは「P-値」と表示されるが、「P値」と表記する。

▶ 使える説明変数と使えない説明変数を見分ける

重回帰分析では、目的を説明する変数を多く集めているため、単回帰分析より詳しく目的を説明できるはずだと考えられます。この直感は、半分は正解、半分は不正解です。結論からいうと、説明変数は多ければいいというものではありません。

重回帰分析の回帰式では、説明変数x_1〜x_nは別々の要因で、互いに関連がないのが前提です。

互いに違って見える要因が、実は本質的に同じだった場合、極端にいうと、回帰式が「$y=n×a_1×x_1+b$」のようなイメージで同じ要因を何重にも影響させてしまう状態に陥り、回帰分析の信頼性が失われます。

このように、説明変数同士に高い相関があるために、分析に悪影響を引き起こす問題を多重共線性といいます。多重共線性が発生しているかどうかは、説明変数同士の相関係数を確認します。相関係数が0.9以上になる場合は、多重共線性が発生していると判断し、必ず片方の説明変数を除外します。ほかにも多重共線性が発生している状態で回帰分析を行うと、次のような症状が出ます。

> ▶異なる要因同士でも、相関係数が高くなるケースもある。異なる要因であっても、相関係数が高い場合は、どちらかの説明変数を取り除く。

・要因は正（負）の相関と考えるのが妥当なのに、係数の符号が反転している
・補正R2が良好な結果なのにt値が小さすぎる
・利用できるはずの説明変数のP値が5%を超えてしまう

実践 ▶▶▶

▶ Excelの操作①：説明変数同士の相関を調べる

サンプル 3-03

多重共線性の可能性を調べるため、分析ツールの「相関」を利用して、説明変数同士の相関係数を求めます。多重共線性の発見だけを目的にするなら、説明変数のみ調べればよいのですが、ここでは、目的変数との相関係数も一緒に求めておきます。

相関分析を行う

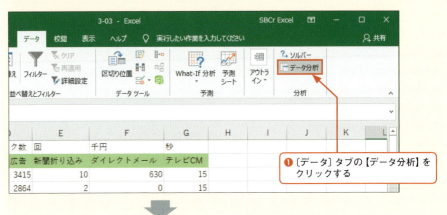

▶手順❶は、分析対象となるワークシートを表示する。アクティブセルの位置は問わない。

❶ [データ] タブの [データ分析] をクリックする

121

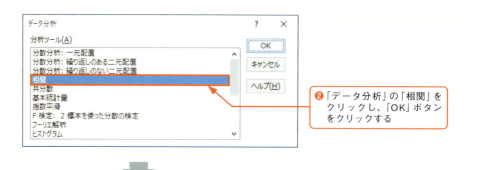

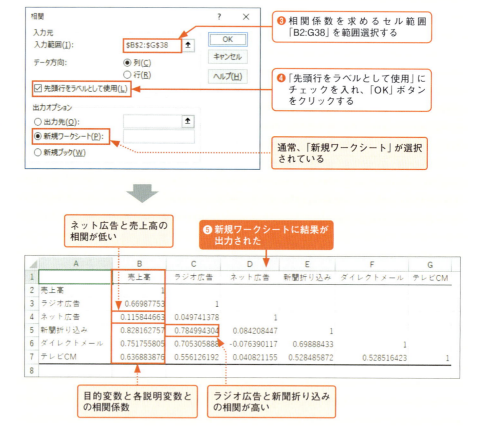

▶ Excelの操作②：回帰分析を実施する

相関分析の結果、多重共線性については、「ラジオ広告」と「新聞折り込み」の相関係数が高いですが、初回の分析で除外するほど高くありません。また、目的変数との相関では、「ネット広告」が低いですが、こちらも初回は除外せずに回帰分析を実施します。相関係数「0.9」以上のはっきりとした多重共線性が認められない限り、初回の回帰分析では、説明変数を除外せずに実施します。「初回」といいましたが、回帰分析は、1回で終わることは少なく、何度か繰り返すことが多いです。

03 売上に影響を与えている要因を探る

説明変数を全部使って回帰分析を行う

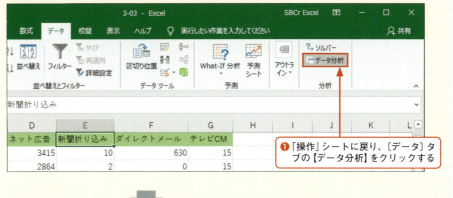

❶「操作」シートに戻り、〔データ〕タブの【データ分析】をクリックする

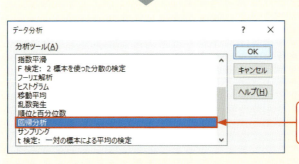

❷「データ分析」の「回帰分析」をクリックし、「OK」ボタンをクリックする

▶回帰分析の入力元に指定する「入力Y範囲」には目的変数のセル範囲、「入力X範囲」には説明変数のセル範囲を指定する。

▶「入力Y範囲」と「入力X範囲」に列見出しを含めた場合は、「ラベル」にチェックを入れる。

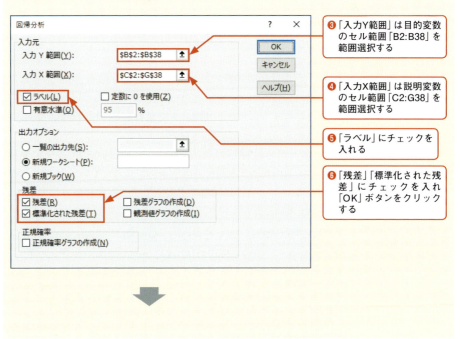

❸「入力Y範囲」は目的変数のセル範囲「B2:B38」を範囲選択する

❹「入力X範囲」は説明変数のセル範囲「C2:G38」を範囲選択する

❺「ラベル」にチェックを入れる

❻「残差」「標準化された残差」にチェックを入れ「OK」ボタンをクリックする

123

CHAPTER 03 データ同士の関係をつかむ

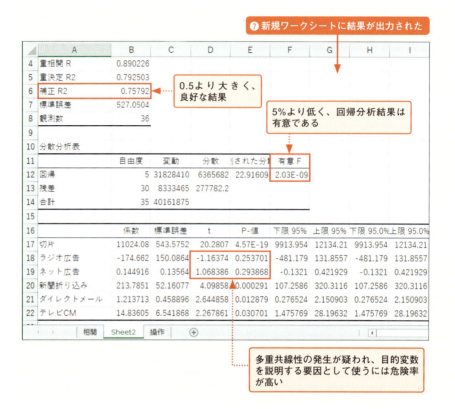

❼ 新規ワークシートに結果が出力された

0.5より大きく、良好な結果

5%より低く、回帰分析結果は有意である

多重共線性の発生が疑われ、目的変数を説明する要因として使うには危険率が高い

▶列幅は適宜調整する。

▶シート見出しは「1回目」に変更しておく。

▶相関分析の結果。
→P.122

▶ Excelの操作③：2回目の回帰分析を実施する

　回帰分析の結果、補正R2、有意Fは良好な結果を示していますが、ラジオ広告とネット広告のP値は5%を超えています。ラジオ広告に関しては、係数がマイナスです。広告を出して売上の足を引っ張るのは通常考えられませんので、多重共線性が発生していると考えます。相手は相関係数の高かった「新聞折り込み」です。どちらか一方を除外しますが、ここでは、係数がマイナスとなった「ラジオ広告」を除外します。

　また、ネット広告は、相関分析で売上高との相関が低い説明変数でした。t値も2より低いことから、「ネット広告」も除外します。

　なお、「回帰分析」の「入力X範囲」はひと続きのセル範囲を指定する必要があります。除外する説明変数と利用する説明変数が交錯しているときは、除外する説明変数を分析の邪魔にならない列に移動します。ここでは、分析から除外する「ラジオ広告」と「ネット広告」が連続しているので、列移動の操作は必要ありません。

03 売上に影響を与えている要因を探る

「ラジオ広告」「ネット広告」を除外して回帰分析を行う

「操作」シートに戻り、P.123を参考に「回帰分析」ダイアログボックスを表示します。連続して分析を実施すると、前回の内容が残っています。変更点のみ操作します。

▶「入力X範囲」には、B列の「ラジオ広告」とC列の「ネット広告」を除外し、E列の「新聞折り込み」以降を指定する。具体的には、「$B$2」の「B」を「E」に変更するだけでよい。

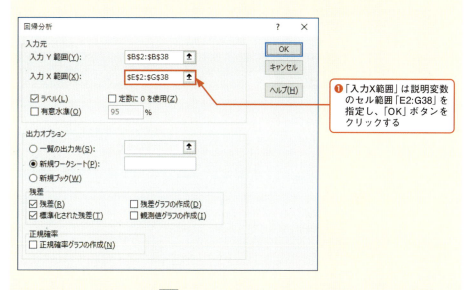

❶「入力X範囲」は説明変数のセル範囲「E2:G38」を指定し、「OK」ボタンをクリックする

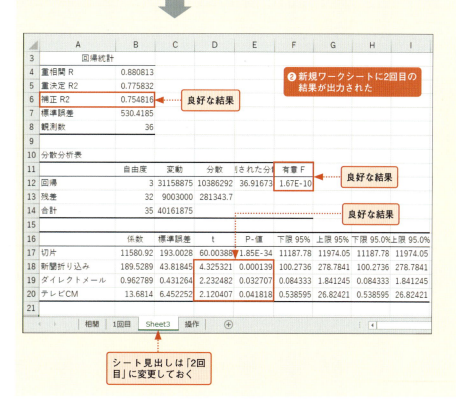

❷新規ワークシートに2回目の結果が出力された

良好な結果

良好な結果

良好な結果

シート見出しは「2回目」に変更しておく

125

CHAPTER 03 データ同士の関係をつかむ

説明変数の影響力をグラフにする

問題になる説明変数がなくなったので、2回目の結果を利用して、説明変数の影響力をグラフにします。

Excel2010
▶手順❶は、同じデザインのボタンをクリックする。

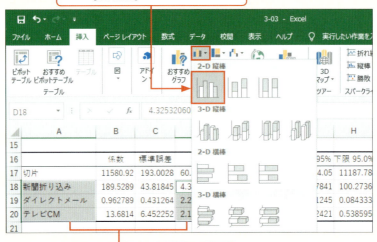

❷〔挿入〕タブの【縦棒/横棒グラフの挿入】から【集合縦棒】をクリックする

❶ セル範囲「A18:A20」をドラッグし、[Ctrl]を押しながらセル範囲「D18:D20」をドラッグする

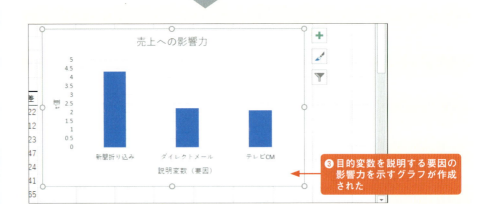

▶グラフタイトルや軸ラベルは、適宜入力する。

❸ 目的変数を説明する要因の影響力を示すグラフが作成された

▶ 結果の読み取り

広告媒体ごとの売上への影響を知るため、「ラジオ広告」「ネット広告」「新聞折り込み」「ダイレクトメール」「テレビCM」をピックアップし、回帰分析を実施しました。

相関分析と1回目の回帰分析の結果から、「ラジオ広告」は多重共線性の問題、「ネット広告」は目的変数への影響が低いことを理由に説明変数から除外し、再度、回帰分析を実施しました。

03 売上に影響を与えている要因を探る

2回目の分析結果とt値のグラフから、「新聞折り込み」が最も売上に影響し、「ダイレクトメール」「テレビCM」の約2倍の効果があることがわかりました。

効率よく売上をアップするには、「ラジオ広告」と「ネット広告」にかける予定だった費用を「新聞折り込み」に振り向けるといった方策が考えられます。

発展 ▶▶▶

▶ 標準残差で外れ値を調べる

単回帰分析では、散布図を描いて外れ値を目視チェックできましたが、重回帰分析のように、3変数以上の場合は、散布図が作成できません。ただし、各説明変数と目的変数の散布図は作成できるので、個別にチェックすることはできます。

ここでは、標準残差を使って、数値で外れ値を判定します。P.120の表にもありますが、外れ値と判定する標準残差の境界値は±2、±2.5、±3です。特に、±3以上の標準残差が見つかった場合は、外れ値として除去します。

標準化データは、平均値「0」、標準偏差「1」に調整した、単位に関係のないデータです。標準化データが±3というと、標準偏差の3倍離れたデータということになります。第5章で明らかになりますが、標準偏差の3倍離れたデータになる確率は、0.3%以下です。0.3%というめったに起こりそうもないデータは外れ値と判定して除外しましょうというのが±3を判定値にする根拠です。

下の図は、2回目の回帰分析の出力結果です。

●2回目の回帰分析による残差出力

	A	B	C	D	E
26	観測値	測値: 売上	残差	標準残差	
27	1	14287.98	-450.485	-0.88822	
28	2	12165.2	-1140.2	-2.24812	
39	13	12165.2	-540.197	-1.06511	
40	14	12165.2	-1327.7	-2.61782	
41	15	12339.03	-114.034	-0.22484	
42	16	12339.03	-264.034	-0.52059	
43	17	11959.98	602.524	1.187995	
44	18	12339.03	223.4662	0.440608	
45	19	13529.87	270.1305	0.532616	

±2以上の標準残差

標準残差が±2以上になるデータ数は2個あり、±2.5以上は1個あります。データ数は36個なので、2個とはいえ、その割合は全体の5.6%、1個でも全体の2.8%になります。±3以上はありませんでした。

±2とは、標準偏差から2倍離れたデータで、発生確率でいうと、5%以下です。データが多くなるほど、異質なデータが紛れる可能性が高まりますが、標準偏差から2倍以上離れたデータが発生する確率は5%くらいなので、データ全体の5%くらいまでなら良しとしようということです。

同様に、±2.5以上になるデータの発生確率は1%なので、データ全体の1%くらいは許容

▶外れ値の取り扱いはさまざまで、±3以上がなければよいと判断する向きもある。

127

CHAPTER 03 データ同士の関係をつかむ

します。

さて、例題の場合、±2以上のデータが全体の5.6%になり、5%以下を満たせませんでした。しかし、観測値「2」と観測値「14」のデータを外して再度、回帰分析をやるべきかどうかは判断が分かれるところです。

なぜなら、観測値「2」「14」を外して再度回帰分析をやり直すと、もともとのデータ数が比較的少ないので、2個外したことに対する回帰式への影響が大きくなります。回帰式が変化すれば、前回まで許容範囲だったデータが新たな外れ値として判定される可能性が高まります。要するに、もぐらたたきのような状態になります。

一般に、標準偏差から±2以上離れたデータの発生確率が5%などというのは、データ分布が正規分布になることを前提にしていて、必要なデータ数はいろいろと目安がありますが、「50個＋説明変数」を目安とすることがあります。ですが、日次ならともかく、月次データを50個以上集めようと思ったら、4年以上必要になります。そのような期間を待つことはできません。データ数が少ないために、標準残差の判定値をクリアすることが厳しい場合は、±3以上のデータは外し、±2以上については、全体の5%を少し超える程度は許容するという判断もありです。

● 予測値を求める

標準残差が±2以上のデータ数は全体の5.6%、±2.5以上のデータ数は全体の2.8%となり、判定値をクリアしていませんが、±3以上のデータは存在しなかったため、今回は許容すると判断した場合、2回目の回帰分析から回帰式は次のようになります。

売上予測値 ＝ 189.53×新聞折り込み（回）＋0.96279×ダイレクトメール（千円）
　　　　　　＋13.681×テレビCM（秒）＋ 11581

たとえば、新聞折り込みを10回、ダイレクトメールは500千円、テレビCMは15秒とすると、売上予測値は、「14163」千円となります。

売上予測値 ＝ 189.5 × 10 ＋ 0.9623 × 500 ＋ 13.68 × 15 ＋ 11581 ＝ 14163

▶ 重回帰分析で使える関数

サンプル
3-03_Adv「操作」シート

重回帰分析では、LINEST関数が利用できます。一度に多くの指標を出力することができますが、値しか出てきませんので、出てきた数値が何を表しているのかわかりません。あらかじめ項目名を入力した対応表を作成することをおすすめします。あるいは、関数の表示結果と回帰分析結果のシートを比較して、何を示す値なのかを確認しても良いでしょう。

LINEST関数 ➡ 重回帰分析の係数と定数項を求める

書　式	＝ **LINEST**(既知のy,既知のx,定数,補正)
	＝ **LINEST**(既知のy,既知のx,TRUE,TRUE)
解　説	既知のyには目的のデータが入ったセル範囲、既知のxには目的を説明する要因の入ったセル範囲を指定し、定数と補正はともにTRUEに設定して、切片と定数項を求めます。
補足1	要因の数＋切片の列数×5行の範囲を取り、配列数式で入力します。

03 売上に影響を与えている要因を探る

補足2　要因の係数は、既知のxで指定する順序と逆順で表示されます。たとえば、要因が「新聞折り込み」「ダイレクトメール」「テレビCM」と並んでいる場合、LINEST関数の係数は「テレビCM」「ダイレクトメール」「新聞折り込み」の順に表示されます。

補足3　結果を表示しない、余ったセルには「#N/A」が表示されます。

関数による重回帰分析

●セル範囲「J10:M14」に入力する式

J10:M14　{=LINEST(B3:B38,E3:G38,TRUE,TRUE)}

▶関数の解説書等で記載される「回帰式の偏差平方和」の偏差平方和とは、変動のことであり、「F値」は、F検定で用いられる検定統計量(分散比)である。
→P.325

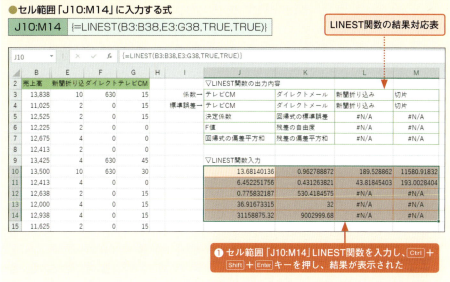

① セル範囲「J10:M14」LINEST関数を入力し、[Ctrl]+[Shift]+[Enter]キーを押し、結果が表示された

LINEST関数結果との対応関係を示します。以下に示すセルやセル範囲は、「操作」シートに入力したLINEST関数結果のセルやセル範囲です。

●回帰分析結果との対応関係

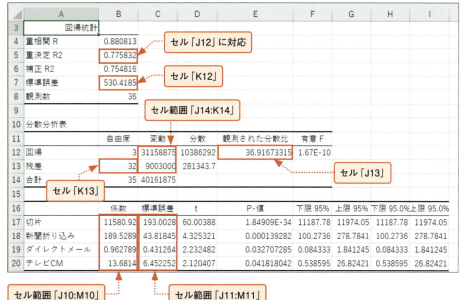

129

04 来店者の特徴を知る

売上に貢献するのは、質の高い商品やサービス、販促活動だけでなく、顧客も同様です。しかし、商品やサービスは「価格」、販促活動は「営業費」、「広告費」といった数値で示されますが、性別や家族構成といった顧客情報は、定性データです。ここでは、定性データを定量化し、回帰分析に利用する方法について解説します。

導入 ▶▶▶

例題 「来店しやすい店にしたい」

店舗運営を任されているC氏は、店舗改装に役立てるため、ポイントカードの情報と店頭アンケート150件から、次のデータをまとめました。たとえば、家族連れの客を重視すべきという結果が出れば、休憩スペースの設置や店内の回遊経路の改善などに取り組みたい考えです。しかし、家族構成などは数値データではないため、どうやって分析すればよいかわかりません。売上に貢献する顧客の特徴を把握するにはどうすればいいでしょうか。

●アンケート結果：150件

※ 数量ではないデータを数量化 しようということ

▶ **定性データを定量化する**

定性データには、定量化しやすいデータと定量化しにくいデータがあります。たとえば、アンケート評価のように、ある程度等間隔と認められ、大小比較ができるデータは、良い

を5、普通を3、悪いを1といった具合で定量化できます。ところが、曜日の「月」「火」「水」…、天気の「晴れ」「曇り」「雨」などの定性データは、大小比較ができません。数字を付してもラベルの意味しか持たない定性データを定量化するには、次のようにします。

①定性データの要素名で列項目を作り、「要素名であるかどうか」という真偽を 1 と 0 で表す

　例題の場合、配偶者は「あり」「なし」の要素で構成されています。そこで、配偶者の「あり」と「なし」の列項目を作り、回答と一致する欄に「1」を立て、残りは「0」にします。

●定性データの定量化

▽アンケート結果	
回答者No	配偶者
1	あり

配偶者	
あり	なし
1	0

②定性データの要素名で作成する列項目は、いずれか1つを除外（削除）する

　配偶者の「あり」「なし」はどちらか一方がわかれば、もう一方は自動的にわかります。3要素以上ある場合も同様で、どこかの要素が1になればあとはすべて0です。つまり、定性データの要素を定量化すると、要素の合計は1になるので、最後の要素は自動的に1か0が決まります。3要素なら2要素分作成しておけば、3要素目は見なくても（なくても）わかります。すべて載せておいた方が親切なようですが、分析には邪魔なのです。これをデータの冗長性といいます。正しい分析結果を得るには、冗長化したデータを排除するため、要素のどれか1つを削ります。

●冗長化の排除

> 「車」列はなくても「0」だとわかる

▽アンケート結果	
回答者No	来店手段
1	自転車

来店手段		
徒歩	自転車	車
0	1	0

　上の表では、「車」を除外していますが、同じ説明変数内のどの列でも除外できます。たとえば、「徒歩」「車」が「0」なら「自転車」は除外されていても「1」だとわかります。なお、どの列を除外しても分析の結論は変わりません。

▶ 回帰分析で来店者の属性の影響力を測る

　属性とは、情報のことです。ここでは来店者に関わる配偶者、子ども、来店手段が属性になります。さて、来店者の属性が定量化されたので、これらを説明変数とするExcelの分析ツール「回帰分析」が実行できます。

　説明変数が定性データ、目的変数が定量データの回帰分析は、正式には「数量化理論Ⅰ類」と呼ばれます。回帰分析結果が出力されれば、重回帰分析と同様に分析します。補正R2、有意F、標準残差での外れ値チェックなどで妥当性を確認し、P値、t値、係数を見ていき

CHAPTER 03 データ同士の関係をつかむ

ます。ただし、影響力に関しては、少し方法が変わります。P.119では、t値を見てきましたが、数量化理論Ⅰ類では、カテゴリースコアと呼ばれるレンジで影響力を測ります。

● **カテゴリースコア**

まず、カテゴリーとは、各説明変数の要素名のことで、数量化理論Ⅰ類での名称です。たとえば、配偶者の「あり」「なし」は、説明変数「配偶者」のカテゴリーです。カテゴリースコアは、カテゴリーの最大値と最小値の差、すなわち、レンジです。最大値と最小値を求めるには、冗長化を防ぐために除外したカテゴリーを係数「0」として戻し、レンジの計算に加えます。

> **MEMO 説明変数は16個まで**
>
> Excelの回帰分析に指定できる説明変数は制限があり、その数は16個までです。数量化理論Ⅰ類では、説明変数が定性データのため、カテゴリーに分解し、定量化されたカテゴリーを説明変数として回帰分析します。よって、説明変数の数が多くなりがちです。例題では、「配偶者」「子ども」「来店手段」の3つの定性データに対し、分析に使ったカテゴリー数は5個で済みましたが、いわゆるカレンダー要因と呼ばれる「曜日」「月数」などを指定する場合は、あっという間に16個を超えてしまいます。16個を超える指定はできないので、曜日なら「平日」「週末」にまとめる、月数も重要な月と無視してよい月などがあれば、重要な月数だけカテゴリーにするといった工夫が必要になります。

実 践 ▶▶▶

サンプル
3-04

▶ Excelの操作①：定性データを定量化する

定性データの1と0の振り分けは、IF関数を使いますが、定性データごとにIF関数の引数を指定し直す必要があります。定性データが多く、多数のIF関数を準備する必要がある場合は、P.142の方法でまとめて処理することもできます。冗長性を排除するため、各定性データから1つカテゴリーを除外します。ここでは、除外カテゴリーを選び直せるように、列を削除せずに、移動します。

IF関数 ➡ 条件によって処理を2つに分ける

書　式	=**IF**(論理式,真の場合,偽の場合)
解　説	比較式による条件を論理式に指定し、条件が成立するときは真の場合、成立しないときは偽の場合を実行します。

04 来店者の特徴を知る

IF関数でカテゴリーを1と0に置き換える

●セル「G3」「I3」「L3」に入力する式

G3	=IF(G$2=$C3,1,0)
I3	=IF(I$2=$D3,1,0)
L3	=IF(L$2=$E3,1,0)

❶ セル「G3」に「配偶者」のあり、なしを判定するIF関数を入力し、セル「H152」までオートフィルでコピーする

❷ セル「I3」に「子ども」の回答を判定するIF関数を入力し、セル「K3」までオートフィルでコピーする

❸ セル「L3」に「来店手段」の回答を判定するIF関数を入力し、セル「N3」までオートフィルでコピーする

❹ セル範囲「I3:N3」をドラッグし、フィルハンドルをダブルクリックする。定性データが定量化できた

CHAPTER 03 データ同士の関係をつかむ

冗長性を排除する

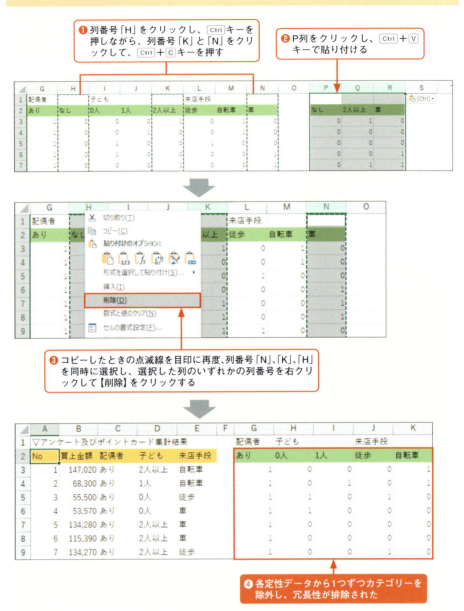

▶ Excelの操作②：回帰分析を実施する

準備が整ったので、回帰分析を実施します。出力結果から、補正R2、有意Fをチェックし、標準残差を使って、回帰式からかけ離れた外れ値がないかどうかチェックします。標準残差による外れ値の判定は次のとおりです。

▶標準残差による外れ値の判定 → P.127

・標準残差の絶対値≧2　がデータ数全体の5%以内

- 標準偏差の絶対値≧2.5　がデータ数全体の1%以内
- 標準偏差の絶対値≧3　がデータにないこと

　絶対値とは、数値の符号に依らない、数値の大きさです。ExcelのABS関数を使って求めることができます。また、外れ値に該当する標準残差の個数を求めるには、COUNTIF関数を使います。なお、外れ値チェックは出力結果の空いているセルを利用して行います。

ABS関数 ➡ 数値の絶対値を求める

書　式　＝**ABS**(数値)

解　説　数値には絶対値を求める数値の入ったセルを指定します。

COUNTIF関数 ➡ 条件に合うセルを数える

書　式　＝**COUNTIF**(検索条件,範囲)

解　説　範囲には、個数を求めるセル範囲を指定し、検索条件を指定して条件に合うセルの個数を求めます。比較演算子を含めた「>=2」などの条件をセルに入力しておき、検索条件に指定することができます。

回帰分析を実行し、各指標値をチェックする

❶〔データ〕タブの【データ分析】をクリックする

▶手順❶は、分析対象となるワークシートを表示する。アクティブセルの位置は問わない。

❷「データ分析」の「回帰分析」をクリックし、「OK」ボタンをクリックする

CHAPTER 03 データ同士の関係をつかむ

▶手順❸は、セル「B2」をクリックし、[Ctrl]＋[Shift]＋[↓]キーを押す。同様に、手順❹は、セル「G2」をクリックし、[Ctrl]＋[Shift]＋[→]キーを押し、続けて、[Ctrl]＋[Shift]＋[↓]キーを押すと、効率よく範囲選択できる。

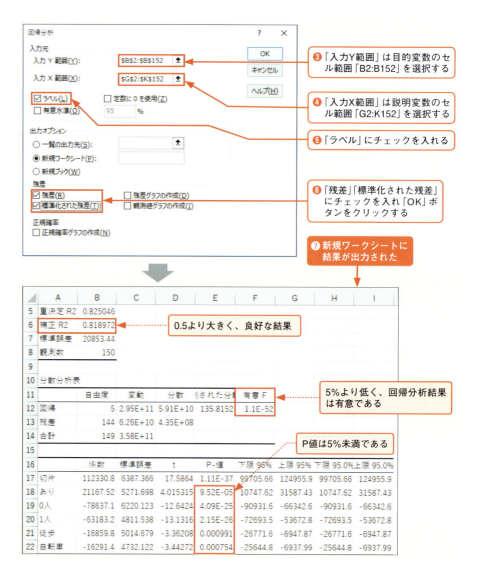

❸「入力Y範囲」は目的変数のセル範囲「B2:B152」を選択する

❹「入力X範囲」は説明変数のセル範囲「G2:K152」を選択する

❺「ラベル」にチェックを入れる

❻「残差」「標準化された残差」にチェックを入れ「OK」ボタンをクリックする

❼新規ワークシートに結果が出力された

0.5より大きく、良好な結果

5%より低く、回帰分析結果は有意である

P値は5%未満である

標準残差で外れ値をチェックする

●セル「E29」に入力する式

E29　=ABS(D29)

▶項目名やセルの表示形式などは、手順に示さないので、適宜入力や設定を行う。ここでは、セル「E28」に「絶対値」と項目名を付けた。

❶出力結果のシートを開き、セル「E29」にABS関数を入力して標準残差を絶対値にする

❷セル「E29」のフィルハンドルをダブルクリックして、末尾までコピーする

04 来店者の特徴を知る

▶ここでは、セル範囲「E24:E26」に外れ値をチェックする検索条件を入力し、外れ値の割合を求めるセルにパーセントスタイルを設定した。

▶標準残差の絶対値が2以上のデータ数は7個で5%以下、2.5以上は1個で1%以下、除外すべき3以上は存在していない。

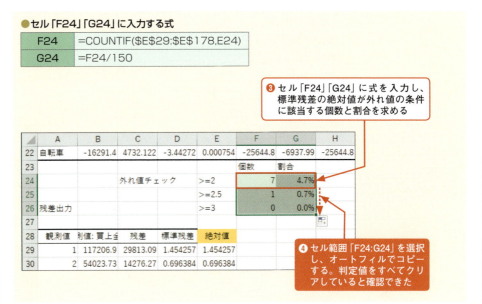

●セル「F24」「G24」に入力する式

| F24 | =COUNTIF($E$29:$E$178,E24) |
| G24 | =F24/150 |

❸ セル「F24」「G24」に式を入力し、標準残差の絶対値が外れ値の条件に該当する個数と割合を求める

❹ セル範囲「F24:G24」を選択し、オートフィルでコピーする。判定値をすべてクリアしていると確認できた

MEMO 除外すべきデータが見つかった場合

標準残差の絶対値が3以上のデータが見つかった場合は、該当する「観測値」を調べます。「観測値」は、説明変数として指定したセル範囲の先頭データから順に対応しています。例題では、3以上が見つかりませんでしたが、「2.5」以上が1つあるので、これを代用して除外方法を示します。除去後は、再度、回帰分析を実施し、外れ値チェックを行います。再度回帰分析を実施する際は、「入力Y範囲」と「入力X範囲」に空白行が範囲に入らないように、指定し直します。

▶Memoの操作を試した場合は、クイックアクセスツールバーの【元に戻す】ボタンを何度かクリックし、上記の手順❹の状態まで戻す。

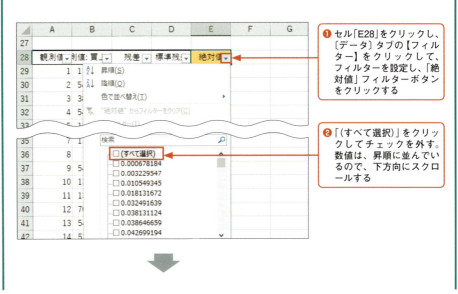

❶ セル「E28」をクリックし、〔データ〕タブの【フィルター】をクリックして、フィルターを設定し、「絶対値」フィルターボタンをクリックする

❷「(すべて選択)」をクリックしてチェックを外す。数値は、昇順に並んでいるので、下方向にスクロールする

CHAPTER 03 データ同士の関係をつかむ

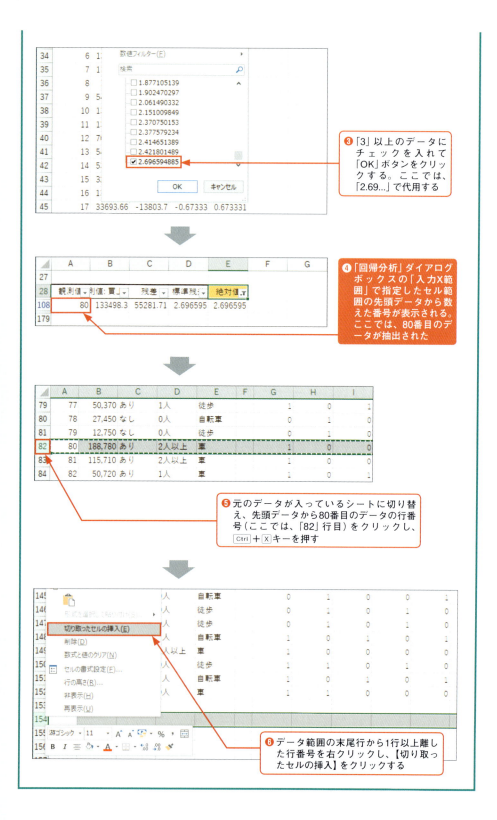

▶ Excelの操作③：カテゴリースコアを求める

冗長性の排除で除外したカテゴリーの係数を「0」として戻し、カテゴリー内のレンジをMAX関数とMIN関数で求めます。カテゴリースコアはグラフにして把握しやすくします。ここでは、出力結果の空いているセルを利用します。

除外したカテゴリーを戻してレンジを求める

回帰分析結果が出力されたワークシートを開き、適宜、行を挿入して、冗長性の削除で除外したカテゴリー名と係数「0」を入力します。また、レンジを計算する表を空いているセルに準備します。ここでは、セル範囲「K16:L19」に準備しています。

●セル「L17」「L18」「L19」に入力する式

L17	=MAX(B18:B19)-MIN(B18:B19)
L18	=MAX(B20:B22)-MIN(B20:B22)
L19	=MAX(B23:B25)-MIN(B23:B25)

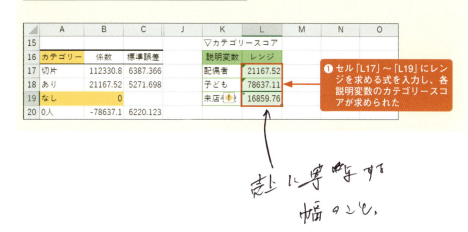

❶セル「L17」～「L19」にレンジを求める式を入力し、各説明変数のカテゴリースコアが求められた

CHAPTER 03 データ同士の関係をつかむ

 カテゴリースコアのグラフを作成する

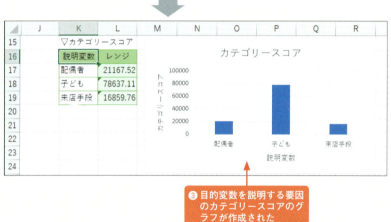

❶ セル範囲「K16:L19」をドラッグする

❷〔挿入〕タブの【縦棒/横棒グラフの挿入】から【集合縦棒】をクリックする

Excel2010
▶手順❷は、同じデザインのボタンをクリックする。

▶グラフタイトルや軸ラベルは、適宜入力する。

❸ 目的変数を説明する要因のカテゴリースコアのグラフが作成された

▶ 結果の読み取り

　来店しやすい店に改装するための参考として、顧客の買上金額と顧客の属性を回帰分析しました。カテゴリースコアを求めた結果、説明変数「子ども」が売上に最も影響していることがわかりました。

　この結果を踏まえ、子どものいる家族連れが来店しやすい「子どものいる家族」を念頭にした改装プランを検討します。

　カテゴリースコアは説明変数の目的変数への影響力を示しますが、回帰分析の出力結果のt値にもカテゴリースコアと同様の傾向が表れています。ただし、t値は除外したカテゴリーが含まれていないので、参考値として見ます。また、t値は絶対値で見ます。

04 来店者の特徴を知る

●回帰分析結果

	A	B	C	D	E	F	G	H	I
15									
16		係数	標準誤差	t	P-値	下限 95%	上限 95%	下限 95.0%	上限 95.0%
17	切片	112330.8	6387.366	17.5864	1.11E-37	99705.66	124955.9	99705.66	124955.9
18	あり	21167.52	5271.698	4.015315	9.52E-05	10747.62	31587.43	10747.62	31587.43
19	0人	-78637.1	6220.123	-12.6424	4.09E-25	-90931.6	-66342.6	-90931.6	-66342.6
20	1人	-63183.2	4811.538	-13.1316	2.15E-26	-72693.5	-53672.8	-72693.5	-53672.8
21	徒歩	-16859.8	5014.679	-3.36208	0.000991	-26771.6	-6947.87	-26771.6	-6947.87
22	自転車	-16291.4	4732.122	-3.44272	0.000754	-25644.8	-6937.99	-25644.8	-6937.99

「配偶者」「来店手段」に比べて、「子ども」はt値の絶対値が大きい

● サンプルスコア

回帰分析の出力結果の係数より、回帰式は次のようになります。数量化理論Ⅰ類では、回帰式で求める予測値をサンプルスコアと呼びます。

▶ここでは、係数の数値を通貨形式に変更して表示した。

●サンプルスコアを求める回帰式

		切片		配偶者		子ども		来店手段
25								
26		切片		配偶者		子ども		来店手段
27	買上金額=	112,331	+	21,168 あり	+	-78,637 0人	+	-16,860 徒歩
28				0 なし		-63,183 1人		-16,291 自転車
29						0 2人以上		0 車
30								

回帰式を利用すると、さまざまなパターンのサンプルスコアが求められます。たとえば、最大値のカテゴリーを選択すると、「車で来店する子どもが2人以上いる家族」となり、買上金額の予測値は、「133,498」となります。そのほかのパターンによるサンプルスコアは次のとおりです。

●サンプルスコアの例

パターン	属性	サンプルスコア
配偶者なし、子ども0人、徒歩	独身の徒歩来店者	16,834
配偶者あり、子ども0人、車	車で来店する既婚者	54,861
配偶者あり、子ども1人、自転車	自転車で来店する子どものいる既婚者	54,024

● 除外するカテゴリーを変更した場合

ここでは、配偶者は「なし」データ、子どもは「2人以上」データ、来店手段は「車」データを除外して回帰分析を行いました。しかし、除外するカテゴリーは説明変数ごとに任意のひとつを選べばよいので、必ずしも上記のデータでなくてもいいはずです。以下に、配偶者は「あり」、子どもは「1人」、来店手段は「自転車」を除外したときの結果を示します。

カテゴリースコアは全く同じになることがわかります。サンプルスコアの回帰式は、いっけん異なりますが、買上金額の予測値は上記と一致します。興味のある方は、P.134で移動したカテゴリーを元の位置に戻し、説明変数ごとに除外するカテゴリーを変更して回

141

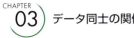

CHAPTER 03　データ同士の関係をつかむ

帰分析を実施してみてください。

●除外するカテゴリーを変更した場合の回帰分析結果

●サンプルスコアを求める回帰式

発 展 ▶▶▶

▶ 定性データをまとめて定量化する

3-04_Adv

　数量化理論Ⅰ類では、定性データのカテゴリーを説明変数に使うため、IF関数で判定する内容が増加します。そこで、回答者の回答内容「あり」「0人」「徒歩」といったデータを、MATCH関数を使って、まとめて判定し、MATCH関数の検索にヒットすれば「1」、ヒットしなければ「0」になるようにします。

　なお、MATCH関数では、検索内容が指定した範囲に存在しないときは「#N/A」エラーになります。よって、MATCH関数の結果がエラーの場合は「0」、エラーでない場合は「1」になるようにエラー判定の関数を利用し、IF関数の論理式に指定します。

　少々複雑な式になりますが、先頭の1箇所に入力すれば、残りのセルはオートフィルでコピーできるのが魅力です。

MATCH関数 ➡ 検査値は検査範囲のどこにあるかを位置検索する

書　式　　=**MATCH**(検査値,検査範囲,0)

解　説　　検査範囲に指定するセル範囲の先頭を1行1列目とするとき、検査値に一致する行位置、もしくは列位置を求めます。

04 来店者の特徴を知る

ISERROR関数 ➡ 数式がエラーかどうか判定する

書　式	=**ISERROR**(テストの対象)
解　説	テストの対象には、エラーかどうか調べたい式を指定します。エラーの場合は「TRUE」、エラーでない場合は「FALSE」と表示します。
補　足	IF関数の論理式にISERROR関数を組み合わせると、エラーの場合は真の場合を実行し、エラーでない場合は偽の場合を実行できます。

定性データをまとめて定量化する

●セル「G3」に入力する式

| G3 | =IF(ISERROR(MATCH(G$2,$C3:$E3,0)),0,1) |

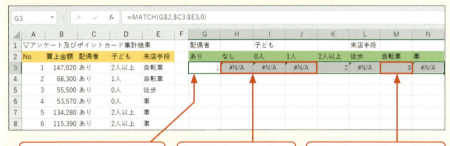

❶ セル「G3」にMATCH関数を入力し、セル「N3」までオートフィルでコピーする

❷ 回答にないカテゴリーは「#N/A」になる

❸ 見つかった場合は、指定した範囲の列位置が表示される。ここでは、セル「C3」を1列目と数え、3列目になる

❹ セル「G3」に戻り、エラーのときは0、列位置が表示された場合は1になるように式を修正する

❺ セル「G3」の式をもとにセル「N152」までオートフィルでコピーし、定性データがすべて定量化された

143

総合評価のないアンケートのゆくえ

お客様アンケートは、総合満足度や商品／サービス内容の満足度を通じて、総合評価に影響する商品機能／サービス内容の改善や維持管理などに利用されます。総合評価は、アンケートで質問した総合満足度を利用したり、評価の合計点／平均点、売上高／来客数など、目に見える結果を利用したりするのが普通です。ここでは、これらの直接的な総合評価を使わずに、新しい視点で総合評価を作る主成分分析について解説します。

導入 ▶▶▶

例題　「手本になる店舗はどこ？」

　下の図は、各店舗のお客様アンケートの集計結果です。各項目について、10点満点で評価してもらい、平均値で集計しました。アンケート結果を使って、店舗の総合力をランキングし、手本になる店舗を見つけたいのですが、総合満足度は質問しなかったため、評価の合計点を店舗の得点としました。得点の高い順に並べてグラフにしたところ、大した違いが見い出せませんでした。

　そこで、アンケートの質問項目の重要度に応じて、重み付けをしようと考えました。たとえば、接客の評価を他の評価の2倍にして合計点を計算し直せば、接客重視の評価となります。しかし、ここでは違いを見い出すには至りませんでした。

05 総合評価のないアンケートのゆくえ

しかも、重視すべき項目は、接客だけとは限りませんし、重視すべき項目を主観的に決めると、偏った評価になりかねません。評価項目を合理的に重み付けし、客観的なランキングを行うにはどうすればいいでしょうか。

▶ 主成分分析で新しい総合評価を作る

▶目的変数は知りたい、予測したいデータ、説明変数は目的変数を説明するデータのこと。例題の場合、総合評価が目的変数、接客、品揃えなどの5個のアンケート評価項目が説明変数である。

　主成分分析とは、複数の説明変数を集約し、新しい総合指標を作る分析手法です。別の見方をすると、目的変数を使わずに、あるいは、目的変数がない状態から、新しい視点の目的変数を作ることでもあります。

　例題に示したとおり、総合評価の決め方はいろいろです。合計や平均を求めたり、ある項目だけ重みを付けたりしますが、差がよくわからない、客観性がないといった問題を抱えることがあります。主成分分析では、総合評価の決め方にルールを設けて合理的に説明変数を重み付けします。そのルールとは、ただ1つです。

・主成分分析のルール：1つ1つのデータが見渡せるように合計します

　ルールを守った新しい合計は、次のように表現されます。これまで目的変数はyと表記しましたが、新しい目的変数という意味でyとは区別し、「u」と表記します。xは説明変数です。例題の説明変数は5個なので、5個分書きます。主成分分析は、ルールを守ったa、b、c、d、eを決めるともいえます。

$$u = ax_1 + bx_2 + cx_3 + dx_4 + ex_5$$

　さて、ルールの「データが見渡せる」とは、視点を変えるということです。データ1つ1つを見渡したいなら、折り重なって見える場所を避け、バラバラに見える場所がよいです。平積みされた商品を上から見ると、一番上の商品しかわかりませんが、横から見れば、色違いの商品など、1つ1つ確認できるのと同じ考えです。

●見る方向を変えて見晴らしをよくする

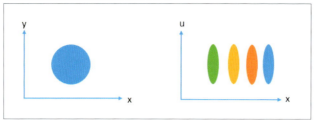

バラバラになっている方がよいと聞いて連想されるのは、散らばりを表す分散です。よって、主成分分析のルールとルールを守るための手段は、次のように言い換えられます。

・主成分分析のルール：新しい変数「u」の分散が最大になるように合計します
・分析の手段：uの分散が最大になるa,b,c,d,eを決めます

ここで、用語を確認します。新しい目的変数の「u」は主成分といい、各説明変数にかかる係数a,b,c,d,eは主成分負荷量といいます。負荷量とは、つまり、重み付けのことです。また、説明変数は観測変数といいますが、分析手法による呼び名の違いですから本節では説明変数と表記します。難しい用語が出ましたが、通常利用している合計や平均も主成分の1つです。合計や平均の主成分負荷量は、すべて「1」、もしくは、「1／説明変数の個数」になります。

● 重み付けの条件

合計や平均の場合、説明変数にかかる係数はすべて同じ値です。合計の係数は「1」ですし、平均は「1/説明変数の個数」ですので、合計や平均の係数が際限なく大きくなる心配はありません。ところが、主成分分析で見い出す新たな変数「u」は分散が最大になるように係数を決めますので、散らばりが最大になることに制限を加えないと、どこまでも散らばってしまいます。そこで、係数の2乗和は1になるよう制限します。例題は5つの説明変数がありますので、次のようになります。

主成分の制約条件：$a^2 + b^2 + c^2 + d^2 + e^2 = 1$

▶ 主成分が説明する情報量を求める

主成分分析では、1つ1つのデータが見渡せるように新しい合成変数の主成分を決めますが、データを1つも取りこぼすことなく見渡せているかどうかはわかりません。回帰分析では、回帰式はデータをどの程度説明しているかを判断するのに決定係数を利用しました。主成分分析でもデータをどの程度、取り込み、見渡せているのかを客観的に示す寄与率を求めて判断します。

$$寄与率 = \frac{主成分uの分散}{各説明変数の分散の合計}$$

▶標準化データのもとでは、説明変数の分散は「1」になるので、寄与率は、主成分の分散を説明変数の数で割った値になる。

05 総合評価のないアンケートのゆくえ

散らばっている方が、データがよく見える、データがよく見えるから情報が多く得られる、と考えていくと、分散はデータの情報量と捉えることができます。寄与率は、もともとある情報（説明変数のデータ）に対して、視点を変えてすくい取った情報量（主成分）の割合を示しています。

▶ こぼれた情報をすくい取る

▶各主成分同士の関係
→P.161

主成分は、散らばりの制限を守りつつ、データ1つ1つが見渡せるように工夫された新しい目的変数ですが、散らばりに制限が加わっていますので、どうしても取りこぼしが出ます。取りこぼしたデータをさらにすくい取るために作る主成分は第2主成分と呼ばれます。よって、最初に作った主成分は第1主成分といいます。第2主成分も第1主成分と同様に、重み付けする係数（主成分負荷量）の2乗和が1になる制限を受けます。また、第1主成分ですくい取れなかったデータを取るのが目的なので、第1主成分とは関連性のない主成分にします。よって、第1主成分との関連性がないことも条件に加えられます。第2主成分の係数をf,g,h,i,jとすると制約条件は次のようになります。a・fなどの「・」は内積を表しますが、計算上は掛け算「×」と読み替えて構いません。

第2主成分の制約条件：
$$f^2 + g^2 + h^2 + i^2 + j^2 = 1$$
$$a \cdot f + b \cdot g + c \cdot h + d \cdot i + e \cdot f = 0$$

● 情報はどこまですくうのか

第2主成分でも寄与率を求め、すくい取れた情報量を見ます。情報量が足りなければ、第3主成分、第4主成分と取りますが、取れる主成分は説明変数の数までです。例題では、第5主成分まで取れます。しかし、第2主成分以降は、前の主成分までで取りこぼした残りをすくい取るので、すくい取れる情報量は減る一方です。つまり、寄与率はどんどん下がります。どこまですくい取ればいいのかという明確な指標はないのですが、一般的には、第1主成分の寄与率から累計して60%を超えてくれば、データを説明するのに使えると判断します。また、主成分の分散が1を超えているというのも使える主成分の判断材料です。

● 主成分のネーミング

よくよく考えてみると、新しい視点で作った主成分は、名無し状態です。これまでは、合計とか平均といった名前が最初からありましたので、名付けを考える必要はなかったのですが、主成分は自分で名付けをします。主成分の係数などを見て、主成分の特徴をよく表すような名前を考えます。

CHAPTER **03** データ同士の関係をつかむ

実践 ▶▶▶

▶ Excelの表の準備

▶データの標準化
→P.83

　アンケートはどの質問も10点満点で評価していますが、平均点や標準偏差にばらつきがあります。つまり、同じ5点でも評価内容によっては、よいと評価される場合もありますし、悪いと評価される場合もあります。こういった評価のばらつきをなくすには、データを標準化します。

サンプル
3-05

▶右図は、サンプル「3-05」の「元データ」シートで確認できる。

●アンケート集計結果

	A	B	C	D	E	F	G
1	▽アンケート集計結果				10点満点評価		
2	店舗名	接客	品揃え	レジ待ち	鮮度	清潔	合計得点
3	A店	7.46	7.58	7.93	6.78	6.54	36.29
4	C店	7.35	6.35	7.95	6.78	6.60	35.03
5	G店	7.38	6.00	7.97	7.07	6.57	34.98
6	H店	7.17	6.30	8.22	6.76	6.26	34.72
7	B店	7.48	6.08	7.48	6.96	6.48	34.48
8	K店	7.63	5.42	7.93	6.88	6.47	34.33
9	E店	7.00	5.92	8.00	6.75	6.42	34.08
10	L店	7.17	5.61	7.91	6.13	6.30	33.13
11	F店	7.33	4.60	7.16	6.96	6.51	32.56
12	D店	6.75	5.72	6.44	6.36	6.25	31.53
13	平均	7.27	5.96	7.70	6.74	6.44	
14	標準偏差	0.257195	0.76268	0.53366	0.287922	0.127753	

清潔の「6.6」は清潔評価の第1位

接客評価は最下位でも「6.75」であり、清潔の最高評価「6.6」を上回る

●アンケート評価の標準化

「(元データ!B3-元データ!B$13)/元データ!B$14」と入力し、評価データを標準化した

これまでの「合計」や「平均」に変わる新しい評価を作る

	A	B	C	D	E	F	G	H	
1	▽偏差値（評価の標準化）						▽主成分得点		
2	店舗名	接客	品揃え	レジ待ち	鮮度	清潔	第1主成分	第2主成分	第
3	A店	0.72	2.12	0.44	0.13	0.80			
4	C店	0.30	0.52	0.47	0.11	1.25			
5	G店	0.41	0.06	0.50	1.13	1.01			
6	H店	-0.39	0.46	0.97	0.06	-1.40			
7	B店	0.80	0.16	-0.41	0.75	0.31			
8	K店	1.40	-0.71	0.44	0.49	0.21			
9	E店	-1.06	-0.05	0.56	0.02	-0.18			
10	L店	-0.39	-0.46	0.40	-2.13	-1.06			
11	F店	0.23	-1.78	-1.01	0.77	0.54			
12	D店	-2.03	-0.31	-2.35	-1.33	-1.49			
13	平均	0.00	0.00	0.00	0.00	0.00	#DIV/0!	#DIV/0!	
14	分散	1	1	1	1	1	#DIV/0!	#DIV/0!	

▶データを標準化すると、平均「0」、標準偏差「1」になるが、ここでは、寄与率を求めたいので分散で代用した。標準偏差が1なら1の2乗も1になる。

▶ Excelの操作①：仮の主成分得点と寄与率を求める

　主成分得点とは、主成分から計算された各店舗の新しい評価です。主成分の係数はまだ

05 総合評価のないアンケートのゆくえ

わかりませんが、仮の係数を入れておけば、式を立てて仮得点が表示できます。仮得点があれば、主成分の仮の分散と仮の寄与率も表示しておけます。主成分の分散が最大になるような係数が決まれば、得点、分散、寄与率は自動更新されます。

$$u = ax_1 + bx_2 + cx_3 + dx_4 + ex_5$$

式にあるように、主成分は、各説明変数に対応する各係数をかけて合計した値です。対応する値同士をかけて合計するには、SUMPRODUCT関数を利用します。

SUMPRODUCT関数 ➡ 対応するセル同士をかけて合計する

書　式　=**SUMPRODUCT**(配列1, 配列2, …)
解　説　配列には同じ行数と列数のセル範囲を指定します。セル範囲内の相対的に同じ位置にあるセル同士をかけて合計します。

仮の主成分得点を求める

●セル「G3」〜「K3」に入力する式

G3	=SUMPRODUCT($B3:$F3,$B$20:$F$20)
H3	=SUMPRODUCT($B3:$F3,$B$21:$F$21)
I3	=SUMPRODUCT($B3:$F3,$B$22:$F$22)
J3	=SUMPRODUCT($B3:$F3,$B$23:$F$23)
K3	=SUMPRODUCT($B3:$F3,$B$24:$F$24)

▶セル「G3」のみ式を入力し、残りのセルの式は、オートフィルと色枠の移動を行って入力する。

▶説明変数のセル範囲は、右方向にコピーしてもずれないように列のみ絶対参照を設定する。

❶ セル「G3」に店舗の各評価と仮係数をかけて足すSUMPRODUCT関数を入力する

	A	B	C	D	E	F	G	H	I
1	▽偏差値（評価の標準化）						▽主成分得点		
2	店舗名	接客	品揃え	レジ待ち	鮮度	清潔	第1主成分	第2主成分	第3主成分	第4主
3	A店	0.72	2.12	0.44	0.13	0.80	=SUMPRODUCT($B3:$F3,$B$20:$F$20)		
4	C店	0.30	0.52	0.47	0.11	1.25			
5	G店	0.41	0.06	0.50	1.13	1.01			
6	H店	-0.39	0.46	0.97	0.06	-1.40			
16					累計寄与率	#DIV/0!	#DIV/0!	#DIV/0!	#DI
17									
18		▽ソルバーで最適化					▽制約条件		
19		接客	品揃え	レジ待ち	鮮度	清潔	◎2乗和=1		◎互いに直交：内
20	重み係数1	0.5	0.5	0.5	0.5	0.5	1.25		
21	重み係数2	0.4	0.4	0.4	0.4	0.4	0.8		
22	重み係数3	0.3	0.3	0.3	0.3	0.3	0.45		
23	重み係数4	0.2	0.2	0.2	0.2	0.2	0.2		
24	重み係数5	0.1	0.1	0.1	0.1	0.1	0.05		

各主成分の係数には仮の値が入力されている

▶重み係数1〜5は、第1主成分から第5主成分の主成分負荷量である。

149

CHAPTER 03 データ同士の関係をつかむ

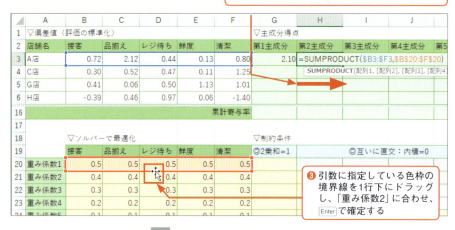

主成分の寄与率と累積寄与率を求める

●セル「G15」「G16」に入力する式

| G15 | =G14/SUM($B$14:$F$14) | G16 | =SUM($G$15:G15) |

▶累計寄与率は、SUM関数のセル範囲の先頭を固定することにより、オートフィルでコピーするごとに合計範囲が1つずつ拡張される。

05 総合評価のないアンケートのゆくえ

▶ Excelの操作②：制約条件を準備する

主成分を求めるときの制約条件を準備します。係数の2乗を合計するには、SUMPRODUCT関数を使って、引数の配列1と配列2に同じセル範囲を指定します。

第2主成分以降は、各主成分の係数同士をかけて合計した値もSUMPRODUCT関数で準備します。なお、係数同士をかけて合計することを内積といいます。

係数の2乗和を求める

● セル「G20」に入力する式

| G20 | =SUMPRODUCT(B20:F20,B20:F20) |

	A	B	C	D	E	F	G	H
16							累計寄与率	62%	102%
17								
18		▽ソルバーで最適化					▽制約条件	
19		接客	品揃え	レジ待ち	鮮度	清潔	◎2乗和＝1	
20	重み係数1	0.5	0.5	0.5	0.5	0.5	1.25	
21	重み係数2	0.4	0.4	0.4	0.4	0.4	0.8	
22	重み係数3	0.3	0.3	0.3	0.3	0.3	0.45	
23	重み係数4	0.2	0.2	0.2	0.2	0.2	0.2	
24	重み係数5	0.1	0.1	0.1	0.1	0.1	0.05	
25								

❶ セル「G20」に式を入力し、オートフィルでセル「G24」までコピーする。係数の2乗和が求められた

係数同士の内積を求める

● セル「H21」「I22」「J23」「K24」に入力する式

H21	=SUMPRODUCT(B20:F20,B21:F21)
I22	=SUMPRODUCT(B20:F20,B22:F22)
J23	=SUMPRODUCT(B20:F20,B23:F23)
K24	=SUMPRODUCT(B20:F20,B24:F24)

	A	B	C	D	E	F	G	H	I	J	K
16							累計寄与率	62%	102%	124%	134%	137%
17											
18		▽ソルバーで最適化					▽制約条件				
19		接客	品揃え	レジ待ち	鮮度	清潔	◎2乗和＝1	◎互いに直交：内積＝0			
20	重み係数1	0.5	0.5	0.5	0.5	0.5	1.25				
21	重み係数2	0.4	0.4	0.4	0.4	0.4	0.8	1			
22	重み係数3	0.3	0.3	0.3	0.3	0.3	0.45	0.6	0.75		
23	重み係数4	0.2	0.2	0.2	0.2	0.2	0.2	0.3	0.4	0.5	
24	重み係数5	0.1	0.1	0.1	0.1	0.1	0.05	0.1	0.15	0.2	0.25
25											

▶第3主成分では、セル「G22」の2乗和の制限に加え、「係数2」と「係数3」及び「係数1」と「係数3」の内積（セル「H22」と「I22」）の制限が加わる。他の成分も同様である。

❶ セル「H21」に内積を求める式を入力し、セル「H24」までオートフィルでコピーする

❷ 他のセルも同様に式を入力し、24行目までコピーして、係数同士の内積を求める式が設定された

▶ Excelの操作③：ソルバーで主成分の係数を最適化する

第1主成分の分散（セル「G14」）が最大になるような、各係数（セル範囲「B20:F20」）を求めます。その際、セル「G20」の制約条件を守ります。自分であれこれ係数を変更しても

151

CHAPTER 03 データ同士の関係をつかむ

最適な値はなかなか求まらないので、ソルバーを使ってExcelに計算してもらいます。

ソルバーは、逆算機能の1つで、答えになる目標値（ここでは分散の最大化）を指定し、制約条件を満たす数値の組み合わせ（ここでは5つの係数）を求める機能です。自分で試行錯誤しながら係数に値を入力するのと同様に、ソルバーもさまざまな値を試し、条件を満たす最適な値の組み合わせを求めます。このため、結果が出力されるまでに若干の時間を要するほか、最初に入力した仮の値を出発点に計算を始めるので、計算回数を超えると解が求まらない場合があります。

解が求まらない場合は、計算の出発点となる仮の値を変更します。例題でいうと、2乗和が1になるように計算するので、最初から1に近い値になるような仮の値を入力しておきます。しかし、通常、解が出力される場合は、ほとんどのケースで仮の値を工夫するような細工は必要ありません。

少し話が逸れますが、ソルバーで解が見つからない場合やソルバーを実行するたびに結果が変わるようなときは、制約条件の設定に端を発していることがあるので、条件の内容を見直します。

ソルバーで第1主成分の係数を求める

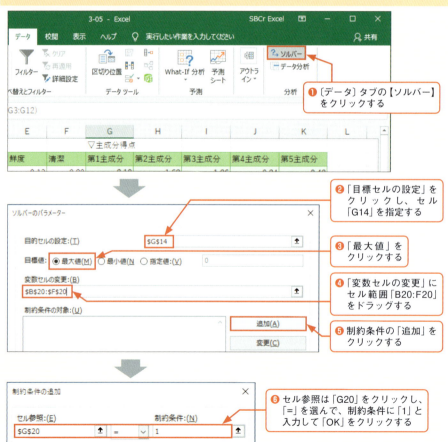

▶手順❶は、ソルバーを利用するシートが表示されていれば、アクティブセルの位置は問わない。

❶ [データ] タブの [ソルバー] をクリックする

❷ 「目標セルの設定」をクリックし、セル「G14」を指定する

❸ 「最大値」をクリックする

▶手順❷❹は、該当するセルをクリックしたり、ドラッグしたりすると、自動的に絶対参照が設定される。

❹ 「変数セルの変更」にセル範囲「B20:F20」をドラッグする

❺ 制約条件の「追加」をクリックする

▶複数の条件がある場合は、「追加」ボタンをクリックして条件を追加できる。

❻ セル参照は「G20」をクリックし、「=」を選んで、制約条件に「1」と入力して「OK」をクリックする

05 総合評価のないアンケートのゆくえ

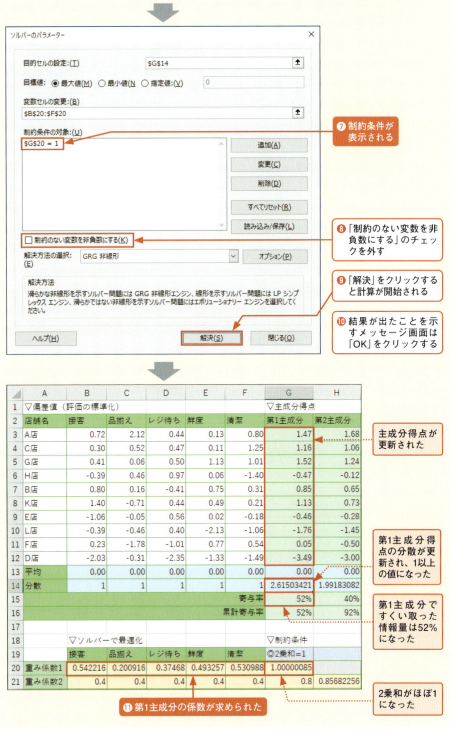

CHAPTER 03 データ同士の関係をつかむ

ソルバーで第2主成分の係数を求める

第1主成分と同様にソルバーを起動します。ソルバーの設定内容は、ワークシートに保存されるので、前の設定が残った状態で表示されます。今回は同じ設定がありませんので、一度リセットをして画面をクリアします。リセットすると確認メッセージが表示されるので、「OK」をクリックします。

● リセットのメッセージ画面

● 第2主成分のソルバーの設定内容

目的セル	セル「H14」
目標値	最大値
変数セルの変更	セル範囲「B21:F21」
チェックを外す	制約のない変数を非負数にする
制約条件	セル「G21」=1　セル「H21」=0

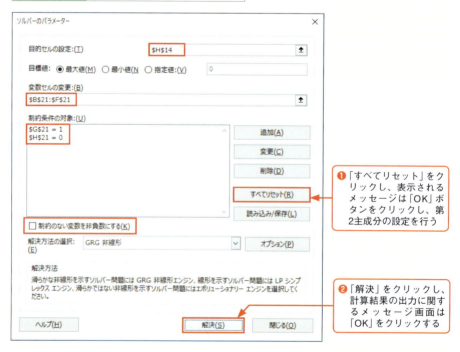

❶「すべてリセット」をクリックし、表示されるメッセージは「OK」ボタンをクリックし、第2主成分の設定を行う

❷「解決」をクリックし、計算結果の出力に関するメッセージ画面は「OK」をクリックする

05 総合評価のないアンケートのゆくえ

▶第2主成分の分散(セル「H14」)も1を超えている。

	A	B	C	D	E	F	G	H
1	▽偏差値(評価の標準化)						▽主成分得点	
2	店舗名	接客	品揃え	レジ待ち	鮮度	清潔	第1主成分	第2主成分
3	A店	0.72	2.12	0.44	0.13	0.80	1.47	1.51
4	C店	0.30	0.52	0.47	0.11	1.25	1.16	0.29
5	G店	0.41	0.06	0.50	1.13	1.01	1.52	-0.36
6	H店	-0.39	0.46	0.97	0.06	-1.40	-0.47	1.15
7	B店	0.80	0.16	-0.41	0.75	0.31	0.85	-0.51
8	K店	1.40	-0.71	0.44	0.49	0.21	1.13	-0.66
9	E店	-1.06	-0.05	0.56	0.02	-0.18	-0.46	0.39
10	L店	-0.39	-0.46	0.40	-2.13	-1.06	-1.76	0.89
11	F店	0.23	-1.78	-1.01	0.77	0.54	0.05	-2.26
12	D店	-2.03	-0.31	-2.35	-1.33	-1.49	-3.49	-0.45
13	平均	0.00	0.00	0.00	0.00	0.00	0.00	0.00
14	分散	1	1	1	1	1	2.61503421	1.19837779
15							寄与率	52%	24%
16							累計寄与率	52%	76%
17								
18		▽ソルバーで最適化					▽制約条件	
19		接客	品揃え	レジ待ち	鮮度	清潔	◎2乗和=1	
20	重み係数1	0.542216	0.200916	0.37468	0.493257	0.530988	1.00000085	
21	重み係数2	-0.10428	0.741441	0.518589	-0.35575	-0.20953	1.00000039	-1.551E-12
22	重み係数3	0.3	0.3	0.3	0.3	0.3	0.45	0.17714351

❹係数の算出により、各値が更新された

第2主成分の寄与率は24%となり、第1主成分と合わせて76%の情報量がすくい取られた

❸第2主成分の係数が求められた

2乗和と内積の条件が満たされた

ソルバーで第3主成分以降の係数を求める

　第3主成分以降は、第2主成分と同様に操作しますが、内積の制約条件が1つずつ増加します。また、第3主成分以降は寄与率が低くなります。ここでは、第5主成分まで求めていますが、主成分の分散が1を下回った時点でソルバーの実行を打ち切っても構いません。

●第3主成分以降のソルバーの設定内容

設定	第3主成分	第4主成分	第5主成分
目的セル	セル「I14」	セル「J14」	セル「K14」
目標値	最大値		
変数セルの変更	セル範囲「B22:F22」	セル範囲「B23:F23」	セル範囲「B24:F24」
チェックを外す	制約のない変数を非負数にする		
制約条件	セル「G22」=1 セル「H22」=0 セル「I22」=0	セル「G23」=1 セル「H23」=0 セル「I23」=0 セル「J23」=0	セル「G24」=1 セル「H24」=0 セル「I24」=0 セル「J24」=0 セル「K24」=0

CHAPTER 03 データ同士の関係をつかむ

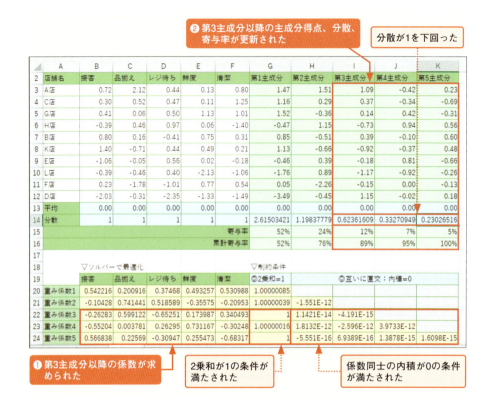

❷ 第3主成分以降の主成分得点、分散、寄与率が更新された

分散が1を下回った

❶ 第3主成分以降の係数が求められた

2乗和が1の条件が満たされた

係数同士の内積が0の条件が満たされた

Column　内積が0の意味

　主成分同士の内積が0とは、主成分同士が直交関係にあることを意味します。グラフの軸に矢印があるように、主成分の軸にも矢印が付いています。矢印は方向性があるということです。方向を持った量をベクトルといい、方向性を持たない量はスカラーといいます。ベクトルa,bをそれぞれ第1主成分、第2主成分とするとき、ベクトルの内積は $\vec{a}\cdot\vec{b}=|a||b|\cos\theta$ と定義され、ベクトル同士の内積はスカラーになります。主成分同士が直交しているとき、θは90です。θが90度のときの$\cos\theta$は0です。よって、内積は0になります。

●直交関係とベクトルの内積

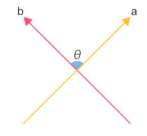

▶ベクトルを表すときは、量の上に矢印を乗せて書くのが通例である。

▶主成分のネーミングは結果の読み取りP.160で実施する。

▶ Excelの操作④：第1主成分と第2主成分の係数グラフを作成する

　ソルバーによる係数の最適化の結果、第2主成分までの累計寄与率は76％になりました。また、第3主成分以降の主成分の分散は1を下回ったため、第1主成分と第2主成分でデータを説明することにします。そこで、各評価にかかる係数の横棒グラフを作成し、係数の状況から主成分の名前の検討に利用します。ここでは、係数の大きい順に並べて表示したいので、空いているセルを使って係数の表示方向を列方向に変更します。

05 総合評価のないアンケートのゆくえ

係数グラフの表を作成する

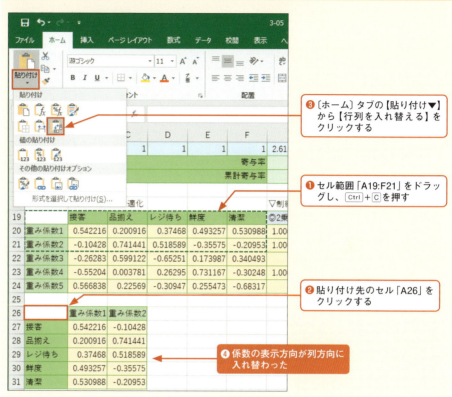

第1主成分の係数グラフを作成する

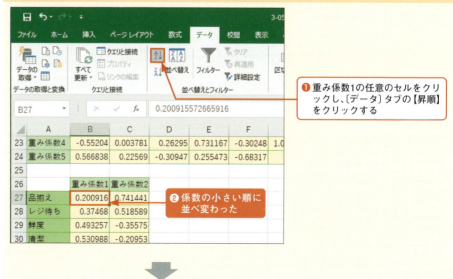

▶横棒グラフは表の並び順と逆方向に並ぶため、値の大きい順に並べて表示したいときは、表のデータは小さい順に並べる。

CHAPTER 03　データ同士の関係をつかむ

Excel2010/2013
▶手順❶は、〔挿入〕タブの【横棒】ボタンをクリックして【集合横棒】を選択する。

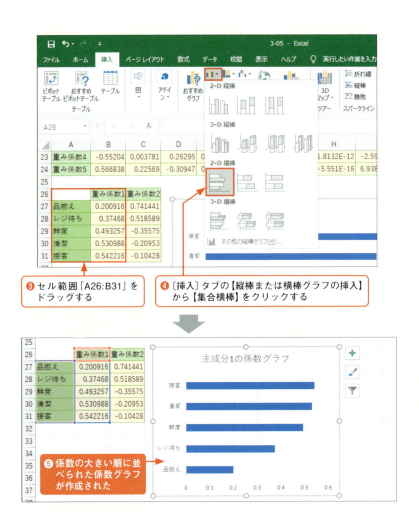

❸ セル範囲「A26:B31」をドラッグする

❹〔挿入〕タブの【縦棒または横棒グラフの挿入】から【集合横棒】をクリックする

❺ 係数の大きい順に並べられた係数グラフが作成された

第2主成分の係数グラフを作成する

セル範囲「A26:A31」と Ctrl を押しながらセル範囲「C26:C31」をドラッグし、主成分1の係数グラフと同様に集合横棒グラフを挿入します。なお、データの並べ替えは必要ありません。

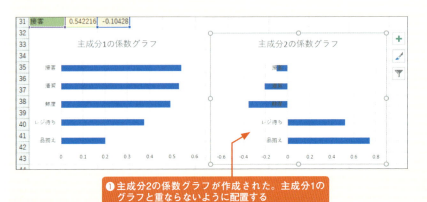

▶グラフタイトルは適宜入力する。

❶ 主成分2の係数グラフが作成された。主成分1のグラフと重ならないように配置する

05 総合評価のないアンケートのゆくえ

▶ **Excelの操作⑤：店舗のポジショニングマップを作成する**

　主成分の係数を決めるとき、取りこぼしのデータを拾えるように、主成分同士は関連性を持たないことを条件にしました。P.156のColumnで紹介したように、関連性を持たないように主成分を決めるとき、互いの主成分の軸は直交しています。よって、第1主成分を横軸、第2主成分を縦軸に取り、各店舗の主成分得点をプロットすることができます。

第1、第2主成分得点の散布図を挿入する

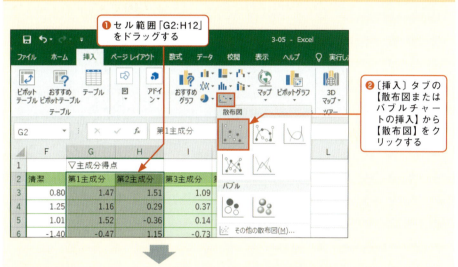

●グラフの編集

タイトル	第1、第2主成分得点
軸ラベル	横軸ラベル：第1主成分　縦軸ラベル：第2主成分
目盛	横軸目盛：−4 〜 2まで0.5刻み
	縦軸目盛：−2.5 〜 2まで0.5刻み
データラベル	P.88を参考に店舗名のラベルを付ける

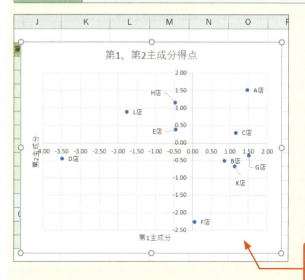

❸ 第1主成分と第2主成分の店舗別の得点分布が作成された

CHAPTER 03 データ同士の関係をつかむ

▶ 結果の読み取り

第1主成分と第2主成分の係数グラフを再掲します。係数を解釈し、主成分の名前を検討します。

● 主成分の名前

接客の係数が最も高く、接客に重み付けされていますが、すべての係数が正の値です。主成分得点がよいほど、すべての評価項目がよいことになりますので、第1主成分は店舗の「総合力」と名付けます。

● 係数グラフ

第1主成分の寄与率は52%でしたので、48%は取りこぼしたことになります。第2主成分では、品揃えとレジ待ちの係数が高く、第1主成分で取りこぼしたデータを拾ったと考えられます。さて、第2主成分のネーミングですが、品揃えがよく、レジの効率性が高いほど得点が上がります。店に行けば、何でも揃い、会計の待ち時間も少ないと解釈し、「利便性」と名付けます。第2主成分では、接客、清潔、鮮度がマイナスです。これらの評価を落とすと得点が下がることを意味しますので、常日頃から気を付けておく項目と解釈し、第2主成分のマイナス側は「日常管理」と名付けます。

一般に、すべての係数が正の場合は、総合評価を示すと考えられます。また、主成分の係数を見ても、解釈が難しい場合は無理にネーミングする必要はありません。

ここでは、第1主成分と第2主成分を使いましたが、第3主成分以降の分散が1を超えている場合は、係数に意味があると判断し、第1と第3主成分といった組み合わせでも検討します。第2主成分の解釈が難しい場合などに、第3主成分の係数を解釈してみるとよいです。

● 店舗のポジショニング

主成分に名前を追加した散布図を再掲します。以下では、4つのエリアに分けて解釈しています。例題の目的とした「手本となる店舗」は、A店とC店が該当します。

●主成分得点による店舗のポジショニングマップ

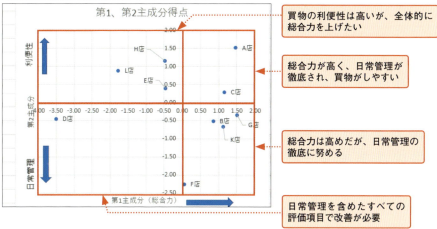

発展 ▶▶▶

▶ 主成分同士の関係

　主成分分析では、第1主成分ですくい取れなかった情報を第2主成分以降ですくい取ります。取りこぼしの情報を最大限すくい取るには、すでにすくい取った方向とはあまり関連性のない方向、直感的に、ちょっと角度を変えたくらいではダメで、90度変えたときが最も効率よくすくい取れそうだと気づきます。このとき、軸同士は90度ずれると直角に交わることから、直交している、直交関係にあるといいます。これが、主成分同士の内積を0にする意味です（→P.156）。また、互いの軸に関連性を持たないことから、主成分の軸同士は互いに独立しているといいます。

　主成分の軸同士の独立性を確認するには、主成分得点の相関を調べます。分析ツールの「相関」より、第1主成分得点から第5主成分得点の相関係数は次のようになります。第1〜第5までの主成分得点の相関係数はほぼ「0」になります。これは、主成分の軸が互いに独立していることを示しています。

●主成分同士の相関係数

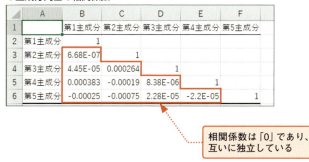

データに白黒を付ける

合格／不合格、受注／失注など、結果が2つに分かれるデータを使って、合格者に影響する要因や受注に影響する要因を調べることができます。要因の影響力がわかれば、どちらに転ぶかわからない結果を予想し、事前に対策を立てることができます。ここでは、データを2つのグループに分ける判別分析について解説します。

導入 ▶▶▶

例題 「効率よく営業したい」

下の図は、過去の営業案件データです。案件ごとに営業当時の訪問回数と受注見込み、そして結果がまとめられています。訪問回数と受注見込みを散布図にすると、受注できたグループと失注したグループに分かれているように見えます。この表を使って、現在の案件が受注できるかどうかを判別するにはどうすればいいでしょうか。

●過去の受注状況

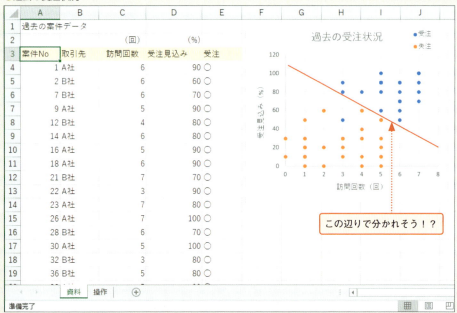

06 データに白黒を付ける

▶ 判別分析でグループの境界線を引く

　過去の受注状況を見ると、訪問回数が多く、受注見込みの確度が高いほど、受注に結び付いているようです。グラフに目分量で境界線を引いてみたところ、2つのグループに分かれて見えます。境界線が正しければ、現在の案件もある程度の目星がつきます。目分量ではなく、判別分析を利用して、統計的に境界線を引くのが今回の目的です。

● 目的変数の定量化

　例題の目的変数は、受注できたかどうかの定性データです。定性データの定量化といえば、受注のカテゴリー「○」「×」を1と0に分けるという手段が取られますが、判別分析では、目的変数の平均値が0になるように定量化します。要するに、0を境界にシロクロ付けたいのです。

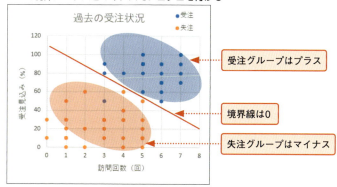

●0を境界にプラスとマイナスでシロクロを付ける

　平均値が0になるということは、合計が0です。合計を0にするには、プラスとマイナスで打ち消し合うように目的変数を設定します。平均値が0になりさえすれば、数値は何でもいいです。最も簡単な方法は、プラスにするグループとマイナスにするグループで比例計算します。

　たとえば、50件のデータのうち、プラスグループが20件、マイナスグループが30件の場合は、プラスグループには「30」、マイナスグループには「−20」を指定すれば、合計が0になるので平均も0になります。プラスグループに「−30」、マイナスグループに「20」でも成り立ちますし、プラスグループに「3」または「−3」、マイナスグループに「−2」または「2」でも良いのです。

　プラスグループの件数×プラスグループの値＋マイナスグループ件数×マイナスグループの値 ＝0
　20×（30）　＋ 30 ×（−20）＝ 0
　20×（−30）＋ 30 ×（20）　＝ 0

▶ 回帰分析で判別式と判別得点を求める

　説明変数の訪問回数と受注見込みは定量データです。目的変数が定量化されたことにより、重回帰分析に帰着します。判別式は回帰式、判別得点は回帰式から計算される目的変

CHAPTER 03 データ同士の関係をつかむ

数の予測値です。ただし、予測値の値の大きさは、平均が0になるように適当に割り振っただけなので、何の意味もありません。大事なのは符号です。予測値がプラスかマイナスかを見て、どちらのグループと予測したのかを見ます。

● 判別の精度

判別の精度は、回帰分析で出力された予測値の符号がもとのデータをどの程度言い当てているか、判別的中率を求めます。

$$判別的中率 = \frac{判別が的中した件数}{データ件数}$$

的中率の精度は少なくとも80%は欲しいです。なぜなら、白か、黒か、という2つにひとつの判定は、インチキでもしない限り、どちらかが判定される確率は50%です。つまり、悪くても50%にはなるのが判別分析です。よって、判別的中率が80%を下回るようであれば、説明変数の見直しを検討します。

実践 ▶▶▶

サンプル
3-06「操作」シート

▶ Excelの表の準備

判別分析では、目的変数で表の並び順を変更し、判別するグループごとにまとめておくと分析が進めやすくなります。

ここでは、あらかじめ、「受注」を降順に並べ替え、「○」グループと「×」グループがまとまるように並べ替えています。

● 判別するグループに並べ替え

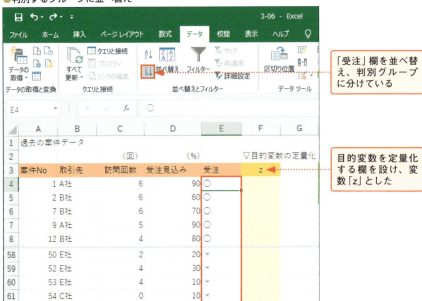

06 データに白黒を付ける

▶ Excelの操作①：目的変数を定量化する

　データ件数、受注件数、失注件数を調べ、比例計算から目的変数を定量化します。例題では、受注した案件に「○」、失注した案件に「×」が付いていますので、「○」と「×」を条件にCOUNTIF関数で件数を求めます。また、全体の件数は空白以外のセルの個数を求めるCOUNTA関数を利用します。

全体の件数と受注件数、失注件数を求める

●セル「J3」「J5」に入力する式

| J3 | =COUNTIF($E$4:$E$63,I3) |
| J5 | =COUNTA(A4:A63) |

▶判別欄(ここでは「受注」欄)に空白が見つかった場合は、フィルターで「空白」を抽出し、行ごと除外する。

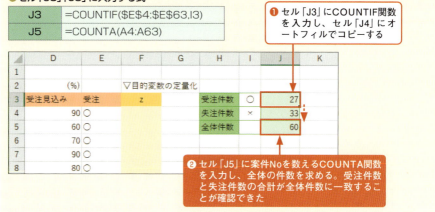

❶ セル「J3」にCOUNTIF関数を入力し、セル「J4」にオートフィルでコピーする

❷ セル「J5」に案件Noを数えるCOUNTA関数を入力し、全体の件数を求める。受注件数と失注件数の合計が全体件数に一致することが確認できた

平均値が0になるように定量化する

　受注件数が27件、失注件数が33件になったので、受注の「○」は「33」、失注の「×」は「−27」を指定します。

●セル「F4」に入力する式

| F4 | =IF(E4="○",33,-27) |

❶ セル「F4」にIF関数を入力し、オートフィルでセル「F63」までコピーする。受注が○の場合は「33」、×の場合は「−27」に定量化された

CHAPTER 03 データ同士の関係をつかむ

> **MEMO　ステータスバーで平均値を確認する**
>
> 平均が0になるように定量化しましたが、念のため、平均値を確認します。AVERAGE関数を利用してもいいですが、ステータスバーでも確認できます。ステータスバーでは、範囲選択したセル範囲を対象に、平均や個数、合計などが表示されます。確認のみの一時利用に適しています。ここでは、セル範囲「F4:F63」を範囲選択してステータスバーを確認します。

●ステータスバーで一時的に確認する

▶平均が確認できないときは、ステータスバーを右クリックし、表示する内容のメニューから平均を選ぶ。

選択した範囲の平均などが確認できる

▶ Excelの操作②：回帰分析を実施する

定量化した目的変数「z」を「入力Y範囲」、訪問回数と受注見込みを「入力X範囲」とする回帰分析を実施します。

やってみよう！　回帰分析を実施する

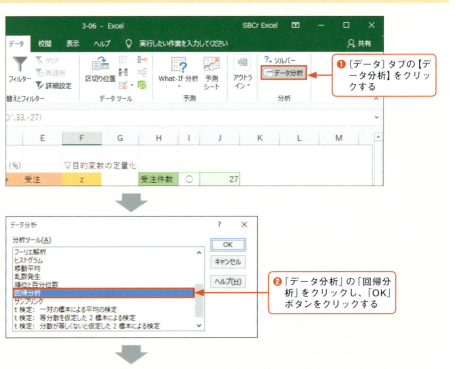

❶〔データ〕タブの【データ分析】をクリックする

❷「データ分析」の「回帰分析」をクリックし、「OK」ボタンをクリックする

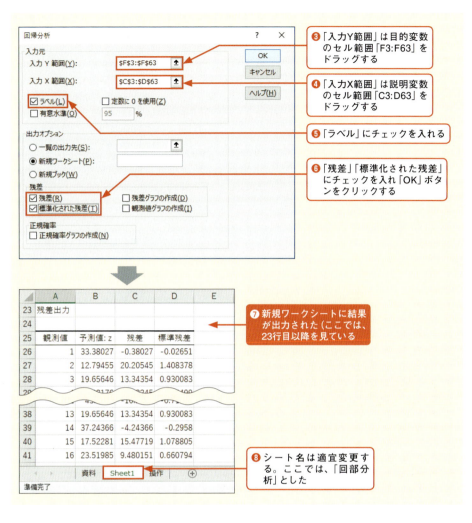

▶ Excelの操作③：判別的中率を求める

　回帰分析によって出力された予測値の符号と、受注／失注データを突き合わせ、判別的中率を求めます。ここでは、回帰分析で出力されたシートの空いているセルを使って求めます。

　判定方法は、予測値の符号が正の場合は受注グループになるので「○」、符号が負の場合は失注グループになるので「×」と表示します。次に、受注／失注データの「○」「×」と予測値の「○」「×」を突き合わせ、同じ場合は1、異なる場合は0にします。1の合計は判別的中数になるので、全データ数の60で割って判別的中率を求めます。

CHAPTER 03 データ同士の関係をつかむ

受注／失注データを回帰分析シートにコピーする

▶手順❶は、セル「E3」をクリックし、Shift＋Ctrl＋↓キーで末尾まで選択する。

▶観測値の並び順は、回帰分析の「入力元」に指定したセル範囲の並び順になっているので、各観測値と受注／失注データが対応する。

判別的中率を求める

判別的中率を求めるために、以下の表を準備します。空いているセルで構いませんが、数式を見ながら入力する方は、同じ場所に表を作成してください。

●判別的中率の準備

●セル「F26」「G26」に入力する式

F26	=IF(B26>0,"○","×")
G26	=IF(E26=F26,1,0)

06 データに白黒を付ける

❶ セル「F26」と「G26」にIF関数を入力する

	A	B	C	D	E	F	G
24							
25	観測値	予測値：z	残差	標準残差	受注	予測値の符号判定	判定
26	1	33.38027	-0.38027	-0.02651	○	○	1
27	2	12.79455	20.20545	1.408378	○	○	1
28	3	19.65646	13.34354	0.930083	○	○	1
29	4	30.38176	2.618245	0.182499	○	○	1
30	5	20.52133	12.47867	0.869799	○	○	1

❷ セル範囲「F26:G26」をドラッグし、フィルハンドルをダブルクリックして末尾までコピーする

● セル「G21」「G23」に入力する式

G21	=SUM(G26:G85)
G23	=G21/G22

❸ セル「G20」とセル「G23」に式を入力し、判別的中率が求められた

▶セル「G23」は、セルの表示形式をパーセントスタイルに設定する。

	A	B	C	D	E	F	G	H
20								
21						的中回数	54	
22						全個数	60	
23	残差出力					判別的中率	90%	
24								
25	観測値	予測値：z	残差	標準残差	受注	予測値の符号判定	判定	
26	1	33.38027	-0.38027	-0.02651	○	○	1	
27	2	12.79455	20.20545	1.408378	○	○	1	
28	3	19.65646	13.34354	0.930083	○	○	1	

サンプル
3-06「資料」シート

▶ Excelの操作④：判別境界線を引く

　回帰分析で求めた判別式をもとに、「資料」シートの散布図に判別境界線を引きます。回帰分析の結果は次のとおりです。

● 回帰分析結果（係数の部分）

16		係数	標準誤差	t	P-値	下限 95%	上限 95%
17	切片	-46.368	4.342361	-10.6781	3.21E-15	-55.06342579	-37.6726
18	訪問回数	2.998519	1.245285	2.407898	0.019303	0.504879001	5.492158
19	受注見込み	0.686191	0.074927	9.158137	8.53E-13	0.536152176	0.836229
20							

　定量化した目的変数「z」の判別式は、回帰式と同様に次のようになります。

$$z = 2.998519 \times 訪問回数（回）＋ 0.686191 \times 受注見込み（\%）-46.368$$

　判別境界線は、 $z = 0$ の場合です。散布図は縦軸に受注見込み、横軸に訪問回数を取っていますので、z=0を代入し、グラフの縦横に合わせた関係式に変形すると次のようになります。

169

$$受注見込み = \frac{-2.998519}{0.686191} \times 訪問回数 + \frac{46.368}{0.686191}$$

上の式は、z=0を満たす訪問回数と受注見込みです。言いかえると、受注できるかどうかの境界を表す関係式です。「資料」シートに上の式を入力し、散布図に追加して判別境界線を引きます。

判別境界線は、第2軸に追加して「散布図（平滑線）」に変更し、直線に見えるように引きます。

z=0を満たす、訪問回数に対する受注見込み値を求める

●「資料」シートのセル「F4」に入力する式

F4　=(-2.998519/0.686191)*C4+46.368/0.686191

	C	D	E	F
2	(回)		(%)	
3	訪問回数	受注見込み	受注	判別境界線
4	6	90	○	41.354209
5	6	60	○	41.354209
6	6	70	○	41.354209
7	5	90	○	45.7240112
8	4	80	○	50.0938135
9	6	80	○	41.354209
10	5	90	○	45.7240112

❶ セル「F4」にz=0を満たす関係式を入力し、セル「F63」までオートフィルでコピーする。z=0になる受注見込みの予測値が求められた

判別境界線を散布図に追加する

❶ セル範囲「C3:C63」を範囲選択し、[Ctrl]キーを押しながらセル範囲「F3:F63」を範2囲選択して、[Ctrl]+[C]キーを押す

❷ グラフをクリックする

▶手順❶は、セル「C3」をクリックして、[Ctrl]+[Shift]+[↓]キーを押し、[Ctrl]キーを押しながら、セル「F3」をクリックして、[Shift]+[↓]キーを押すとデータの末尾まで範囲選択できる。

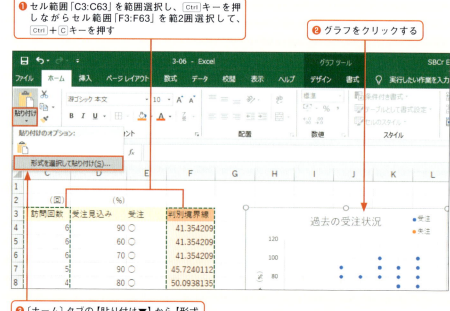

❸ [ホーム]タブの【貼り付け▼】から【形式を選択して貼り付け】をクリックする

06 データに白黒を付ける

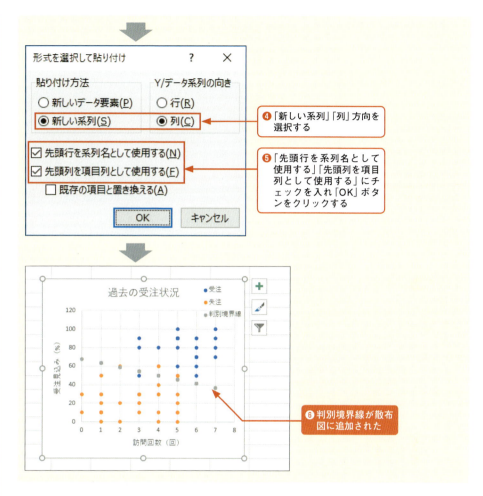

❹「新しい系列」「列」方向を選択する

❺「先頭行を系列名として使用する」「先頭列を項目列として使用する」にチェックを入れ「OK」ボタンをクリックする

❻判別境界線が散布図に追加された

判別境界線を第2軸に移動し、グラフの種類を変更する

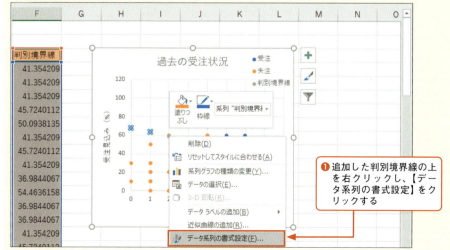

❶追加した判別境界線の上を右クリックし、【データ系列の書式設定】をクリックする

171

CHAPTER 03 データ同士の関係をつかむ

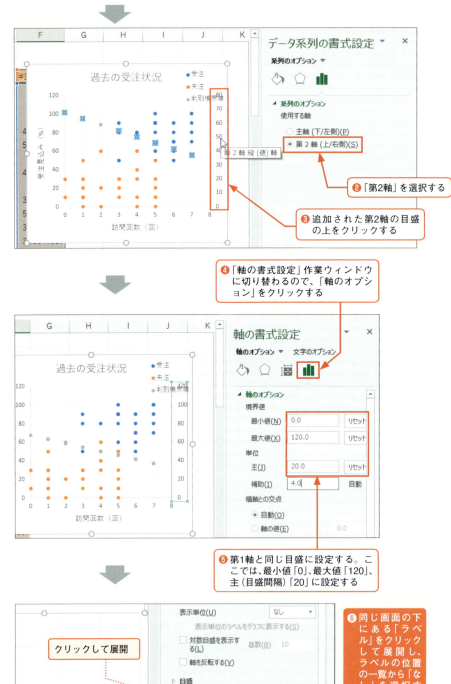

06 データに白黒を付ける

▶手順⑥は、〔デザイン〕タブの【グラフの種類の変更】をクリックしても同様に操作できる。

2	（回）		（%）		判
3	訪問回数	受注見込み	受注		判
4	6		90 ○		
5	6		60 ○		
6	6		70 ○		4
7	5		90 ○		4
8	4		80 ○		5
9	6		80 ○		4
10	5		90 ○		
11	6		90 ○		3
12	7		70 ○		3
13	3		90 ○		5
14	7		80 ○		3
15	7		100 ○		
16	6		70 ○		41.354209
17	5		100 ○		45.7240112

過去の受注状況
● 受注
● 失注
● 判別境界線

塗りつぶし　枠線　系列 "判別境界線

削除(D)
リセットしてスタイルに合わせる(A)
系列グラフの種類の変更(Y)...
データの選択(E)...
3-D 回転(R)...
データ ラベルの追加(B)
近似曲線の追加(R)...
データ系列の書式設定(F)...

⑦判別境界線上を右クリックし、【系列グラフの種類の変更】をクリックする

グラフの種類の変更　？　×

おすすめグラフ　すべてのグラフ

最近使用したグラフ
テンプレート
縦棒
折れ線

ユーザー設定の組み合わせ

箱ひげ図
ウォーターフォール
じょうご
組み合わせ

系列名	グラフの種類	第2軸
■ 受注	散布図	☐
■ 失注	散布図	☐
■ 判別境界線	散布図 (平滑線)	☑

OK　キャンセル

⑧判別境界線のグラフは「散布図 (平滑線)」を選択し、「OK」ボタンをクリックする

（%）		
	受注	判別境界線
90 ○		41.354209
60 ○		41.354209
70 ○		41.354209
90 ○		45.7240112
80 ○		50.0938135
80 ○		41.354209
90 ○		45.7240112
90 ○		41.354209
70 ○		36.9844067
90 ○		54.4636158
80 ○		36.9844067
100 ○		36.9844067

過去の受注状況
● 受注
● 失注
― 判別境界線

⑨$z=0$を満たす、判別境界線が引けた

CHAPTER **03** データ同士の関係をつかむ

▶ **結果の読み取り**

回帰分析で以下の判別式を求め、目的変数「z=0」を満たす判別境界線を引いて、データをグループ分けしました。判別的中率は、90%でよく判別できていると判断されます。

● **判別予測**

今後の案件がどちらになると判定されるかはzがプラスになるか、マイナスになるかで判定できます。下の表では、的中率90%を認識した上で、zを計算しています。案件「A01」「A04」「A05」はプラスの値になり、受注できるという判別です。

$$z = 2.998519 × 訪問回数（回）+ 0.686191 × 受注見込み（％）- 46.368$$

▶右の図は、サンプル「3-06_kansei」の「判別」シートで確認できる。

● 進行中の案件の判別

	A	B	C	D	E	F	G
D3			fx	=2.998519*B3+0.686191*C3-46.368			
1	▽現在進行中の案件						
2	案件	訪問回数	受注見込み	z			
3	A01	3	90	24.38475			
4	A02	4	50	-0.06437			
5	A03	3	45	-6.49385			
6	A04	2	70	7.662408			
7	A05	3	65	7.229972			
8							

● **説明変数の影響力**

説明変数が目的変数にどの程度の影響を与えているのかは、回帰分析のt値を見て判断できます。係数で見ないのは単位が異なるためです。t値により、受注見込みが訪問回数に比べて約3.8倍ほど受注／失注に影響していることがわかります。

● 説明変数の影響力

	A	B	C	D	E	F	G
15							
16		係数	標準誤差	t	P-値	下限 95%	上限 95%
17	切片	-46.368	4.342361	-10.6781	3.21E-15	-55.06342579	-37.6726
18	訪問回数	2.998519	1.245286	2.407898	0.019303	0.504879001	5.492158
19	受注見込み	0.686191	0.074927	9.158137	8.53E-13	0.536152176	0.836229

目的変数の影響力

発展 ▶ ▶ ▶

▶ **グループが離れて見える新変数を合成する**

主成分分析と似た考え方でも判別分析が実施できます。ここでは、受注グループと失注グループが離れて見える新変数zを作ります。新変数zの式は、回帰式と同様ですので、zは、回帰分析でいうところの受注か失注かを表す目的変数です。

$$z = a \times 訪問回数 + b \times 受注見込み + c$$

主成分分析では、個々のデータがバラバラに見えるよう、新しい変数uの分散が最大になるようにしました。判別分析では、グループが最も離れて見えるようにするため、相関比という新しい指標を持ち出し、相関比が最大になるようなa,b,cを決めます。

> ▶回帰分析による方法と、ソルバーによる方法は途中の過程が異なるが、同じ結論に至る。

● 相関比

相関比は2つのグループの離れ具合を示す指標で次の式で求められます。

$$相関比 = \frac{群間変動}{全変動}$$

$$全変動 = 群間変動 + 級内変動$$

変動とは、P.76と同じ意味です。分散は変動の平均値ですから、変動は、データ数で割る前の散らばりの大きさです。もう少しさかのぼった言い方をすると、偏差の2乗の合計です。全変動とは、下の図に示すように、受注／失注を含めた案件全体の新変数zの散らばりです。群間変動とは、グループ間の変動という意味で、受注グループとzとの間の変動、失注グループとzとの間の変動です。また、級内変動とは、受注グループ、失注グループ内の変動です。

受注グループとz、及び、失注グループとzの群間変動が大きいほど、2つのグループは、離ればなれになって見えます。群間変動を最大限大きくするということは、相関比を最大にするということです。

Excelでは、指定した範囲の変動を求めるDEVSQ関数が用意されています。全変動と級内変動はDEVSQ関数で求め、全変動から級内変動を引いて群間変動を求めることができます。

● 全変動と群間変動、及び級内変動

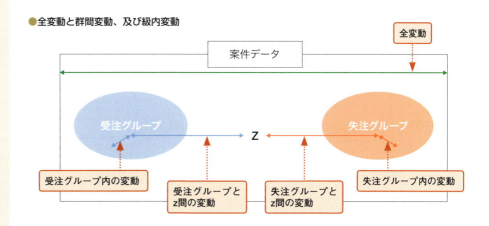

● 制約条件

2つのグループが最も離れて見える新変数zは相関比を最大にするような係数a，bと切片cを最適化するソルバーの問題に帰着します。

CHAPTER 03 データ同士の関係をつかむ

制約条件は2つです。

①zの平均を0にします。
②zの分散を1にします。

①のzの平均を0にするのは、判別境界を0にしてz＞0のグループとz＜0のグループに分けるためで、回帰分析の目的変数の平均を0に調整したのと全く同じです。ただし、回帰分析では、受注グループをプラス、失注グループをマイナスに指定しましたが、ソルバーではzの平均は0にするものの、符号は決めていないことに注意します。

②の分散の制約は、主成分分析と同様に、係数a,bの発散を抑えるためです。

▶ Excelの操作①：ソルバーの準備をする

サンプル
「3-06_Adv」

係数a,bと切片cに仮の値を入れ、仮のzを求めます。また、仮のzの平均や変動なども求めます。変動はDEVSQ関数を利用します。

DEVSQ関数 ⇒ 指定した数値の変動を求める

書　式　＝**DEVSQ**(数値1,数値2,…)

解　説　数値には変動を求めたい数値、セル、セル範囲を指定します。指定した範囲の平均はDEVSQ関数内部で計算され、偏差の2乗和を求めます。

ソルバーの準備を行う

●セル「F4」「L7」「L8」「L9」に入力する式

F4	=$J$3*D4+$K$3*E4+$L$3	仮の新変数zの値
L7	=AVERAGE(D4:D63)	案件データ全体の訪問回数の平均（制約条件で0にする）
L8	=AVERAGE(D4:D30)	受注グループ「○」の訪問回数の平均
L9	=AVERAGE(D31:D63)	失注グループ「×」の訪問回数の平均

❶ セル「E4」にzを求める式を入力し、セル「E63」までオートフィルでコピーする

❷ セル「L7」～「L9」に平均を求める式を入力し、N列までオートフィルでコピーする

▶ セル「F4」はSUMPRODUCT関数を利用することもできる。また、セル「L8」「L9」は「受注」欄の「○」「×」を条件にAVERAGEIF関数を入力することもできる。

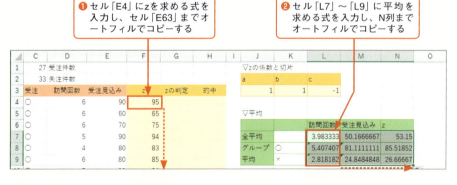

●セル「K12」～「K15」に入力する式

K12	=VAR.P(F4:F63)	zの分散（制約条件で1にする）
K13	=DEVSQ(F4:F63)	zの全変動
K14	=K13-(DEVSQ(F4:F30)+DEVSQ(F31:F63))	群間変動
K15	=K14/K13	相関比

06 データに白黒を付ける

▶セル「K14」の「DEVSQ(E4:E30)」は受注グループの級内変動、「DEVSQ(E31:E63)」は失注グループの級内変動である。

▶分散のデータ数倍が変動になる関係を維持するため、分散はVAR.P関数を利用した。ここでは、セル「K12」をデータ件数「60」倍すると全変動になる。

❸ セル「K12」〜「K15」に式を入力し、ソルバーの準備が整った

▶ Excelの操作②：ソルバーを実行する

　ソルバーを実行して最適なa,b,cを求めます。ソルバーの使い方についてはP.152をご覧ください。なお、相関比を最大化することは、群間変動を最大化することと同じなので、ここでは、群間変動のセル「K14」が最大になるよう、a,b,cのセル範囲「J3:L3」を最適化します。制約条件は、セル「N7」のzの平均値が0になることと、セル「K12」のzの分散が1になることです。

ソルバーを実行する

❶ ソルバーを設定し、「解決」をクリックする。表示されるメッセージは「OK」をクリックする

177

CHAPTER 03 データ同士の関係をつかむ

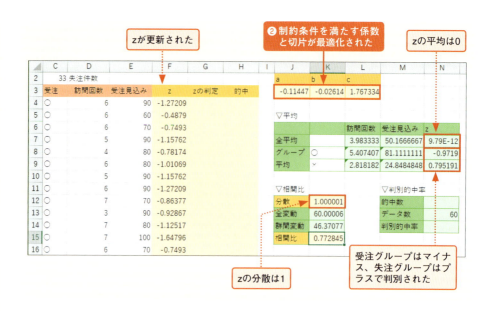

▶ Excelの操作③：判別的中率を求める

判別的中率の求め方は回帰分析と同様です。ソルバーの結果、受注グループがマイナス、失注グループがプラスに分類されましたので、zがマイナスの場合は「○」、プラスの場合は「×」とし、「受注／失注」データと等しいかどうか判定します。

判別的中率を求める

●セル「G4」〜「H4」に入力する式

G4	=IF(F4<0,"○","×")	zの符号による受注／失注の判定
H4	=IF(C4=G4,1,0)	的中判定
N12	=SUM(H4:H63)	的中数
N14	=N12/N13	判別的中率

▶データ数は、60件である。また、判別的中率のセル「N15」はパーセントスタイルに設定する。

178

06 データに白黒を付ける

▶ 判別境界線の式

回帰分析の場合のzの式は、次のとおりです（→P.169）。

回帰分析：z ＝ 2.998519 ×訪問回数（回）＋ 0.686191 × 受注見込み（%）−46.368

そして、ソルバーで解いたzの式は次のとおりです。

ソルバー：z ＝ −0.11447×訪問回数（回）−0.02614 × 受注見込み（%）＋ 1.767334

> ▶回帰分析の場合、目的変数を「11」と「−9」にしていたら、回帰式も変わったことであろう。

両者のzは同じ意味の値のはずですが、似ても似つかない式です。しかしこれは当然のことで、回帰分析では目的変数zの平均を0にするために強制的に「33」と「−27」に指定した結果の回帰式です。

また、ソルバーによるzの式は、係数が発散しないように分散を1に抑えて求めています。そもそも式を求める前提条件が異なるのです。

しかし、z=0を判別境界にする点は一致していますので、z=0のときの受注見込みと訪問回数の関係式を求めます。

z ＝ a×訪問回数＋b×受注見込み＋c

z=0のとき

$$受注見込み = \frac{-a}{b} × 訪問回数 + \frac{-c}{b}$$

回帰分析の場合：

$$受注見込み = \frac{-2.998519}{0.686191} × 訪問回数 + \frac{46.368}{0.686191} = -4.3698 × 訪問回数 + 67.57302$$

ソルバーの場合：

$$受注見込み = \frac{-0.11447}{0.02614} × 訪問回数 + \frac{1.767334}{0.02614} = -4.37911× 訪問回数 + 67.610329$$

z=0の場合、訪問回数の係数と切片は受注見込みに対する比率になっていることがポイントです。zを求める前提条件が異なるので、互いに異なる係数と切片を出しましたが、比率はほぼ一致します。全く同じ値にならないのは、計算に含めている桁数の違いです。判別境界線が回帰分析と一致することがわかりましたので、境界線のグラフ作成は省略します。

▶ 判別式の説明変数の影響力

回帰分析ではt値を見て判別式の説明変数の影響力を見ましたが、ソルバーの場合は、単位が異なるので、そのまま比較することはできません。下の図は、訪問回数と受注見込

179

みをそれぞれ標準化データに変換して係数を最適化させた結果です。回帰分析では、受注見込みが訪問回数に比べて約3.8倍ほど受注／失注に影響していましたが、ソルバーで求めた場合も同様に「b/a」は3.8倍の違いが出ます。

●標準化データによる判別式係数の最適化

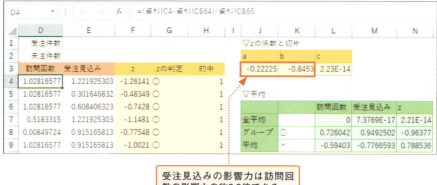

受注見込みの影響力は訪問回数の影響力の約3.8倍である

Column　政府統計の利用

　各省庁では、定期的にさまざまなテーマの統計調査を実施しており、調査結果は政府統計の総合窓口「e-Stat」(https://www.e-stat.go.jp/)で公開され、誰でも利用できる仕組みが整えられています。このうち、データベースとして整備された統計データは、一覧表形式になっているため、ダウンロード後のデータの編集もしやすく、利用しやすいです。以下に使い方を簡単に紹介します。

▶ホームページのデザインは予告なく変更される。右図は2019年1月時点のページである。

❶「データベースから探す」をクリックする

06 データに白黒を付ける

▶政府統計には膨大な量の統計データが登録されているため、キーワード検索は必須である。

▶操作は割愛するが、必要なデータだけフィルターを設定することもできる。

▶手順❺のあと、ダウンロードするファイルの確認画面が表示されるので、もう一度「ダウンロード」をクリックすると、ダウンロードされる。

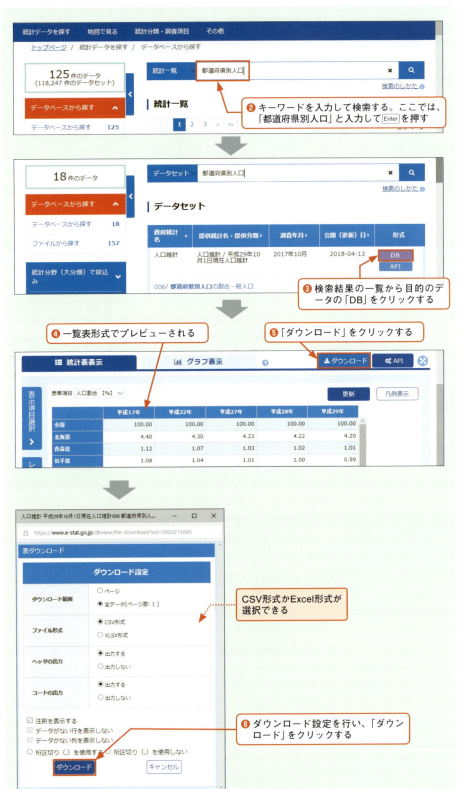

181

CHAPTER 03 データ同士の関係をつかむ

練習問題

問題 自分のポジションが知りたい

B氏は、地元で個別学習塾の「B塾」を経営していますが、1年前に少人数制の学習塾ができて以来、生徒が思うように集まらなくなってきました。そこでB氏は、地元の学習塾などを対象に授業料、時間的柔軟性、気配りについて10点満点で評価し、表にまとめました。主成分分析を実施し、新しい評価を作成してください。

練習：3-renshu
完成：3-kansei

●評価表

	A	B	C	D
1	▽塾比較			
2	塾	授業料	時間的柔軟性	気配り
3	B塾	4.2	5.2	7.2
4	家庭教師	4.8	6.8	7.8
5	通信教育	7.5	7.5	5.2
6	進学塾	5.5	3.2	5.8
7	少人数制	6.8	8	8.5
8	平均	5.76	6.14	6.90
9	標準偏差	1.37	1.95	1.37
10				

①塾の評価データを標準化し、「操作」シートに入力してください。

②主成分分析の準備をしてください。

仮の主成分得点、寄与率、累積寄与率、制約条件を求めてください。

③仮入力されている主成分の係数（主成分負荷量）を最適化してください。

・残りデータが少なくなるにつれ、ソルバーによる最適解が出なくなる可能性が高くなります。累積寄与率が100％を超えるなど（全部説明して100％なので、100％越えはおかしい）の明らかな異常が発生した場合は、たとえ、解が出たとしても採用しないようにします。

④採用した主成分の係数を横棒グラフにし、主成分の名前を検討してください。

⑤採用した主成分で4象限のポジショニングマップを作成し、B塾のポジションを確認してください。

⑥P.161の発展までお読みになった方は、主成分の直交性を確認してください。

CHAPTER

04

全数データと一部データの関係をつかむ

本章は、母集団と標本の関係、中心極限定理について解説します。他の章と比べて少々、アカデミックな内容になりますが、中心極限定理はビジネスデータ分析の基盤となる定理です。この定理があるおかげで、平均値がデータに振り回されることなく、データ分布の中心的な役割を果たせます。ただ、何となくではなく、定理を体に浸み込ませて頂きたいと考え、Excelの操作を多く準備しました。ぜひ、定理を体得してください。

01　少ないデータから本物の平均を知る ▶▶▶▶▶▶▶▶▶▶▶▶ P.184

02　少ないデータから本物のばらつきを知る ▶▶▶▶▶▶▶▶▶ P.197

03　ピックアップしたデータの全体像を知る ▶▶▶▶▶▶▶▶▶ P.205

04　もう1つの散らばりを知る ▶▶▶▶▶▶▶▶▶▶▶▶▶▶▶▶ P.213

01 少ないデータから本物の平均を知る

調査費用や分析にかかる時間などから必要なデータを全部集めることは困難なケースが多いため、通常は、該当データをピックアップして使います。とはいえ、精度の高い分析結果が得られそうな全数データへの未練が残ります。そこで、ここでは、標本データの平均に焦点を当て、全数データとの関わりについて解説します。

導入 ▶ ▶ ▶

例題 「真の平均販売価格が知りたい」

A社のX氏は、先日、関西圏で限定販売中の商品Kについて、東京で発売した際の売上を見積もるよう指示されました（→P.36）。同僚の手助けもあって、何とかその場は乗り切ったのですが、不安でいっぱいです。

渡された紙の資料は、関西圏の全店舗から合計で1万件の販売価格データが記載されていました。時間がなかったとはいえ、データとして使ったのは抜粋した200件だけです。200件の平均販売価格は「約444円」でした（→P.38）。

A氏は意を決し、1万件のデータを入力して平均販売価格を求めました。すると、驚いたことに、1万件の平均販売価格は「約448円」で、200件のデータとほぼ同様でした。

● 商品Kの全店舗の販売価格データ

E2		fx	=AVERAGE(B3:B10002)			
	A	B	C	D	E	F
1	▽価格データ					
2	No	価格		平均販売価格	448.171	
3	1	560				
4	2	410				
5	3	400				
6	4	610				
7	5	560				
9998	9996	370				
9999	9997	430				
10000	9998	320				
10001	9999	480				
10002	10000	420				

01 少ないデータから本物の平均を知る

A氏はホッとしたのも束の間、「たまたま」ではないか、今度似たような場面になったらどうしようと、暗い気持ちになっています。

A氏の抜粋した200件の平均販売価格はたまたま1万件の平均販売価格と同様になっただけでしょうか？元のデータと抜粋したデータには何か関わりがあるでしょうか？

▶ 全数データから標本を抜き出す

国勢調査のような全国レベルの全数調査とは別に、「全数」を柔軟に解釈すると「知りたい内容に必要なすべてのデータ」となります。たとえば、期末テストのクラスの平均点が知りたいのであれば、「クラス全員の期末成績データ」が、知りたい内容に必要となるすべてのデータです。すると、X氏が渡された「関西圏の全店舗の販売価格データ」は、関西圏の平均販売価格を知るための全数データとみなすことができます。ここで、用語を確認します。

知りたい内容に必要なすべてのデータは母集団といい、母集団から抜粋したデータは標本といいます。

●母集団と標本の例

知りたいこと（調査目的）	母集団	標本
期末テストのクラスの平均点	クラス全員の期末成績データ	クラス内の一部の成績データ
XX期間の関西圏の平均販売価格	XX期間の関西圏の全店舗の販売価格データ	XX期間の関西圏の一部の販売価格データ
XX選挙区の当確情報	XX選挙区で投票した人全員分の投票データ	投票した人の一部から得た投票データ（出口調査）

● 標本の選び方

時間と費用の面から、標本を扱うことに賛成はするものの、全数に匹敵するほどの成果が得られなければ、標本を扱う意味がありません。そこでまず重要になるのが、標本の選び方です。ルールは簡単です。

意思なく、偏りなく、まんべんなく選ぶ

このような選び方を無作為抽出といいます。ただし、知りたい内容にきちんと合っているデータを無作為に選ぶのがポイントです。

たとえば、X氏の渡されたデータが以下のように、店舗ごとにまとめられていたとします。X氏がもし、「連続する200件」を丸ごと抜き出していた場合、無作為といえるでしょうか。店舗名を見てひいきして選ぶことはなかったにせよ、結果的に限定された店舗のデータしか入っていないはずです。

無作為に選んだつもりの平均販売価格は、関西圏全体を説明する価格ではなく、特定の○○店の平均販売価格を求めていたことになります。

Excelなどに保存されたデータのほとんどは、きちんと整頓されたデータです。整頓されたデータから無作為に抽出するときは、データをかき混ぜた状態（何らかの基準で並ん

185

CHAPTER 04 全数データと一部データの関係をつかむ

でいない状態)にして抜き出します。

●店舗別販売価格データから200件抽出

無作為に抽出したつもりが、B店のデータばかりだった → 抽出

Column 街頭インタビューは無作為抽出！？

街頭インタビューの放送では、たまたま特定の場所しか映っていないのかも知れませんが、ビジネスマンの代表は、ほぼ「新橋」を歩く人々です。毎度おなじみ過ぎて、ビジネスマンといえば、新橋のビジネスマンかと思うほどです。街頭インタビュー自体は、インタビュアーの主観が混ざることもあるので完全とはいえませんが、ほぼ無作為です。しかし、ビジネスマンを代表する意見とはいえません。せいぜい、「新橋を歩くビジネスマン」の意見です。同様のことは、地元の意識調査などでも起こる可能性があります。片っ端から街頭インタビューしたものの、地元の人が少なかった、通りすがりの人が混ざっていた、などという場合があります。街頭インタビュー、イコール、無作為抽出とは言い切れないのです。

▶ 母平均と標本平均値

母集団の平均値を母平均といいます。また、母集団から抽出した標本の平均値は標本平均値といいます。A氏の不安を払拭するには、標本平均値は母平均の代わりになるといえなくてはなりませんが、標本は無作為に抽出されるため、取り出してみるまで平均値はわかりません。

もし、チャンスは1回限り、1個だけ取り出せるとすると、ズバリ母平均に相当するデータを抜き取らない限り、標本平均値は母平均になりません。くじでいえば、ハズレの確率が限りなく100％です。しかし、チャンス1回につき、何個も選ぶことができれば、母平均に相当するデータを引き当てなくても、母集団のデータ分布からまんべんなく取り出されるだろうと考えられます。そうなれば、標本データの分布は母集団のデータ分布に近くなり、標本の平均値は母平均に近づくだろうと考えられます。次の図は、母集団のデータ分布のイメージ（青い分布）と、抽出した標本の分布（オレンジの分布）です。5個しか抽出していない場合より、20個抽出した方が、母集団から幅広く取り出せています。

● 母集団のデータ分布イメージと標本のデータ分布

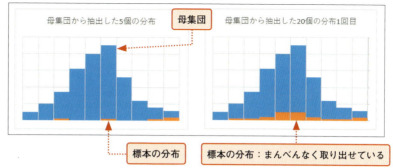

▶母集団のデータ分布をイメージとするのは、ホンモノの母集団の分布はよくわからないためである。

▶ 標本平均値の平均値

　統計では、母集団から抽出するデータ数のことを標本サイズといいます。標本サイズ「n」を大きくすれば、母集団のデータ分布からまんべんなく取り出せそうです。しかし、取り出した標本のデータ分布は、たまたま1回の分布に過ぎません。以下の図のように、1回目に抽出される20個のデータと、2回目に抽出される20個のデータは、いくつか同じデータを引くことがあっても、1回目の標本と2回目の標本が全く同じになることはありません。つまり、標本の平均値は、標本抽出を繰り返すたびに変化します。

● 標本データの分布

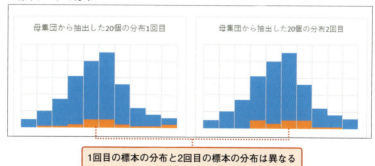

　「取り出すたびに平均値が変わるのでは、標本平均値なんて求めても意味なし。」と思いますが、同じ標本サイズの抽出を何度も繰り返したときの標本平均値の平均値を調べてみたいと思います。なお、標本抽出の繰り返し回数は標本数といいます。標本サイズと標本数は違いますので注意します。

▶Xは、母集団のデータの取り得る値を指す。たとえば、販売価格データの場合は、最安値から最高値の範囲で実際の販売価格のいずれかになる。

● 標本サイズと標本数

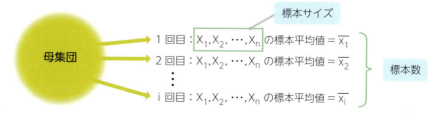

CHAPTER 04 全数データと一部データの関係をつかむ

実 践 ▶▶▶

▶ Excelの操作①：元のデータをかき混ぜる

サンプル
4-01「全データ」シート

　元のデータは、店舗別、地域別などにキレイに整頓されていることが多いため、元のデータをかき混ぜます。Excelには、データを無作為に抽出するサンプリング機能や乱数発生機能がありますが、同じデータを重複して抽出するのが欠点です。ここでは、キレイに並んだ母集団を基準なく並べ替えたいので、同じデータが何度も抽出されたり、抽出されないデータがあったりでは困ります。

　そこで、まず、データ分析の「乱数発生」でセルに乱数を発生させますが、同じ値の乱数が発生していることを見越して、乱数の行位置に応じた重み付けをし、重複のない乱数を作ります。次に、RANK.EQ関数で乱数の順位を求めます。求めた順位はA列のNo欄と対応させるのに利用します。最後に、乱数によってかき混ぜられたNoに対応するデータをINDEX関数で取り出します。

RANK.EQ関数 ➡ データの順位を求める

書　式	=**RANK.EQ**(数値, 参照, 順序)
解　説	参照に指定したセル範囲の中で、指定した数値は大きい方、または、小さい方から数えて何番目なのかという順位を求めます。大きい順／小さい順は順序で指定し、小さい順は1、大きい順は0を指定します。

INDEX関数 ➡ 指定した範囲の指定した位置にあるデータを取り出す

書　式	=**INDEX**(配列, 行番号, 列番号)
解　説	配列には、検索したいデータのセル範囲を指定します。指定したセル範囲の先頭を1行1列目とするとき、指定した行番号と列番号に一致するデータを検索します。

乱数を発生させる

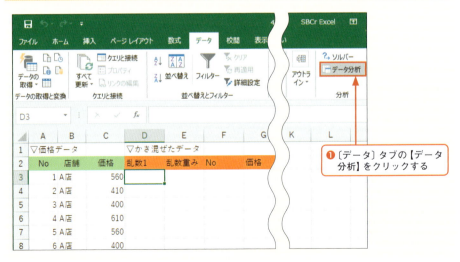

❶［データ］タブの【データ分析】をクリックする

01 少ないデータから本物の平均を知る

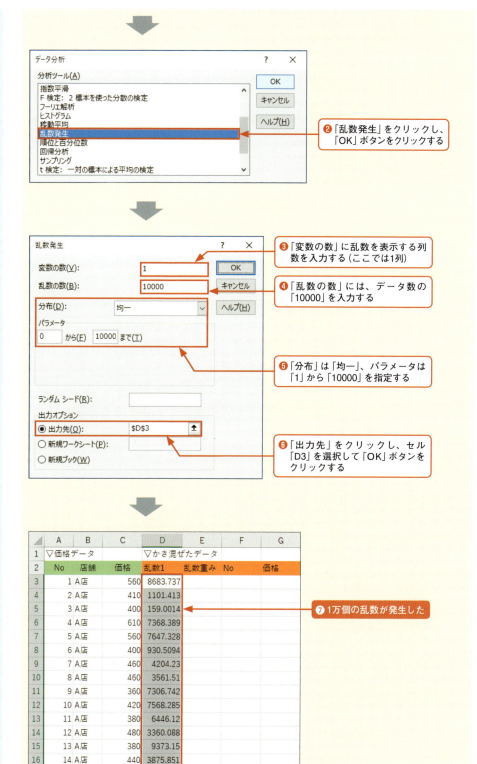

CHAPTER 04 全数データと一部データの関係をつかむ

乱数に重みを付け、重複した乱数を解消する

● セル「E3」に入力する式

| E3 | =D3+A3/10000 |

❶ セル「E3」に乱数に「No」に比例する数字で重みを付け、重複なしの乱数が作成された

重み付けに利用する

乱数の順位を求め、順位をNoに対応させて価格を表示する

● セル「E3」に入力する式

| F3 | =RANK.EQ(E3,$E$3:$E$10002,1) | G3 | =INDEX($A$3:$C$10002,F3,3) |

INDEX関数の配列の1行1列目

順位を価格データの「No」に対応させる

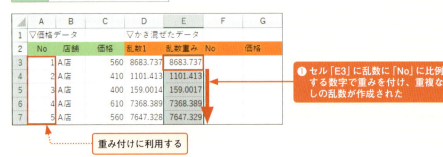

❶ セル「F3」「G3」に数式を入力し、セル範囲「F3:G3」のフィルハンドルをダブルクリックする。Noに応じた価格が検索され、価格データがかき混ぜられた

> **MEMO データの重み付け**
>
> データの重み付けは、データの重複解消によく利用される手法です。重み付けはデータの入っている位置に応じた値を足したり引いたりして、重複を解消します。極端な例では、1行目と2行目に「10」が入力されているとき、「10+1（行目）」、「10+2（行目）」とすると、重複していた「10」が「11」と「12」に分離されます。ここでは、A列の「No」欄が通し番号になっているので、重み付けに利用しています。「No」欄の数字の重みが影響しすぎると、元の並び順に近くなってしまう可能性があるため、「No」欄の通し番号を10000で割って、「No」欄の影響を抑えています。

01 少ないデータから本物の平均を知る

> **MEMO　重複データの有無を確認する**
>
> データの重み付けによって、重複データは解消されていますが、本当に解消されたかどうか確認します。確認方法は、COUNTIF関数を使って、「乱数重み」の各データの出現回数がすべて1になるかどうかを調べる方法や「重複の削除」を利用する方法があります。COUNTIF関数を利用する方法は、P.60の最頻値の出現回数と同様のため、ここでは、「重複の削除」の利用方法を示します。どちらも、データをかき混ぜたことを示すエビデンスとして利用できます。

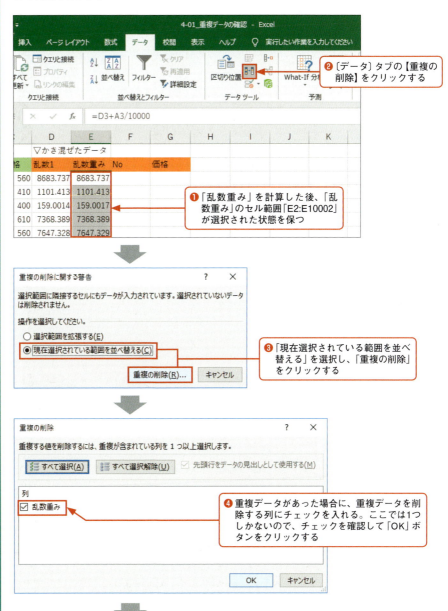

▶手順❸の警告画面は、指定した範囲に隣接するセルにも数値データがある場合に表示される。

▶手順❸で、誤って「選択範囲を拡張する」として操作を進めた場合は、他の列のチェックを外し、「乱数重み」にだけチェックを入れる。

CHAPTER 04　全数データと一部データの関係をつかむ

▶重複データが存在している場合は、重複データが削除されるとともに、削除されたデータ件数がメッセージ画面に表示される。

❺重複するデータが見つからなったことを示すメッセージ画面を確認し、「OK」ボタンをクリックする

▶ Excelの操作②：無作為抽出を行う

4-01
「5個×10回」シート
4-01
「20個×10回」シート

　かき混ぜた1万件の販売価格データから無作為抽出を行います。無作為抽出をするには、RANDBETWEEN関数で乱数を発生させて、抽出する行位置を決め、INDEX関数で価格を取り出します。RANDBETWEEN関数で発生させる乱数も、重複が発生しますが、抜き取ったデータを母集団に戻す、復元抽出を行うものとし、重複が発生してもそのまま利用します。また、操作をするたびに乱数が更新されますので、以降の操作画面は一例としてご覧ください。
　ここでは、5個のデータ抽出を10回繰り返すケースと、20個のデータ抽出を10回繰り返すケースを行います。

RANDBETWEEN関数 ➡ 指定した整数の範囲の乱数を発生させる

書　式	=**RANDBETWEEN**(最小値, 最大値)
解　説	最小値から最大値までの整数をランダムに発生させます。
補　足	RANDBETWEEN関数では、指定した範囲内のどの整数も発生する確率は同じです。

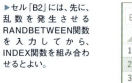

価格データを無作為抽出する

●セル「B2」に入力する式

B2	=INDEX(全データ!$G$3:$G$10002,RANDBETWEEN(1,10000),1)

▶セル「B2」には、先に、乱数を発生させるRANDBETWEEN関数を入力してから、INDEX関数を組み合わせるとよい。

❶セル「B2」に「=RANDBETWEEN(1,10000)」と入力して、乱数を発生させ、価格データを取り出す行位置を求める

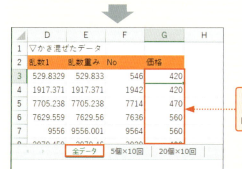

「全データ」シートのセル「G3」を1行1列目とするセル範囲「G3:G10002」をINDEX関数の配列に指定する

01 少ないデータから本物の平均を知る

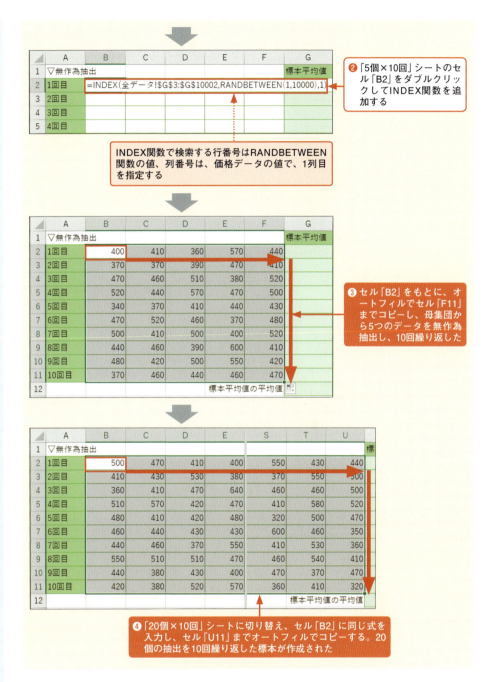

▶手順❹は、「5個×10回」シートのセル「B2」を Ctrl + C でコピーし、「20個×10回」シートのセル「B2」をクリックして Ctrl + V で貼り付けても、式を入力できる。

▶ Excelの操作③：標本平均値の平均値を求める

「5個×10回」シートと「20個×10回」シートに各標本の平均値と標本平均値の平均値を求めます。平均値はAVERAGE関数で入力します。ここでも、AVERAGE関数を入力するたびに、乱数が更新されますので、操作画面の平均値の値などは一例としてご覧ください。

CHAPTER 04 全数データと一部データの関係をつかむ

 各標本の平均値と標本平均値の平均値を求める

● 「5個×10回」シートのセル「G2」「G12」に入力する式

| G2 | =AVERAGE(B2:F2) | G12 | =AVERAGE(G2:G11) |

▶AVERAGE関数は、[ホーム]タブ-[オートSUM]の右の▼をクリックして表示される一覧の【平均】を選択しても入力できる。ここでは、隣接する数値のセル範囲を自動認識するので、キーボードから手入力するより効率よく入力できる。

	A	B	C	D	E	F	G
1	▽無作為抽出						標本平均値
2	1回目	440	360	550	400	590	468
3	2回目	480	360	400	470	470	436
4	3回目	500	380	520	440	400	448
5	4回目	510	340	410	400	430	418
6	5回目	510	440	360	390	470	434
7	6回目	460	340	340	440	430	402
8	7回目	370	340	430	460	550	430
9	8回目	330	410	480	500	440	432
10	9回目	550	360	360	420	400	418
11	10回目	410	440	430	350	550	436
12						標本平均値の平均値	432.2

❶「5個×10回」シートのセル「G2」にAVERAGE関数を入力し、標本の平均値を求め、セル「G11」までオートフィルでコピーする

❷ セル「G12」にAVERAGE関数を入力し、標本の平均値の平均値が求められた

● 「20個×10回」シートのセル「V2」「V12」に入力する式

| V2 | =AVERAGE(B2:U2) | V12 | =AVERAGE(V2:V11) |

	A	B	C	D	E	S	T	U	V
1	▽無作為抽出								標本平均値
2	1回目	420	430	530	470	500	420	340	437
3	2回目	420	530	380	380	410	380	400	451
4	3回目	360	440	440	560	380	550	540	447.5
5	4回目	400	470	410	410	340	640	520	451
6	5回目	540	430	410	370	500	350	400	434.5
7	6回目	580	320	360	440	410	370	620	459.5
8	7回目	510	410	600	410	400	460	360	452.5
9	8回目	470	350	410	350	530	410	370	429.5
10	9回目	480	440	360	410	360	530	510	463.5
11	10回目	410	460	420	560	480	510	380	453.5
12								標本平均値の平均値	448.0

❸「20個×10回」シートに切り替え、同様にAVERAGE関数を入力し、標本の平均値と標本平均値の平均値が求められた

▶ 結果の読み取り

F9 を押すと、乱数が更新されます。何度か押して、標本平均値の平均値を観察すると、「5個×10回」シートでは、母平均「448」(→P.184)に近くなることが多いですが、離れた値になることもあります。「20個×10回」シートも同様に観察すると、「5個×10回」シートと比較して母平均近傍の値になるケースが多いです。

統計上、標本平均値の平均値は母平均に収束します。

母平均 = 標本平均値の平均値

この式は、母集団のことがわからなくても、母集団から抽出した標本を調べれば、母集団の性質の1つである、母平均がわかることを意味しています。A氏は、1万件もあったのに200件しか使わなかったことを不安視していましたが、標本から母平均が推定できるので、今後も同様の状況になったら、標本を使ってよいことになります。

● 標本サイズと母平均の関係

標本サイズが5でも20でも、何回も抽出を繰り返すと、標本平均値の平均値は、母平均を中心にした値に収束しますが、値の幅に影響します。結論としては、標本サイズが大きい方が、母平均近傍に集まりやすく、ばらつきが少なくなります。

ところで、標本平均値の平均値は、全平均値でもあります。5個×10回の場合、表の見方によっては、50個のデータを1回抽出したともいえます。標本サイズが大きいほど、P.187のオレンジの部分が多くなり、母集団からまんべんなく、偏りなく、データを抽出する可能性が高くなります。偏りなく抽出できれば、その平均値は母平均に近づきます。

発展 ▶▶▶

▶ 標本平均値の平均値のデータ分布

標本サイズが5でも20でも、何回も抽出を繰り返すと、標本平均値の平均値は、母平均を中心にした値に収束しますと説明しましたので、ヒストグラムを作成して確認します。

標本サイズが5と20の無作為抽出を3000回繰り返した標本平均値の平均値のヒストグラムは次のようになります。

ここでは、標本サイズ別に比較できるように、もとの価格データの最安値と最高値を基準にし、価格データのレンジとスタージェスの公式から階級数と階級幅を決めています。サンプルファイル「4-01_Adv」の「5個×3000回」シートを開き、セル「J2」を注目しながら、F9 を押してみてください。標本平均値の平均値は「448」近傍に集まり、母平均と同様であることが確認できます。

サンプル
「4-01_Adv」の「5個×3000回」シート

● 標本サイズ5の標本平均値のヒストグラム

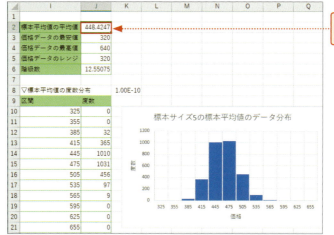

CHAPTER 04 全数データと一部データの関係をつかむ

「4-01_Adv」の「20個×3000回」シート

●標本サイズ20の標本平均値のヒストグラム

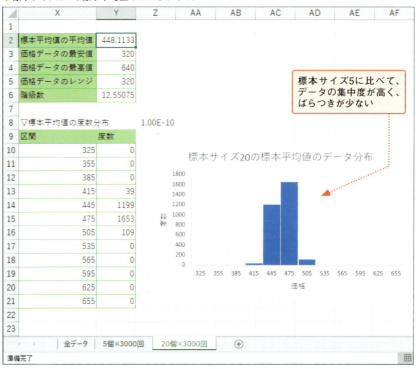

▶区間「475」は「445以上、475未満」であり、母平均「448」のある区間である。

サンプルファイル「4-01_Adv」の「20個×3000回」シートも開き、「5個×3000回」シートとヒストグラムを比較します。すると、どちらも区間「475」に最もデータが集中していますが、集中の度合いが異なります。標本サイズ5の場合は、1回につき5個しか抜き取らないので、偏ったデータばかりを抜き取る場合があり、標本平均値がばらつききますが、標本サイズ20では、標本平均値のばらつきが抑えられています。

ばらつきといえば、分散ですが、標本平均値の分散については次節で解説しますが、現時点では次のことが予想されます。

・標本サイズが大きくなるほど、抽出したデータのばらつきが小さくなります。

または、

・データのばらつきを抑えるには、標本サイズを大きくします。

02 少ないデータから本物の ばらつきを知る

標本は、調査対象のすべてからデータを入手するのが困難なときに、調査対象からデータを無作為にピックアップしたデータ集団です。前節より、いろいろな値を取る標本平均値の平均値は母集団の平均値に収束しますが、標本サイズによってばらつきがあります。ここでは、標本平均値のばらつきについて調べ、母集団との関係性を導きます。

導入 ▶ ▶ ▶

例題 「販売価格の真のばらつきが知りたい」

商品の販売価格データについて、関西圏の全店舗から合計で1万件の販売価格がデータ化されています。すでに、データ全体をかき混ぜる作業は終了し、標本の無作為抽出や標本の平均値も計算済みです（→P.188）。

関西圏の全店舗の販売価格データを母集団とみなした場合の母平均と母分散、及び、母標準偏差は次のようになります。このうち、母分散は「4409」です。標本平均値の平均値は母平均になりましたが、標本平均値の分散は、母集団と何か関係があるでしょうか？

● 販売価格データを母集団とみなした場合の性質

J3　　　　　＝VAR.P(G3:G10002)

	A	B	C	D	E	F	G	H	I	J
1	▽価格データ			▽かき混ぜたデータ					▽代表値	
2	No	店舗	価格	乱数1	乱数重み	No	価格		母平均	448.171
3	1	A店	560	529.8329	529.833	546	420		母分散	4409.405
4	2	A店	410	1917.371	1917.371	1942	420		母標準偏差	66.40335
5	3	A店	400	7705.238	7705.238	7714	470			
6	4	A店	610	7629.559	7629.56	7636	560			
7	5	A店	560	9556	9556.001	9564	560			
8	6	A店	400	2970.459	2970.46	3029	400			
9	7	A店	460	7271.613	7271.614	7307	530			
10	8	A店	460	9364.058	9364.059	9376	440			
11	9	A店	360	7212.413	7212.414	7245	540			
12	10	A店	420	8941.724	8941.725	8980	400			
13	11	A店	380	9977.724	9977.725	9976	390			
14	12	A店	480	7057.394	7057.396	7082	400			
15	13	A店	380	3669.568	3669.57	3739	410			

CHAPTER 04　全数データと一部データの関係をつかむ

▶ 母分散と標本平均値の分散

　母集団の分散を母分散といいます。母分散を知るには、「調査目的に必要なすべてのデータ」が必要です。「目的に合うすべてのデータ」とは至ってシンプルな言い方ですが、母集団を特定することすら難しい現状があります。たとえば、「鉄道ファンの男性」をターゲットにした商品開発のため、アンケート調査を行うといったらどうでしょうか。鉄道ファンに限らず、ファンである／好みであるといった事柄は人々の内面に属することなので、母集団の「特定」は難しいです。しかし、母集団は、必ず存在していますから、母平均も母分散もわからないというだけです。

　このように、ベールに包まれた母集団は、時間とお金があっても全数を調査することは厳しいので、標本を使って推定することになります。

　取り出してみるまでよくわからない標本の平均値の平均値は母平均になりました。ということは、標本平均値の分散も母分散と何か関係があると予想されます。早速、操作を通して検証を始めましょう。

実践 ▶▶▶

▶ Excelの操作①：標本平均値の分散を求める

サンプル
4-02「5個抽出」シート

　標本平均値の分散は、標本サイズ5、10、15、20の4パターンの標本について、繰り返し回数（標本数）を5回、10回、50回と変化させて求めます。繰り返し回数の最大値は500回です。さまざまな繰り返し回数で標本平均値の分散を求めるねらいは、繰り返し回数が増えるほど、標本平均値の分散が収束するかどうかを確認するためです。

　サンプルファイル「4-02」を開きましょう。既に、データのかき混ぜと各標本サイズにおける500回の標本抽出は終えた状態です。標本平均値の分散はVAR.S関数を使って求めますが、繰り返し回数に応じた分散を求めるには、OFFSET関数を使って、分散の計算対象となるセル範囲を可動させます。要するに、計算対象となるセル範囲を直接指定せずに、OFFSET関数でセル範囲を作ります。メリットは、1つ入力すれば、オートフィルでコピーできる点です。早速、「5個抽出」シートから操作を始めましょう。

OFFSET関数 ➡ 指定したセル範囲を参照する

書　式	=**OFFSET**(参照, 行数, 列数[, 高さ, 幅])
解　説	参照にセルを指定し、行数と列数を移動したセルを参照します。高さと幅は、セル範囲を参照するときに利用し、参照、行数、列数で決まるセルを始点とするセル範囲の行数と列数を指定します。
補　足	参照にセル「G2」、行数、列数に0を指定すると、セル「G2」から0行0列移動、すなわち、セル「G2」のままになります。さらに、高さに10、幅に1を指定すると、セル「G2」を先頭とするセル範囲「G2:G12」が参照されます。高さ10は基準のセルから下方向に10行分、幅1は1列分を意味します。

02 少ないデータから本物のばらつきを知る

●標本サイズ5の標本平均値と標本平均値の分散を求める表

> セル「G2」を始点にして、繰り返し回数分のセル範囲をOFFSET関数で作成する

> 繰り返し回数はI列で指定し、オートフィルでコピーするたびに10、50と回数が増えるようにしている

▶乱数を使用しているため、右図は一例として見る。

	A	B	C	D	E	F	G	H	I	J	K
1	▽無作為抽出						標本平均値		▼繰り返し回数		標本平均値の分散
2	1回目	410	460	470	530	420	458		5	回目まで	
3	2回目	400	610	440	520	480	490		10	回目まで	
4	3回目	330	340	540	440	480	426		50	回目まで	
5	4回目	510	600	440	470	360	476		100	回目まで	
6	5回目	430	400	520	610	380	468		200	回目まで	
7	6回目	420	500	540	610	510	516		300	回目まで	
8	7回目	380	420	350	510	530	438		400	回目まで	
9	8回目	530	530	480	380	500	484		500	回目まで	
10	9回目	440	380	380	440	410	410				
499	498回目	400	400	500	460	380	428				
500	499回目	440	410	380	520	590	468				

繰り返し回数に応じた標本平均値の分散を求める

●セル「K2」に入力する式

K2　=VAR.S(OFFSET(G$2,0,0,I2,1))

▶OFFSET関数のセル「G2」は、他のシートへの効率的な入力を考慮し、行のみ絶対参照を指定する。

	A	B		G	H	I	J	K
1	▽無作為抽出			標本平均値		繰り返し回数		標本平均値の分散
2	1回目	500		436		5	回目まで	830.8
3	2回目	510		456		10	回目まで	1376.177778
4	3回目	420		476		50	回目まで	852.9893878
5	4回目	440		514		100	回目まで	918.5014141
6	5回目	370		470		200	回目まで	886.2889447
7	6回目	410		412		300	回目まで	870.4097659
8	7回目	460		394		400	回目まで	859.6611278
9	8回目	460		458		500	回目まで	844.764986
10	9回目	430		424				
499	498回目	410		482				
500	499回目	580		466				
501	500回目	560		426				

❶セル「K2」にVAR.S関数を入力し、オートフィルでセル「K9」までコピーする。繰り返し回数に応じた標本平均値の分散が求められた

Column　式の読みやすさと効率性

　ここでは、分散の計算対象となるセル範囲にOFFSET関数を利用しましたが、使いたくない場合は、直接該当するセル範囲を指定しても構いません。前述のとおり、OFFSET関数を利用したのは、式の入力を効率化するためです。ただし、式の効率化を優先すると、式が読みにくくなるというデメリットもあります。式の読みやすさと効率性はトレードオフの関係にありますので、状況に応じて使い分けてください。本書では、関数などのExcelの機能紹介を兼ねて、効率性を優先する場合があります。

CHAPTER 04 全数データと一部データの関係をつかむ

▶ Excelの操作②：母分散と標本平均値の分散の比率を求める

　標本平均値の分散と母分散との関わりを調べるため、比率を求めます。式入力の注意点は、「全データ」シートにある母分散は、他のセルにコピーしてもずれないように絶対参照にすることと、標本平均値の分散に指定するセルにシート名が混入しないようにすることです。「全データ」シートに切り替える関係上、「5個抽出」シートに戻った際、「'5個抽出'!K2」などとシート名が混入しますので、同じシートのセル参照はシート名をクリアしておいてください。これさえ守れば、たんなる割り算の数式です。

　なおここでも、乱数の更新がかかるため、操作画面は一例としてご覧ください。まずは、標本サイズ5の表を完成させます。

母分散と標本平均値の分散の比率を求める

●セル「L2」に入力する式

| L2 | =全データ!$J$3/K2 |

▶「'5個抽出'!K2」の「'5個抽出'!」部分はドラッグして Delete を押してクリアする。

	F	G	H	I	J	K	L
1		標本平均値		繰り返し回数		標本平均値の分散	母分散との比率
2	560	452		5	回目まで	505.2	8.728037924
3	350	458		10	回目まで	654.6222222	6.735800603
4	410	482		50	回目まで	784.6220408	5.61978192
5	330	420		100	回目まで	894.199596	4.931119158
6	410	462		200	回目まで	924.2973869	4.770547684
7	510	498		300	回目まで	845.122631	5.217473296
8	410	440		400	回目まで	830.8976441	5.306796559
9	430	436		500	回目まで	846.377491	5.209737742
10	520	420					
499	400	426					
500	520	434					
501	440	442					
502							

❶ セル「L2」に比率を求める式を入力し、オートフィルでセル「L9」までコピーする。母分散との比率が求められた

▶ Excelの操作③：他の標本サイズの分散と比率を求める

　「5個抽出」シートと同様に「10個抽出」～「20個抽出」シートに標本平均値の分散と母分散との比率を求めます。効率的に入力するために、「5個抽出」シートの表をコピーして使います。すでに、他のシートにコピーしても正しくセル参照されるように、セル「G2」を行のみ絶対参照にしたり、セル「K2」にシート名を表示しないようにしたりしてきました。それもこれも、手直しなしでコピー&ペーストするためです。

コピー&ペーストで他の標本サイズの表を作成する

●表をコピーする列位置

| 「10個抽出」シート | N列 | 「15個抽出」シート | S列 |
| 「20個抽出」シート | X列 | | |

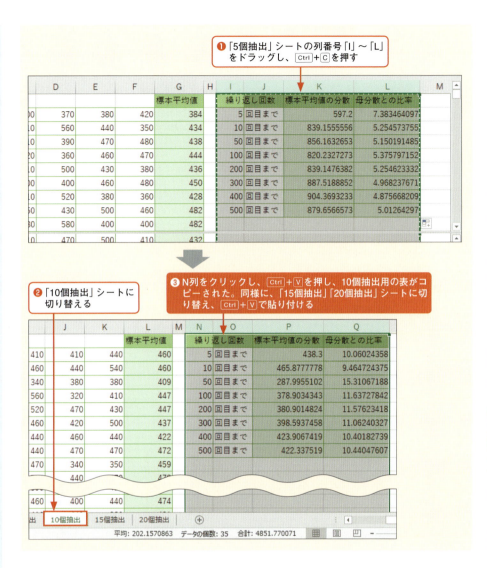

▶他のシートの結果は、結果の読み取りに掲載する。

▶ 結果の読み取り

各標本サイズの繰り返し回数に応じた標本平均値の分散と母分散との比率は次のとおりです。

●標本サイズ5

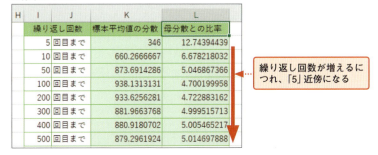

繰り返し回数が増えるにつれ、「5」近傍になる

CHAPTER 04 全数データと一部データの関係をつかむ

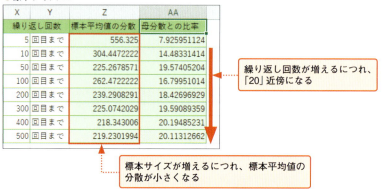

F9 を押すと、乱数が更新されます。何度か押して、標本平均値の分散と母分散との比率を観察すると、繰り返し回数が増えるにつれて値が収束する様子が見て取れます。また、母分散との比率に着目すると、繰り返し回数が増えるにつれ、標本サイズと同様になることがわかります。

統計上、標本平均値の分散と母分散には次の関係があります。

$$\frac{母分散}{標本平均値の分散} = 標本サイズ$$

式を変形します。

$$標本平均値の分散 = \frac{1}{標本サイズ} \times 母分散$$

上の式は、母集団のことがわからなくても、母集団から抽出した標本を調べれば、母集団の性質の1つである、母分散がわかることを意味しています。分散の場合は、標本サイズが大きくなるにつれ、標本平均値の分散は小さくなります。標本平均値の平均値が母平均になることと合わせて考えてみると、標本サイズが大きいほど、標本平均値自体がばらつかず、母平均近傍に多く集まるということです。

▶標本サイズが大きいと標本平均値の平均値が母平均近傍に集まることは、標本平均値のデータ分布で示される。→P.195

▶サンプル「4-02_kansei」を利用して、「数式の検証」機能を試せる。

> **MEMO 数式を検証する**
>
> 本節では、オートフィルでコピーできるという理由で、VAR.S関数の中にOFFSET関数を指定した数式を使いましたが、パッと見ただけではわかりにくい複雑な数式です（P.199）。このようなときは、「数式の検証」を利用すると、数式から答えの表示に至る過程を確認することができます。ここでは、「5個抽出」シートのセル「K2」に入力された「=VAR.S(OFFSET(G$2,0,0,I2,1))」の計算過程を示します。ただし、P.202でも F9 を押して確認したとおり、「5個抽出」シートは、乱数でデータを抽出しているため、セル「K2」の値は更新のたびに変化します。よって、最終的にセルに表示される値までは検証しません。一歩手前まで検証して、計算過程の様子を観察します。

▶乱数によってデータ抽出をしているため、右の画面の値は参考として見る。

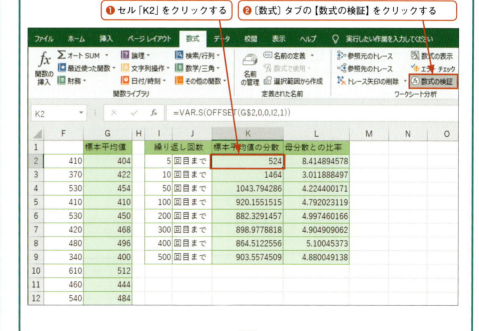

CHAPTER 04 全数データと一部データの関係をつかむ

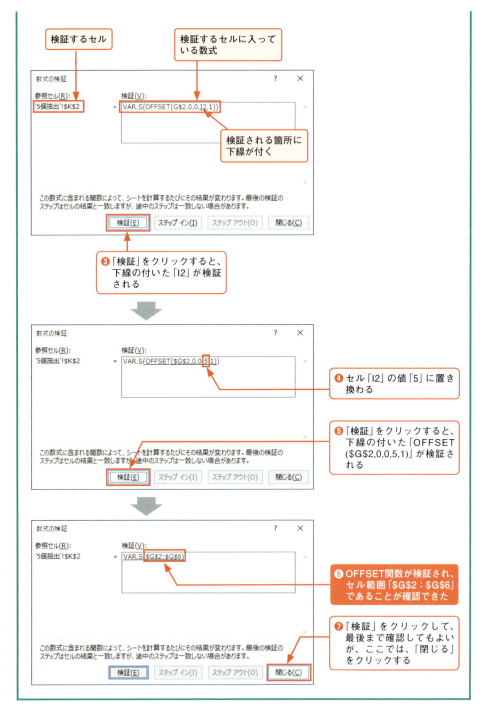

204

03 ピックアップしたデータの全体像を知る

母集団から無作為に何度も抽出した標本の平均値はいろいろな値を取ります。いろいろな値を取るにも関わらず、標本平均値の平均値は母平均になり、標本平均値の分散は母分散に比例します。残る疑問は、全体像が見えない母集団から取り出した標本の平均値の分布はどんな形になるのか、また、標本平均値のデータ分布は母集団のデータ分布とも関係しているかどうかです。ここでは、標本平均値のデータ分布と母集団のデータ分布との関わりについて解説します。

導入 ▶▶▶

例題 「全データの分布と標本平均値のデータ分布を比較したい」

母集団がわかっているデータを使って、無作為抽出を繰り返し、標本平均値のデータ分布を調べ、母集団のデータ分布と比較します。ここでは、以下のデータを母集団とみなして、標本平均値のデータ分布を調べます。例1～例3とも母集団のデータ数は200件です。

●例1：社員の年齢データ

1列200行で構成される母集団のデータ。例2、例3も同様

右裾に長い分布

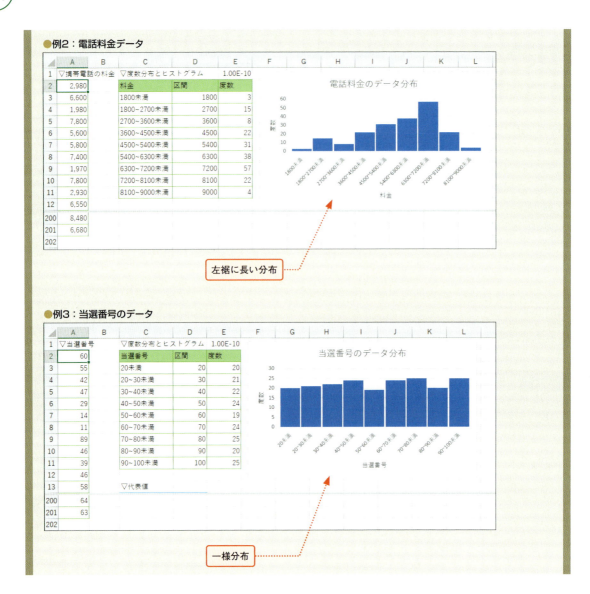

▶ 母集団と標本平均値のヒストグラムを比較する

　母集団と標本平均値のデータ分布を比較するには、母集団のヒストグラムと標本平均値のヒストグラムを比較します。例題では、3つのパターンの母集団を用意しました。社員の年齢データは、右裾に長い分布、携帯電話料金データは左裾に長い分布、そして当選番号はでこぼこしていますが、どれも似たような大きさです。当選番号、サイコロの出目、コイン投げの裏表といった、インチキでもしない限り、出る数の確率が等しいデータ分布は一様分布といいます。3つのパターンの母集団から取り出した標本の平均値の分布がどのようになるか、早速調べましょう。

実践 ▶ ▶ ▶

> **サンプル**
> 4-03
> 操作前に「例1標本」シートから「例3標本」シートのシート構成を確認するとよい。

▶ Excelの操作①：3つの母集団からまとめて標本を抽出する

　3つの母集団から無作為に標本を抽出し、標本平均値のヒストグラムを作成するのは、前節までの内容で実施できます。ここでは、各母集団から標本サイズ10の無作為抽出を100回繰り返しますが、効率よく標本を抽出するために、3つの母集団からまとめて標本を抽出します。そのために、1つ関数をご紹介します。

INDIRECT関数 ➡ 文字列を数式に使える名前に変換する

書式	=**INDIRECT**(参照文字列)
解説	参照文字列には、セル参照と認識できる文字列を指定します。たとえば、セル範囲「A1:B1」に「商品A」と名前を付けた場合、「=INDIRECT(商品A)」と指定すると、セル範囲「A1:B1」を参照します。
補足	INDIRECT関数を利用する前に、セル範囲に名前を付けます。セル範囲に付けた名前はブック内で共有されます。

　3つの母集団のデータ範囲にそれぞれ名前を付けると、INDEX関数の配列にはセル範囲を指定する代わりに名前を指定できます。ただし、3つの母集団は名前が異なるので、各シートの同じセルに名前を入力しておきます。ところが、INDEX関数に名前の入ったセルを指定しても、たんなる文字列としか認識しませんので、INDIRECT関数を組み合わせて、セル範囲として認識できるようにします。

> ▶乱数を使用するため、操作画面は一例として見る。

●無作為抽出及び標本平均値のヒストグラムを作成するシート

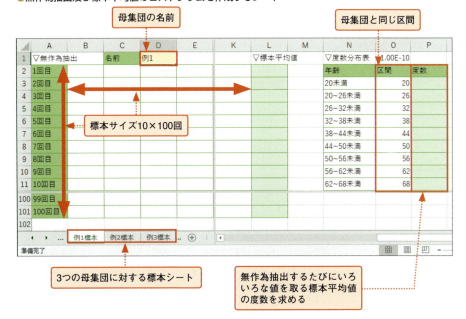

CHAPTER 04 全数データと一部データの関係をつかむ

 母集団に名前を付ける

●名前

「例1」シートのセル範囲「A2:A201」	例1
「例2」シートのセル範囲「A2:A201」	例2
「例2」シートのセル範囲「A2:A201」	例3

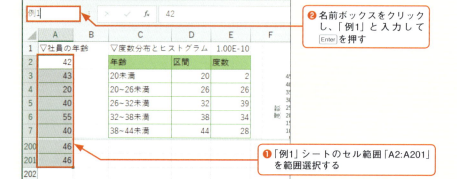

❷ 名前ボックスをクリックし、「例1」と入力して[Enter]を押す

▶手順❶は、セル「A2」をクリックした後、[Shift]+[Ctrl]+[↓]を押して末尾まで選択する。

❶「例1」シートのセル範囲「A2:A201」を範囲選択する

❸「例2」「例3」シートも同様に操作し、各シートのセル範囲「A2:A201」に名前が付けられた

 3シートまとめて標本を抽出する

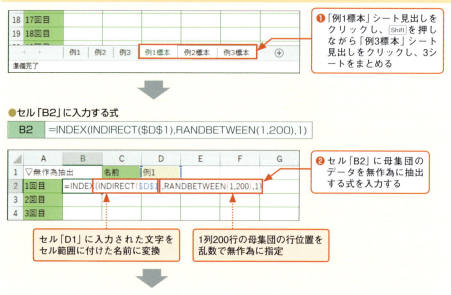

❶「例1標本」シート見出しをクリックし、[Shift]を押しながら「例3標本」シート見出しをクリックし、3シートをまとめる

●セル「B2」に入力する式

| B2 | =INDEX(INDIRECT($D$1),RANDBETWEEN(1,200),1) |

❷ セル「B2」に母集団のデータを無作為に抽出する式を入力する

セル「D1」に入力された文字をセル範囲に付けた名前に変換

1列200行の母集団の行位置を乱数で無作為に指定

208

03 ピックアップしたデータの全体像を知る

▶標本平均値と度数の算出も3シートまとめて操作する。

	A	B	C	D	E	H	I	J	K	L
1	▽無作為抽出		名前	例1						▽標本平均値
2	1回目	29	25	25	60	59	65	60	19	
3	2回目	27	32	37	48	27	20	25	65	
4	3回目	30	41	60	49	37	45	38	39	
5	4回目	41	20	49	42	34	25	42	20	
6	5回目	29	44	50	47	20	30	55	37	
7	6回目	55	29	50	45	27	59	51	29	
8	7回目	41	34	50	29	32	36	31	39	
9	8回目	37	20	22	29	31	29	60	35	

❸ セル「B2」をもとに、セル「K101」までオートフィルでコピーし、標本サイズ10の標本が100本、無作為に採取された

▶ Excelの操作②：標本平均値の度数を求める

標本平均値のヒストグラムを作成するため、標本平均値を求め、各区間の度数を求めます。なお、度数まで算出できれば、ヒストグラムはP.26と同様に、縦棒グラフとグラフの間隔を詰める編集操作になりますので、操作説明は割愛します。グラフはシートをまとめた状態では作成できないので、ヒストグラムを作る際は、シートの同時選択を解除します。ヒストグラムはP.210の結果の読み取りをご覧ください。

標本平均値と標本平均値の度数を求める

●セル「L2」及びセル範囲「O2:O11」に入力する式

L2	=AVERAGE(B2:K2)
セル範囲「P3:P11」	=FREQUENCY(L2:L101,O3:O11)

❶ セル「L2」に無作為抽出した10個のデータの平均値を求める式を入力し、セル「L101」までオートフィルでコピーする

▶「例1」～「例3」シート見出し（グループにしていないシート）のいずれかをクリックして、シートの同時選択を解除する。「例2標本」「例3標本」シートに切り替えて結果を確認する。

	A	B	C	D	L	M	N	O	P
1	▽無作為抽出		名前	例1	▽標本平均値		▽度数分布表		1.00E-10
2	1回目	50	30	32	38.6		年齢	区間	度数
3	2回目	38	50	31	37.8		20未満	20	0
4	3回目	37	32	46	41.9		20～26未満	26	0
5	4回目	59	67	39	40.1		26～32未満	32	0
6	5回目	30	36	65	39.3		32～38未満	38	24
7	6回目	29	49	51	36.3		38～44未満	44	59
8	7回目	67	21	32	42.2		44～50未満	50	17
9	8回目	24	26	54	37.6		50～56未満	56	0
10	9回目	26	50	65	48.7		56～62未満	62	0
11	10回目	29	20	42	32.8		62～68未満	68	0
12	11回目	43	32	31	41.9				

❷ セル範囲「P3:P11」をドラッグし、FREQUENCY関数を入力して、[Ctrl]+[Shift]+[Enter]を押して確定する。標本平均値の各区間に対する度数が求められた

結果の読み取り

3つの母集団から抽出した標本の平均値のデータ分布は次のとおりです。P.205とP.206の母集団のデータ分布と比較しながらご覧ください。なお、標本平均値のデータ分布は F9 を押すと、乱数が更新されますので、データ分布も更新されます。何度か押して観察してみてください。

▶ヒストグラムはシートごとに作成しても良いが、最初に作成したグラフをコピーして、残りの2シートにそれぞれ貼り付け、グラフのデータ範囲を編集してもよい。

▶ヒストグラムの作成方法→P.25

▶グラフのコピーとデータ範囲の変更
→P.99 ～ P.100

●例1標本：母集団は、右裾に長い分布

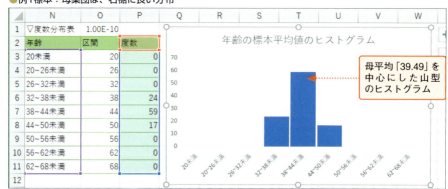

●例2標本：母集団は、左裾に長い分布

●例題3標本：母集団は、一様分布

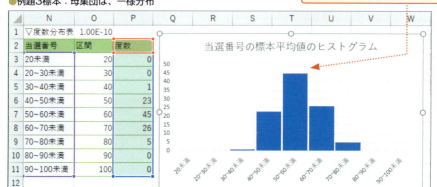

03 ピックアップしたデータの全体像を知る

　例1標本から例3標本は、ばらつきはありますが、母集団の形状とは関わりなく、母平均を中心とする山型の分布になっています。実は、標本サイズや繰り返し回数を増やすと、標本平均値のデータ分布は、母集団に関わりなく、左右対称の山の形をした分布になります。

　これを中心極限定理といいます。

　中心極限定理は、標本サイズ（n）が大きいとき、母集団の分布に関係なく、標本平均値の分布は、平均が母平均（μ）、分散が標本サイズ（n）に反比例した母分散（σ^2 / n）の正規分布に従うという定理です。

　通常、中心極限定理を成立させるための標本サイズは30以上とされていますが、例題の標本サイズ10でも、いびつながらも正規分布を思わせる形状になり、少なくとも母集団とは関係ないことは把握できたと思います。

　前節までで、標本平均値の平均値が母平均になることはわかっていました。しかし、いくら標本から母平均が推定できるとしても、データの大きさにつられやすい「平均値」です。標本平均値のデータ分布が二極化していたり、平均値がデータの中心的役割を果たすとはいえない形をしていたりしたら、平均値の信用もがた落ちでした。しかし、中心極限定理のおかげで払拭できたことになります。

　中心極限定理を適用すれば、たとえば、各地で製造する製品の内容量が規定の範囲内に収まっているかどうか確認したいときに役立ちます。製品の一部を抜き取った標本から標本平均値の平均値と分散を求めれば、母集団（全製品）の平均値と分散が推定できます。

発展 ▶ ▶ ▶

▶ 母集団が定性データの場合の標本平均値の分布

　母集団はいつも定量的なデータとは限りません。以下のような定性データもあります。ここでは、朝食をとった／とらなかったという定性データを、朝食をとった場合は1、朝食をとらなかった場合は0と定量化し、定量データの場合と同じ手続きで標本平均値の分布を調べます。ところで、1と0に定量化した場合の平均値は、「1」の合計を全体数で割った値です。これは、「1」（朝食をとった）と回答した人の割合と見ることができます。また、残りは「0」（朝食をとらなかった）と答えた人なので、こちらも回答者の割合が出ます。

　定性データの場合、回答者の割合を母比率といい、「1」と答えた人の母比率は母平均になります。同様に母集団から抽出した標本の平均値は標本比率といいます。

サンプル
4-03_Adv

●母集団が定性データの場合：朝食アンケート、200件

	A	B	C	D	E	F	G	H	I	J
1	▽朝食アンケート		▽集計		母比率					
2		0	朝食をとった:1	84	0.42					
3		1	朝食をとらなかった:0	116	0.58					
4		0								
5		0	▽平均値と分散							
6		0	平均値	0.42						
7		0	分散	0.2436						
8		1								
9		0								
10		0								
199		1								
200		1								
201		0								

211

CHAPTER 04 全数データと一部データの関係をつかむ

●標本平均値（標本比率）のデータ分布：標本サイズ10、繰り返し回数200

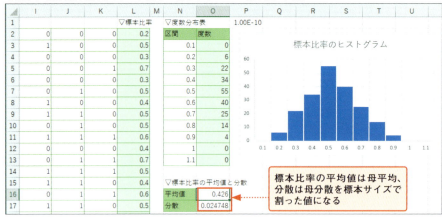

母集団が定性データの場合も、標本平均値の分布は正規分布に近似されます。その際、標本平均値（標本比率）は母平均になります。また、標本比率の分散は、母分散を標本サイズで割った値になり、母集団が定量データのときと同じ結果になります。

ところで、母分散は、各回答の母比率同士をかけた値になります。

朝食をとった「1」の割合をPと置くと、朝食をとらなかった「0」の割合は(1−P)と書けます。このとき、Pは母平均でもあり、Pと1−Pは、回答の母比率でもあります。

母分散は、次のように書けます。

ここで、X_iはアンケートの回答です。分散は、各データから平均値を引いた偏差の2乗和をデータ数で割った値です。ところで、X_iは1か0しか取りません。分散の式を1と0に分解します。このとき、全体のN件に対する1の割合と0の割合はPと(1−P)です。後は、式変形です。(1−P)でくくって変形します。

▶ Σは、合計を表す記号。

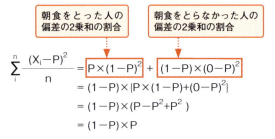

$$\sum_{i}^{n} \frac{(X_i - P)^2}{n} = P \times (1-P)^2 + (1-P) \times (0-P)^2$$
$$= (1-P) \times \{P \times (1-P) + (0-P)^2\}$$
$$= (1-P) \times (P - P^2 + P^2)$$
$$= (1-P) \times P$$

結果として、回答の母比率同士をかけた値が母分散になり、標本サイズ「n」に反比例した値が標本比率の分散になります。

$$標本比率の分散 = \frac{(1-P) \times P}{n}$$

もう1つの散らばりを知る

これまで、母集団から抽出した標本の「平均値」については分析してきましたが、抽出した標本の分散については分析してきませんでした。分散ならもうやったと思われているかもしれませんが、前節までの分散は、標本平均値の分散でした。取り出してすぐの分散はまだ分析していません。ここでは、抽出したデータの分散について分析します。

導入 ▶▶▶

例題 「標本の散らばりが知りたい」

02節で扱った商品の販売価格データを使います。すでに、データ全体をかき混ぜる作業は終了し、標本サイズ5、10、15、20の4パターンの標本も抽出済みです。

関西圏の全店舗の販売価格データを母集団とみなした場合の母分散は「4409」です。

標本の「平均値」に関する分析は行ってきましたが、ここでは、標本の分散値と母分散との関係が知りたいです。

●販売価格データを母集団とみなした場合の性質

	A	B	C	D	E	F	G	H	I	J
1	▽価格データ			▽かき混ぜたデータ					▽代表値	
2	No	店舗	価格	乱数1	乱数重み	No	価格		母平均	448.171
3	1	A店	560	529.8329	529.833	546	420		母分散	4409.405
4	2	A店	410	1917.371	1917.371	1942	420		母標準偏差	66.40335
5	3	A店	400	7705.238	7705.238	7714	470			

J3 =VAR.P(G3:G10002)

●標本の平均値に関する分析(02節で実施)との比較

標本平均値ではなく、標本分散が知りたい
標本分散の平均値が見たい
標本分散の平均値と母分散との関連が知りたい

	A	B	F	G	H	I	J	K	L
1	▽無作為抽出			標本平均値		繰り返し回数		標本平均値の分散	母分散との比率
2	1回目	410	370	430		5	回目まで	1049.2	4.202635112
3	2回目	360	360	416		10	回目まで	710.9333333	6.202276011
4	3回目	540	470	486		50	回目まで	790.7738776	5.576062746
5	4回目	530	420	454		100	回目まで	931.770101	4.732288313
6	5回目	480	460	488		200	回目まで	807.2537688	5.462228768
7	6回目	560	430	476		300	回目まで	798.0858417	5.524975546
8	7回目	420	510	456		400	回目まで	808.5872431	5.453220783
9	8回目	410	520	460		500	回目まで	832.929523	5.293850965
10	9回目	360	400	420					

213

CHAPTER 04 全数データと一部データの関係をつかむ

標本分散の平均値と標本平均値の分散

▶標本平均値の分散
→P.198

▶ドットプロットは、個々のデータを数直線上に打点したグラフである。同じデータは、点が重ならないように積み上げて表示する。

標本分散の平均値と標本平均値の分散は、言葉がよく似ていますが、意味が違います。後者の標本平均値の分散は、02節で扱った内容です。ドットプロットで確認すると、標本平均値の分散は、抽出した標本の平均値がどのように散らばっているかを見ています。下の図でいうと、ドットのある範囲全体の散らばり具合を見ています。

●標本平均値の分散

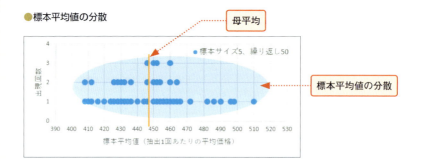

標本分散は、抽出回ごとに取り出された標本の分散で、次のように定義されます。標本は取り出してみるまで何が抽出されるかわかりませんから、標本分散値も抽出回ごとにいろいろな値を取ります。いろいろな値の標本分散の平均が標本分散値の平均値になります。

ある抽出回の標本分散値：式中の(i)は第i回目であることを示す

難しく書いてしまいましたが、第2章で扱った分散と同じです。偏差の2乗和、すなわち変動をデータ個数（ここでは、標本サイズ）で割った値です。

▶各回のドットが離れて見えるように細工した。グラフの高さは関係ない。

●標本分散値と標本分散値の平均値

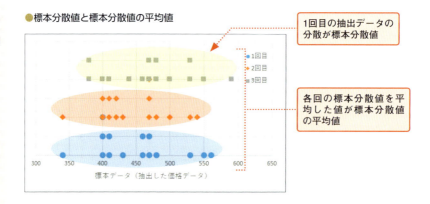

04 もう1つの散らばりを知る

実践 ▶▶▶

▶ Excelの操作①:標本分散値と標本分散値の平均値を求める

02節で扱った表を変更しながら標本分散値と標本分散値の平均値を求めます。02節と同様に、標本サイズ5、10、15、20、繰り返し回数500とする4パターンの標本は用意済みです。ここでは、10回繰り返した場合、50回繰り返した場合というように、繰り返し回数に応じた、標本分散値の平均値を、標本サイズごとに求めます。すでに式が入力されていますので、関数名だけ変更します。

なお、乱数を使用していますので、ここから先の操作画面は一例としてご覧ください。

各標本サイズの各回の標本分散値を求める

●各シートの標本分散値に入力する式

「5個抽出」シートのセル「G2」	=VAR.P(B2:F2)
「10個抽出」シートのセル「L2」	=VAR.P(B2:K2)
「15個抽出」シートのセル「Q2」	=VAR.P(B2:P2)
「20個抽出」シートのセル「V2」	=VAR.P(B2:U2)

❶「5個抽出」シートのセル「G2」をダブルクリックし、「AVERAGE」をドラッグする

❷ 関数名を「VAR.P」と入力し Enter を押す

❸ セル「G2」のフィルハンドルをダブルクリックして、他のセルにもコピーし、各抽出回の標本分散値が求められた。他のシートも同様に操作して標本分散値を求める

▶関数名や引数の英字は半角小文字で入力して良い。式を確定すると自動的に半角大文字になる。

215

CHAPTER 04 全数データと一部データの関係をつかむ

▶ Excelの操作②:標本分散値の平均値を求める

「5個抽出」シートについて、繰り返し回数に応じた標本分散値の平均値を求めます。「5個抽出」シートが完成したら、他のシートにコピー&ペーストで貼り付けます。

繰り返し回数に応じた標本分散値の平均値を求める

● 「5個抽出」シートのセル「K2」に入力する式

| K2 | =AVERAGE(OFFSET(G$2,0,0,I2,1)) |

	F	G	H	I	J	K	L
1		標本分散値		繰り返し回数		標本分散値の平均値	母分散との比率
2	500	6656		5	回目まで	=VAR.S OFFSET(G$2,0,0,I2,1))	
3	410	816		10	回目まで	VAR.S(数値1, [数値2], ...)	0.000401693
4	370	5224		50	回目まで	5646768.823	0.000780872
5	380	896		100	回目まで	5327945.671	0.000827599

❶ 「5個抽出」シートのセル「K2」をダブルクリックし、「VAR.S」をドラッグして「AVERAGE」に変更し、Enterを押して確定する

↓

	F	G	H	I	J	K	L
1		標本分散値		繰り返し回数		標本分散値の平均値	母分散との比率
2	410	1320		5	回目まで	2979.2	1.480063359
3	420	2280		10	回目まで	4265.6	1.033712669
4	420	544		50	回目まで	3570.08	1.235099706
5	420	9416		100	回目まで	3551.36	1.241610188
6	360	1336		200	回目まで	3508.4	1.256813579
7	580	8544		300	回目まで	3433.786667	1.284123094
8	530	3784		400	回目まで	3514.62	1.254589332
9	550	12960		500	回目まで	3526.848	1.250239522
10	320	2016					

❷ セル「K2」をもとにセル「K9」までオートフィルでコピーし、繰り返し回数に応じた標本分散値の平均値が求められた

コピー&ペーストで他の標本サイズの表を作成する

● 表をコピーする列位置

| 「10個抽出」シート | N列 | 「15個抽出」シート | S列 |
| 「20個抽出」シート | X列 | | |

❶ 「5個抽出」シートの列番号「I」~「L」をドラッグし、Ctrl+Cを押す

	F	G	H	I	J	K	L
1		標本分散値		繰り返し回数		標本分散値の平均値	母分散との比率
2	410	1320		5	回目まで	2979.2	1.480063359
3	420	2280		10	回目まで	4265.6	1.033712669
4	420	544		50	回目まで	3570.08	1.235099706
5	420	9416		100	回目まで	3551.36	1.241610188

↓

216

▶ 結果の読み取り

各標本サイズの繰り返し回数に応じた標本分散値の平均値と母分散との比率は次のとおりです。

●標本サイズ5

繰り返し回数	標本分散値の平均値	母分散との比率
5 回目まで	3688	1.195608666
10 回目まで	4043.2	1.090573001
50 回目まで	4076.96	1.081542316
100 回目まで	3696.24	1.192943304
200 回目まで	3556.56	1.239794846
300 回目まで	3553.813333	1.240753057
400 回目まで	3593.56	1.227029675
500 回目まで	3503.344	1.258627403

繰り返し回数が増えるにつれ、「1.25」近傍になる

●標本サイズ10

繰り返し回数	標本分散値の平均値	母分散との比率
5 回目まで	5825	0.756979358
10 回目まで	4852	0.908780865
50 回目まで	4332.14	1.017835241
100 回目まで	3988.32	1.105579482
200 回目まで	4118.37	1.070667463
300 回目まで	4074.006667	1.082326348
400 回目まで	3992.71	1.104363893
500 回目まで	3988.758	1.10545808

繰り返し回数が増えるにつれ、「1.11」近傍になる

標本サイズ5より標本分散値の平均値が大きい

▶他のシートの結果は、結果の読み取りに掲載する。

217

CHAPTER 04 全数データと一部データの関係をつかむ

●標本サイズ15

S	T	U	V
繰り返し回数		標本分散値の平均値	母分散との比率
5	回目まで	3777.6	1.167250307
10	回目まで	3934.222222	1.120781824
50	回目まで	4194.56	1.051219856
100	回目まで	4343.937778	1.015070884
200	回目まで	4157.342222	1.060630692
300	回目まで	4115.125926	1.071511501
400	回目まで	4079.92	1.080757652
500	回目まで	4115.013333	1.071540819

> 繰り返し回数が増えるにつれ、「1.07」近傍になる

> 標本サイズ10より標本分散値の平均値が大きい

●標本サイズ20

X	Y	Z	AA
繰り返し回数		標本分散値の平均値	母分散との比率
5	回目まで	3600.3	1.224732594
10	回目まで	4192.675	1.051692478
50	回目まで	3844.025	1.147080146
100	回目まで	3998.0525	1.102888158
200	回目まで	4059.3375	1.086237535
300	回目まで	4093.683333	1.077124047
400	回目まで	4172.8875	1.05667952
500	回目まで	4196.115	1.050830294

> 繰り返し回数が増えるにつれ、「1.05」近傍になる。標本サイズが増えるにつれて1に近づいてきた

> 標本サイズが増えるにつれ、標本分散値の平均値は大きくなる

F9 を押すと、乱数が更新されます。何度か押して、標本分散値の平均値と母分散との比率を観察します。ところが、今回は、02節のようなわかりやすい特徴が見つかりません。標本サイズが増えるにつれて母分散との比率は1に近づいていきます。このことは、標本サイズを増やすと標本分散値の平均値がどんどん母分散「4409」に近づいていくことにも表れています。

標本平均値の分散では、標本サイズを大きくしていくと、標本の組み合わせも増えるので、母平均のまわりにデータが集まり、分散がどんどん小さくなりました。標本分散値の場合は、標本サイズが大きくなるにつれ、標本の組み合わせが増え、標本分散を求める数が増えていくので、やがて母集団全体をカバーすることになり、母分散に近づきます。

▶標本平均値の分散
→P.202

実は、標本サイズを増やすにつれ、標本分散値の平均値は母分散に近づきはしますが、一致はしません。それが、母分散との比率に現れています。下の表から何か、共通の関係性は見えないでしょうか。

●標本サイズと母分散との比率

標本サイズ	母分散との比率
5	1.25
10	1.11
15	1.07
20	1.05

> 標本サイズが増えるにつれ、徐々に母分散との比率は1に近づくが、標本サイズを増やしても「1」にはならない

218

前の表は、いずれも、母分散との比率は「標本サイズ／(標本サイズ−1)」で算出されています。「5/4」は「1.25」、「10/9」は「1.11」という具合です。統計上、母集団から無作為に抽出した標本の分散値の平均値と母分散には次の関係が成り立ちます。

$$\frac{母分散}{標本分散値の平均値} = \frac{標本サイズ}{標本サイズ−1}$$

式を変形します。

$$母分散 = \frac{標本サイズ}{標本サイズ−1} \times 標本分散値の平均値$$

ところで、標本分散値の平均値とは、標本分散値の代表値であり、標本分散値とも解釈できます。そもそも、標本分散値はいろいろな値を取るのですから、標本分散値の平均値が、標本分散値であってもおかしくありません。

そこで、上の式の「標本分散値の平均値」の代わりに、標本分散値の式を代入してみます。

$$母分散 = \frac{標本サイズ}{標本サイズ−1} \times \frac{偏差の2乗和}{標本サイズ} = \frac{偏差の2乗和}{標本サイズ−1}$$

「偏差の2乗和をデータ数で割らずに、データ数から1引いて割る」これは、すでにP.80で扱っています。関数のVAR.S関数そのものです。VAR.S関数は「不偏分散」と呼んでいました。第2章では、当面、データ数で割るか、「データ数−1」で割るかの違いを呼び分けると説明していました。しかし、上の式を改めて見てください。不偏分散は母分散になります。これは画期的なことです。ベールに包まれた母集団の母分散は、母集団から無作為に抽出した不偏分散で推定できるいっているのです。このように、少ないデータをもとに求めた値が母集団の性質と一致することを「不偏性がある」といいます。これが、不偏分散の名前の由来です。

さて、我に返ると、「標本分散値の平均値」を標本分散値とみなして不偏分散を導きました。実際にどうなるのか、標本分散を不偏分散に変更して計算しました。以下はその実験結果です。

●標本不偏分散値

	A	B	I	J	K	L	M
1					▽標本サイズごとの不偏分散値		
2	▽無作為抽出				10	100	200
3	360	460	410	530	5226.66667	=VAR.S(A3:J12)	
4	410	400	470	540	2995.55556	5070.70707	4614.51256
5	420	500	510	570	4210	5248.64646	4812.65327
6	510	500	440	410	3151.11111	5402.58586	4725.62814
7	340	480	460	560	5160	5569.33333	4890.64322
8	440	470	350	560	4250	5361.61616	4962.32161
9	440	390	370	500	5138.88889	5199.35354	5008.88442
10	510	340	470	410	4795.55556	5060.60606	4906.49246
11	560	510	350	340	7161.11111	5375.14141	4820.27889
12	430	430	640	410	7121.11111	4829.73737	4683.35427
13	420	560	410	340	7956.66667	4653.0404	4656.24121

VAR.P関数からVAR.S関数に変更し、標本サイズに合わせて無作為抽出したデータのセル範囲を指定した

● 標本不偏分散値の平均値及び分散

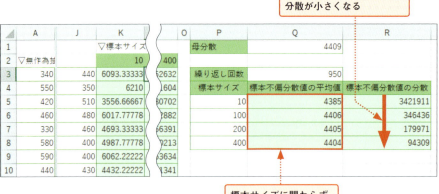

　標本不偏分散値の平均値は標本サイズに関わらず、母分散に近くなりますが、標本サイズが増えると、分散が小さくなり、母分散からあまり離れなくなります。標本不偏分散値の分散の大きさは、不偏分散値の平均値が母分散を取ると期待できる「期待度」を表しています。標本サイズが小さくても数式上は母分散を取りますが、散らばりが大きいので、母分散から離れた数値を取ることもしばしばありそうです。標本サイズを大きくすると、散らばりが減り、いつもだいたい、母分散近傍の値になるだろうと期待できます。実は、この程度の実験ではまだハズレの値がかなり出ますが、傾向は読み取っていただけると思います。

発展 ▶▶▶

▶ 標本分散などを表す数式

　数式はなるべく必要最小限にして、数式にするときにもなるべく言葉で示すようにと心がけてはおりますが、ここでは、記号を使った数式をご紹介します。数式はどうにも嫌われがちですが、実は大変シンプルな「コトバ」の1つです。しかも、世界共通です。数式の「翻訳」のように何行も文章を読むより、数式を見た方がスッキリわかりやすいこともあります。

　本書を卒業されて、次のステップに進まれる際には、記号を使った数式から逃れることはできないと思います。以下は、本章で扱った数式の一例です。

　まず、記号を定義します。定義とは、全員従う約束事です。少なくとも、以下の内容に関しては、この約束事に従ってもらいます、という意味です。よって、書籍によっては、記号の使い方も違うと思いますので、記号の定義は見逃さないようにします。

　では、定義を始めます。

　X_n は、標本抽出される価格データと定義します。価格は最安値から最高値のうち、実

際に販売した価格のいずれかの値を取ります。抽出してみるまでわからないので、Xとします。nは標本サイズです。標本平均値は、$\overline{X}_i$（エックスバー）と表記します。Xの上の横棒は、しばしば平均を表す記号として利用されます。iは、抽出回数です。第i回目の標本分散値はS_i^2と表記します。Sは大文字です。分散は標準偏差の2乗なので、文字の上に「2」を付けることが多いです。

ある抽出回の標本平均値：

標本サイズに応じて取り出した価格データを合計して、標本サイズで割った値です。記号のΣは合計を表し、Σの上下にある小さな文字は、「n=1」を開始値として「n」まで合計するという意味です。標本サイズが10ならば、$X_1 \sim X_{10}$までということになります。

$$\overline{X}_i = \frac{X_1 + X_2 + \cdots + X_n}{n} = \frac{\Sigma_{(n=1)}^{n} X_n}{n}$$

標本平均値の平均値：

各抽出回の標本平均値を繰り返し回数分、合計し、繰り返し回数で割った値です。標本平均値の平均値は母平均に収束するので、$\hat{\mu}$（カッパー付きのミュー）としました。「^」マークは、母平均に収束はするものの、現実問題として、母平均そのものにはならないので、母平均の推定値であることを表現しています。

$$\hat{\mu} = \frac{\overline{X}_1 + \overline{X}_2 + \cdots + \overline{X}_i}{i} = \frac{\Sigma_{(i=1)}^{i} \overline{X}_i}{i}$$

抽出回数i回の標本平均値の分散値s^2

各抽出回の標本平均値から標本平均値の平均値を引いて偏差を求め、偏差の合計は0になることを避けるため、偏差の2乗を合計します。これを繰り返し回数で割って、標本平均値の分散値を求めています。

$$s^2 = \frac{(\overline{X}_1 - \hat{\mu})^2 + (\overline{X}_2 - \hat{\mu})^2 + \cdots + (\overline{X}_i - \hat{\mu})^2}{i} = \frac{\Sigma_{(i=1)}^{i}(\overline{X}_i - \hat{\mu})^2}{i}$$

ある抽出回の標本分散値：

標本サイズに応じて取り出された価格データから、抽出回の平均抽出価格を引いて偏差を求め、偏差の2乗を合計して、標本サイズで割り、第i回目の標本分散値を求めています。

$$S_i^2 = \frac{(X_1 - \overline{X}_i)^2 + (X_2 - \overline{X}_i)^2 + \cdots + (X_n - \overline{X}_i)^2}{n} = \frac{\Sigma_{(i=1)}^{i}(X_n - \overline{X}_i)^2}{n}$$

抽出回数i回の標本分散値の平均値：

標本分散値を合計して、抽出回数i回で割った値です。

$$\overline{S}^2 = \frac{S_1^2 + S_2^2 + \cdots + S_i^2}{i} = \frac{\Sigma_{(i=1)}^{i} S_i^2}{i}$$

練習問題

問題 標本と母集団を比較したい

以下の1月から7月の問い合わせ件数を母集団とみなすとき、母集団からデータを無作為抽出して標本を採り、標本と母集団の関係を比較してください。

●問い合わせ件数

サンプル
練習：4-renshu
完成：4-kansei

	A	B	C	D	E	F	G	H	I	J	K	L
1	▽問い合わせ件数									▽集計		
2	日	1月	2月	3月	4月	5月	6月	7月		平均問い合わせ件数	340	
3	1	55	322	354	475	155	336	368		分散	4092	
4	2	64	373	382	465	198	318	301		最多件数	479	
5	3	88	397	350	462	188	305	352		最少件数	55	
6	4	256	337	379	461	156	305	317		レンジ	424	
7	5	324	379	399	422	188	345	318		データ件数	212	
8	6	258	359	357	479	399	349	356				
9	7	330	360	398	420	351	322	308		区間		度数
10	8	296	370	365	410	373	320	334		50未満	50	
11	9	338	303	374	437	382	329	344		50〜100未満	100	
12	10	281	392	358	445	396	334	344		100〜150未満	150	
13	11	261	320	384	478	357	333	321		150〜200未満	200	
14	12	350	389	361	382	415	378	343		200〜250未満	250	
15	13	349	307	361	368	386	367	322		250〜300未満	300	
16	14	291	394	381	350	393	313	351		300〜350未満	350	

①問い合わせ件数（母集団とみなす、元データ）のヒストグラムを作成してください。

②「母平均の推定」シートと、「母分散の推定」シートにデータを無作為抽出してください。

- 問い合わせ件数は縦31行、横7列で構成されています。縦の行位置は1〜31、横の列位置は1〜7の間で乱数を発生させ、位置検索により、問い合わせ件数を抽出してください。

- 「母平均の推定」シートの繰り返し回数は500回、「母分散の推定」シートの繰り返し回数は2000回分用意していますが、繰り返し回数は適宜増加して構いません。データ末尾行から、オートフィルでコピーして、繰り返し回数を増やすことができます。

③「母平均の推定」シートについて

- 母平均の推定値を求めてください。

- 母集団と同じ区間構成で、標本平均値のデータ分布を作成してください。

- 母集団と同じ区間で作成した度数分布表から、データの集中度を観察した後、改めて、元のデータ区間とは別の、オリジナルの標本平均値のデータ分布を作成してください。「オリジナル」とはデータの集中度からレンジを求め、階級数と階級幅を決め直し、度数分布表とヒストグラムを作成することです。元データの区間に縛られない標本平均値のデータ分布は、より一層、左右対称の山の形に近づくと推察されます。

④「母分散の推定」シートに母分散の推定値を求めてください。

CHAPTER 05

データの形を知る

本章は、確率と確率分布、中でも正規分布を中心に解説します。「確率」と聞いて、学問的過ぎるので飛ばそう、と思ってしまった方、お待ちください。取り上げる題材は、予算の見積もりです。

また、これまではデータの全体像といえばヒストグラムをせっせと作成してきましたが、データ分布と確率分布との関係も明らかになりますので、今後は、ヒストグラムの代わりに確率分布で代用できます。確率は、ビジネスの現場で使えるツールですので、ぜひ、飛ばさずにお読みください。

01 やってみるまでわからない ▶▶▶▶▶▶▶▶▶▶▶▶▶▶▶▶▶▶ P.224

02 山の形をしたデータ分布 ▶▶▶▶▶▶▶▶▶▶▶▶▶▶▶▶▶▶▶ P.229

03 標準の山 ▶▶▶▶▶▶▶▶▶▶▶▶▶▶▶▶▶▶▶▶▶▶▶▶▶▶ P.245

04 親戚の山々 ▶▶▶▶▶▶▶▶▶▶▶▶▶▶▶▶▶▶▶▶▶▶▶▶▶ P.253

やってみるまでわからない

店に行って行列ができていたらどうしますか。並んでみなければわからないですが、並んだ結果、購入できる／できないのどちらかになることはわかっているので、行列の具合を見て、買える確率と買えない確率を経験からはじき出し、並ぶかどうか、さらには時間を潰してまで並ぶ価値があるかどうかを決めていると思います。ここでは、やってみるまでどうなるかわからないことにどのくらい期待できるのかという期待値について解説します。

導入 ▶▶▶

例題　「抽選券の引き換え金額を決めたい」

　開店10周年キャンペーンの大抽選会を企画しています。景品は以下のとおりです。日ごろの感謝の気持ちを込めてお客様に還元したい気持ちでいっぱいですが、経営的にはあまり損もしたくありません。抽選券は、購入金額に応じて配ろうと考えていますが、いくらに設定すればよいかわかりません。抽選会をやってみればわかるでしょうが、抽選会前に予想して決めたいです。どうすればいいでしょうか。なお、この店の客単価は2000円／人、粗利益率／人は20％とします。

●抽選会の景品

	A	B	C
1	開店10周年キャンペーン		
2	景品	金額（確率変数）	本数
3	温泉旅行	75,000	5
4	ディナークルーズ	50,000	15
5	日帰りバスツアー	15,000	20
6	お買い物A券	5,000	50
7	お買い物B券	1,000	500
8	お買い物C券	500	1000
9	ミニストラップ	50	10000
10			

▶ 期待値を求める

　本題に入る前に、「読者をバカにしているの？」と感じた方もいらっしゃるかも知れません。すでにP.42でも同様のことをやっていますし、P.42を見ていなくても、次のように見当を付けている方も多いと思います。

「景品にかかる金額から当選1本あたりの経費を出し、抽選券は、経費を回収できるように設定すればよい。」

全くそのとおりですが、今回は上述のことを確率変数、確率、期待値というワードを使って説明します。

● 試行と確率変数

抽選を引く立場になって、1回抽選をしたとします。結果はどうなるでしょうか？抽選してみないとわかりませんが、あらかじめ景品は知っています。統計学では、「ためしにやってみる」ことを試行といい、抽選（試行）の結果、いずれかの景品（値）になることを確率変数といいます。変数と呼ぶのは、試行前の段階ではまだ決まっていないためです。温泉旅行かも知れないし、お買い物券かも知れない、結果は抽選次第で「変化」します。ただし、抽選すれば、確率変数は1つに決まります。

● 試行と確率変数

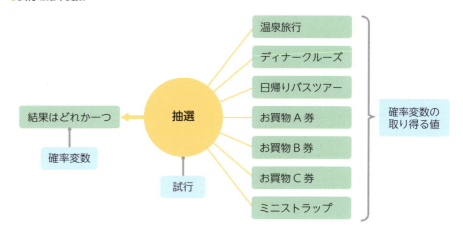

● 確率変数と確率

確かに、抽選はやってみないと結果はわかりませんが、本当にそうでしょうか？おおよその見当は付いているはずです。温泉旅行からミニストラップまで、どれが一番あたりやすいかといえば、全体の当選本数「11590本」に対して「10000本」のミニストラップです。ミニストラップの割合は、「10000本／11590本」で全体の約86%です。このように、試行の結果、いずれかの値（景品）になる割合を確率といいます。割合は景品全体の当選本数を1、または、100%としていますので、各景品の当選割合を足せば1（100%）になります。一般化して書き直します。

・確率とは、確率変数の取り得る値が発生する割合です。
・確率の合計は1（100%）になります。

CHAPTER 05 データの形を知る

● 何度も抽選を試みる

1回といわずに何度も抽選してみます。1回目の結果は、なんとお買物A券があたりました。2回目はお買物C券、3回目と4回目はミニストラップ、5回目はお買物B券があたりました。たった5回の抽選で6600円分の獲得です。1回あたり1320円を引き当てたことになります。

当選確率が決まっているとはいえ、たった数回の抽選で、当選本数の少ない（確率の低い）景品を当ててしまうことは珍しいですが、あり得ることです。

では、抽選を繰り返します。どうなっていくでしょうか？実は、似たようなことを第4章で行っています。母集団から無作為に抽出した標本です。標本は抽出してみるまで、どんな値になるかわかりません。まさに試行の典型例です。試行の結果、標本の平均値はいろいろな値を取ります。ですが、何回も繰り返し抽出すると、標本平均値の平均値は母平均に収束しました。抽選も同様です。幸先のよいスタートを切ったものの、何度も抽選しているうちに、結局、景品の当選1本あたりの金額、すなわち、「景品にかかった金額から当選1本あたりの経費を出す」に帰着します。これを期待値といい、試行1回あたりの平均値になります。

さて、景品の当選1本あたりの金額は、各景品の金額に対応する当選本数をかけて合計した金額を全当選数で割った値です。

$$\text{抽選の期待値} = \frac{75000 \times 5 + 50000 \times 15 + \cdots + 50 \times 10000}{11590}$$

$$= \boxed{75000} \times \boxed{\frac{5}{11590}} + 50000 \times \frac{15}{11590} + \cdots + 50 \times \frac{10000}{11590}$$

確率変数 ↑　　確率 ↑

> 期待値は「E」で表現されることが多い。

式の中の75000、50000といった景品の価格は確率変数です。そして当選の割合は確率です。この式から、期待値を一般化して書き直すと次のようになります。

確率変数の取り得る値を$X_1 \sim X_n$、対応する確率変数の確率を$P_1 \sim P_n$とします。

$$\text{期待値E} = X_1 \times P_1 + X_2 \times P_2 + X_3 \times P_3 + \cdots + X_n \times P_n$$
$$= \Sigma X_i \cdot P_i \quad (i = 1 \sim n)$$

実践 ▶▶▶

▶ Excelの操作①：抽選券の期待値を求める

> サンプル
> 5-01

抽選券の期待値を求めます。

01 やってみるまでわからない

抽選券の期待値を求める

●セル「D3」「E3」「E10」に入力する式

| D3 | =C3/$C$10 | E3 | =B3*D3 | E10 | =SUM(E3:E9) |

	A	B	C	D	E
1	開店10周年キャンペーン				
2	景品	金額（確率変数）	本数	確率	確率変数×確率
3	温泉旅行	75,000	5	0.000431	32.35547886
4	ディナークルーズ	50,000	15	0.001294	64.71095772
5	日帰りバスツアー	15,000	20	0.001726	25.88438309
6	お買い物A券	5,000	50	0.004314	21.57031924
7	お買い物B券	1,000	500	0.043141	43.14063848
8	お買い物C券	500	1000	0.086281	43.14063848
9	ミニストラップ	50	10000	0.862813	43.14063848
10		当選合計数	11,590	期待値	274

❷ セル「E10」にSUM関数を入力し、抽選券の期待値が求められた

❶ セル「D3」「E3」に数式を入力し、セル範囲「D3:E3」をドラッグして、フィルハンドルをダブルクリックする

▶ 結果の読み取り

　抽選券の期待値は、274円になりました。客単価は2000円で粗利益率が20%のため、粗利益は400円となり、400円＞274円なので、利益還元であれば、2000円以上のレシートで1回抽選できるとすればよいです。

　ただし、キャンペーンの景品以外にかかった費用、天候による客足の変化なども考慮に入れ、たとえば、抽選スタンプカードを作成し、1000円ごとにスタンプを押して4～5個で1回抽選できるなどするのも1つの方法です。スタンプ4個なら4000円相当なので、2日間来店して1回引けるといった感覚です。粗利益800円＞274円なので、顧客側からみると利益還元率は低くなりますが、キャンペーン主催者側はキャンペーンによる大きな損失の可能性は回避できる方向です。

発 展 ▶▶▶

▶ 標本平均値の平均値と期待値

　標本抽出は、第4章で数多く実施しましたので、第4章の価格データの期待値を求め、期待値が標本平均値の平均値になることを確認しておきます。それには、価格の取り得る値と出現回数をカウントしておく必要があります。やり方は主に2つあります。1つはExcelのピボットテーブル機能を使って集計する方法です。もう1つは、価格データをコピーして「重複の削除」機能で一意の値のみ残し、COUNTIF関数で価格データを数える方法です。以下の図はピボットテーブルを使った例です。ピボットテーブルの使い方は他書にゆだねますが、リスト形式の表の集計が簡単にできるのが特徴です。

CHAPTER 05 データの形を知る

●価格データと出現回数

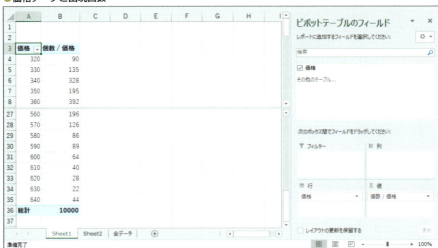

上記の表から期待値を求めると次のようになります。結果は約「448円」です。標本平均値の平均値、つまり、母平均になります。

次の節では、標本平均値の平均値が期待値になることを利用した分析を実施します。

▶価格データの標本平均値の平均値
→P.194

●価格データの期待値

	A	B	C	D
2	価格	出現回数	確率	確率変数×確率
3	320	90	0.009	2.88
4	330	135	0.0135	4.455
5	340	328	0.0328	11.152
6	350	195	0.0195	6.825
7	360	392	0.0392	14.112
8	370	304	0.0304	11.248
30	600	64	0.0064	3.84
31	610	40	0.004	2.44
32	620	28	0.0028	1.736
33	630	22	0.0022	1.386
34	640	44	0.0044	2.816
35	総計	10000	1	448.171

確率変数の取り得る値 → (A列)

期待値 ← 448.171

02 山の形をしたデータ分布

これまでは、データからヒストグラムを作成してデータ分布を確認し、分析に利用してきました。ここでは、母集団から無作為に抽出した標本平均値の分布は正規分布に近似することを再確認しながら、正規分布の特徴を把握します。そして、データが正規分布に従うと仮定できれば、ヒストグラムを作成せずに、正規分布で分析できることを解説します。

導入 ▶ ▶ ▶

例題 「予算を的確に報告したい」

　　今期の案件がリストアップされています。D氏は、期初にあたり、予算を策定して報告しなければならない状況です。過去の経験から、案件数の約半数が受注に結び付き、案件ごとに受注確度（受注できる確率）が設定されています。概算金額は確率変数ですから、各案件の売上期待値は「受注確度×概算金額」で求められます。各案件の期待値を積み上げた結果は「1889」です。

　　しかし、期待値を積み上げた金額をそのまま報告してよいものか、期末になって下振れしていたらと考えると、なかなか報告する気になれません。何かよい報告方法はないでしょうか。

●案件データ

	A	B	C	D	E	F
1	▽営業案件集計					
2	案件数	受注確度(%)の平均値	概算合計	期待値の合計	母分散（概算）	
3	60		50.25%	3,745	1,889	515.5763889
4						
5	▽営業案件データ					
6	案件No	取引先	受注確度(%)	概算金額	期待値	
7	1	A社	90%	61	54.9	
8	2	B社	60%	74	44.4	
9	3	C社	20%	82	16.4	
10	4	D社	10%	59	5.9	
11	5	E社	10%	76	7.6	
12	6	E社	10%	65	6.5	
13	7	B社	70%	22	15.4	
14	8	D社	30%	89	26.7	
15	9	A社	90%	48	43.2	

各案件の期待値を積み上げた今期の予算

「＝90％×61＝54.9」

確率変数の取り得る値

229

上振れ下振れリスクを確率とともに報告する

予算はあくまでも予想で、期末になってみなければ結果はわかりませんので、ズバリ○○円ですとは、宣言しにくいです。そこで、「○○円±○○円の範囲になりそうです。また、この範囲に収まる確率は○○%です。」と報告します。業績の上振れ下振れに対応できるだけでなく、確率を示すことで不確実でよくわからないことを数値で見える化するのです。

方法は2つあります。1つは標本平均値のヒストグラムを作成し、ヒストグラムから期待値を中心に一定区間を定める方法、もう1つは、標本平均値が従う確率分布に当てはめる方法です。ここでは、両方からアプローチします。

データ分布と確率分布

データ分布は観測したデータ、あるいは観測データの加工データをグラフにした分布で、代表格はヒストグラムです。確率分布は、理論分布という表現がイメージしやすいと思います。P.211では、標本平均値のデータ分布は正規分布に帰着すると説明していますが、F9を何度か押してみると、正規分布っぽいときもあるし、ちょっと首をかしげるような分布になるときもあったかと思います。あくまでも、ヒストグラムは、確率分布を理想と

▶右図は、サンプル「4-03_kansei」の「例3標本」シートで確認できる。

●データ分布：標本平均値のヒストグラム

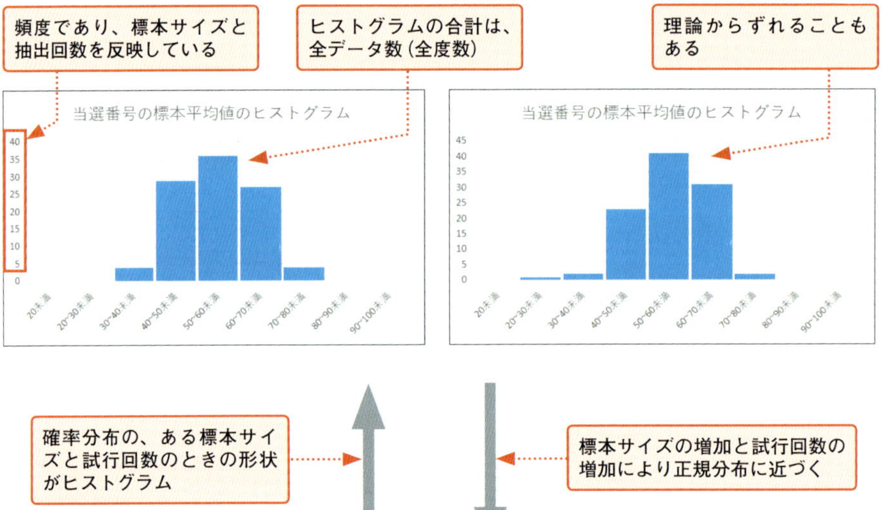
頻度であり、標本サイズと抽出回数を反映している
ヒストグラムの合計は、全データ数（全度数）
理論からずれることもある
当選番号の標本平均値のヒストグラム
当選番号の標本平均値のヒストグラム
確率分布の、ある標本サイズと試行回数のときの形状がヒストグラム
標本サイズの増加と試行回数の増加により正規分布に近づく

▶右図は、サンプル「4-03_kansei」の「例3」シートより、平均値「55.815」、分散「669.04」をもとに作成した正規分布である。

●確率分布の例：正規分布

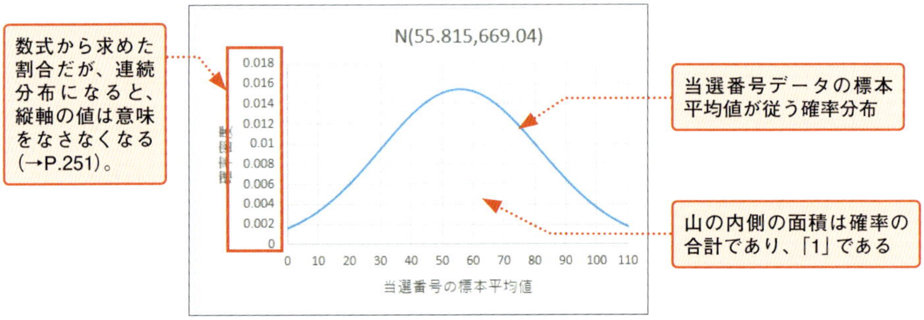
数式から求めた割合だが、連続分布になると、縦軸の値は意味をなさなくなる（→P.251）。
N(55.815,669.04)
当選番号データの標本平均値が従う確率分布
山の内側の面積は確率の合計であり、「1」である
当選番号の標本平均値

02 山の形をしたデータ分布

する、「実験結果の」データ分布なのです。しかし、標本サイズを増やし、試行回数を増やしていくと、だんだんと落ち着き始め、やがて理論に即した確率分布に近づきます。または、本来従うべき確率分布があり、ある一定の標本サイズと試行回数によって得られた分布がヒストグラムであるという見方もできます。

理論というだけあって、○○分布と名の付く確率分布には、確率分布を表現する数式があります。もちろん、Excelには、各種の確率分布に対応する関数が用意されていますのでご安心ください。

本節は、ヒストグラムによる実験的なアプローチと、確率分布を使った理論的なアプローチで予算を分析しようということです。

実践 ▶▶▶

▶ Excelの操作①：実験的アプローチ─母平均と母分散を推定する

標本平均値のデータ分布を応用します。例題に「案件数の約半数が受注に結び付き」とあります。そこで、受注確度は無視して、案件数60件のうち、いずれか30件が受注できたと仮定し、標本サイズ30、試行回数2000で概算金額を無作為抽出します。一度抽出したら元に戻す、復元抽出を前提としています。よって、1回の試行で同じ案件の概算金額を取り出す可能性がありますが、2000回の繰り返しで、同じ案件を抽出してしまうエラーを薄めてしまうという考えです。抽出はすでに終了しています。

続いて、本来は標本平均値を求めますが、標本平均値は受注1件あたりの平均受注額ですから、30件受注できたと仮定したとき、標本平均値の30倍が今期予算の取り得る値の1つになります。これは、無作為抽出した30個の標本データの合計と同じです。

標本不偏分散も同様です。30倍して予算の散らばりとします。

▶無作為抽出方法
→P.192

▶平均値の性質
→P.37

サンプル
5-02「無作為抽出」シート

▶乱数を設定しているため、右図は一例として見る。

各標本の今期予算額と予算の不偏分散を求める

● 「無作為抽出」シートのセル「AF3」「AG3」に入力する式

| AF3 | =SUM(B3:AE3) | AG3 | =VAR.S(B3:AE3)*30 |

	A	B	C	AD	AE	AF	AG
1	▽無作為抽出						
2	試行回数	標本サイズ30				標本の合計	標本不偏分散
3	1	30	89	67	72	1901	14849.96552
4	2	61	82	99	59	1951	18127.2069
5	3	62	25	43	48	1743	14473.13793
6	4	46	65	32	46	1870	17584.82759
7	5	89	40	32	87	1952	17435.03448
8	6	49	25	39	61	1842	21369.51724
9	7	55	74	48	76	1797	13691.06897
10	8	25	65	44	76	1942	15819.17241
11	9	93	89	60	46	1987	15150.37931
12	10	65	36	20	89	1913	16431.06897

❶ セル「AF3」「AG3」に式を入力する

❷ セル範囲「AF3:AG3」をドラッグして、フィルハンドルをダブルクリックして式をコピーし、各試行に対する標本合計と標本不偏分散が求められた

CHAPTER 05 データの形を知る

今期予算の母平均と母分散、及び母標準偏差の推定値を求める

●「操作1」シートのセル「D2」「D3」「D4」に入力する式

| D2 | =AVERAGE(無作為抽出!AF3:AF2002) | D3 | =AVERAGE(無作為抽出!AG3:AG2002) |
| D4 | =SQRT(D3) |

サンプル
5-02「操作1」シート

❶「操作1」シートに切り替え、セル「D3」〜「D5」に式を入力し、今期予算の母平均、母分散、母標準偏差の推定値が求められた

▶母標準偏差は、母分散の平方根である。

▶広い範囲を取るときは、始点のセルをクリックし、Ctrl + Shift + 方向キー（ここでは↓）で選択する。

▶度数分布表の作成
→P.21

▶ Excelの操作②：実験的アプローチ−ヒストグラムを作成する

　「操作1」シートには、階級幅と階級数が入力済みです。階級数は、スタージェスの公式から12階級が目安です。空いているセルにMAX関数とMIN関数を入力し、F9 を押して、データを観察した結果、標本合計は1500未満〜2300前後で推移し、レンジは800前後〜900前後を取ったため850と決め、階級幅は「850/12 = 70」としました。1500未満から始めて70ずつにすると、12階級目が2270となるため、2270以上の階級も設けて全13階級としています。なお、区間が「○○以上○○未満」となるように、微小値を引いています。

　また、ここでは、確率分布と比較できるように、全度数を100%とする度数の割合（相対度数）を求め、度数の割合をヒストグラムにします。

度数分布表を作成する

●「操作1」シートのセル範囲「C8:C20」「C21」「D8」「D21」「E8」に入力する式

C8:C20	={FREQUENCY(無作為抽出!AF3:AF2002,操作1!B8:B19)}
C21	=SUM(C8:C20)	D8	=C8/$C$21
D21	=SUM(D8:D20)	E8	=SUM($D$8:D8)

▶FREQUENCY関数の前後の中カッコ「{}」は、Ctrl + Shift + Enter を押して、配列数式として入力すると、自動的に表示される。

▶絶対参照は、F4 を押して設定する。

●完成した度数分布表

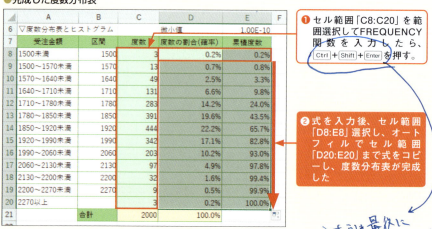

❶ セル範囲「C8:C20」を範囲選択してFREQUENCY関数を入力したら、Ctrl + Shift + Enter を押す。

❷ 式を入力後、セル範囲「D8:E8」選択し、オートフィルでセル範囲「D20:E20」まで式をコピーし、度数分布表が完成した

02 山の形をしたデータ分布

ヒストグラムを作成する

❶ セル範囲「A7:A20」とセル範囲「D7:20」を選択し、[挿入]タブの【縦棒/横棒グラフの挿入】から【集合縦棒】をクリックする

▶手順❶は、セル範囲「A7:A20」を選択した後、Ctrlを押しながらセル範囲「D7:D20」をドラッグする。また、バージョンよってボタン名を異なるが、同じデザインのボタンをクリックする。

▶軸ラベルやタイトルは必要に応じて適宜設定する。

❹ 縦軸が度数の割合の、今期予算のヒストグラムが作成された

❸「系列のオプション」の「要素の間隔」を境界がわかる「6」程度に設定し、作業ウィンドウを閉じる

CHAPTER 05 データの形を知る

▶ Excelの操作③：実験的アプローチ－予算の取り得る範囲を求める

母平均の推定値を中心に±標準偏差の範囲、標準偏差の2倍の範囲、標準偏差の3倍の範囲を求めます。

平均値を中心とする予算の範囲を求める

● 「操作1」シートのセル「H3」～「L5」に入力する式

| H3 | =D2-D4 | L3 | =D2+D4 | H4 | =D2-2*D4 |
| L4 | =D2+2*D4 | H5 | =D2-3*D4 | L5 | =D2+3*D4 |

❶ セル「H3」～「L5」に計算式を入力し、母平均の推定値を中心とする予算の取り得る範囲が求められた

▶ 実験的アプローチ－結果の読み取り

60件の案件のうち、任意の30件を受注したと仮定し、標本抽出を2000回繰り返した結果、ヒストグラムは、ほぼ左右対称の山の分布になります。

F9 を何度か押してセル「D2」～「D4」を中心に観察すると、母平均の推定値は「1875」前後になり、「案件」シートの期待値合計「1889」に迫る値です。また、母標準偏差の推定値は、「124」前後で安定しています。標準偏差を予算の下振れ、上振れ範囲と捉えると、1750前後～2000前後になり、「案件」シートの期待値合計「1889」を含んだ予算となります。

● 予算範囲と確率

「操作1」シートのセル範囲「E8:E20」に求めた累積度数は度数の割合を累計した値です。たとえば、次の図の「1780～1850未満」の累積度数は「40.3%」と表示されています。これは、予算が1850未満になる確率が40.3%であることを示しています。言い換えると、予算が1850以上を達成できる確率は約60%になります。なお、乱数を発生させているため、「40.3%」は一例に過ぎませんが、おおよそ40%近傍になります（次ページの図を参照）。

次に、「平均値±標準偏差」などの範囲にどのくらいの割合の度数が含まれるかを確認します。しかし、残念なことに、ちょうどよい階級がありません。かろうじて「平均値±2*標準偏差」は95%くらいではないかとわかります。結果は次ページの表のとおりです。なお、乱数が入っているため画面が更新されます。表は目安としてご覧ください。

02 山の形をしたデータ分布

●度数の割合と予算範囲

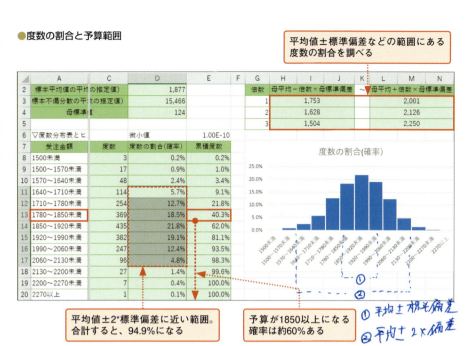

●予算範囲と確率

階級範囲	確率の合計	備考
「1850~1920」を中心に前後1階級 1780以上1990未満	60%前後で推移	階級範囲は、平均値±標準偏差より狭い
1640以上2130未満	95%程度で推移	平均値±2*標準偏差に近似
1500以上2270未満	99.7%~99.9%で推移	平均値±3*標準偏差に近似

　以上より、実験的アプローチの結果、今期の予算は、1850以上を達成できる確率は60%程度である、または、1780以上1990未満の範囲になる確率が60%程度であるといった報告ができます。

▶ Excelの操作④：理論的アプローチ－案件データの性質を正規分布に当てはめる

　標本抽出をせずに、案件データから直接、正規分布を利用した予算の取り得る範囲を求めるため、案件データの性質を正規分布に当てはめます。正規分布と言い切れるのは、「母集団のデータ分布に関わらず、標本サイズが大きくなれば、標本平均値のデータ分布は正規分布になる」という中心極限定理があるためです。もっとも、先の操作でヒストグラムがほぼ左右対称のデータ分布になったので、正規分布を当てはめることに異論はないと思います。

　さて、Excelで正規分布の確率を求めるにはNORM.DIST関数を利用します。NORM.DIST関数では、グラフの高さに相当する値を確率密度（質量）と呼んでいます。度数の割合を縦軸にしたヒストグラムと同様に、グラフの高さは確率なのでは？と思いますが、そうもいかないのです。正規分布の確率は、分布の面積で表されます。NORM.DIST関数で

235

CHAPTER 05 データの形を知る

累積確率と呼んでいる値です。理由はP.251で解説しますが、現時点では、正規分布のように数式による確率分布は、分布の面積が確率になることを押さえてください。

NORM.DIST関数 ⇒ 指定した平均値と標準偏差に従う正規分布の確率を求める

- **書　式**　=**NORM.DIST**(x, 平均, 標準偏差, 関数形式)
- **解　説**　データの平均と標準偏差に従う正規分布の確率変数xに対する確率密度（質量）、または、累積確率を求めます。関数形式にFALSEを指定すると確率変数xの確率密度（質量）、TRUEを指定すると、正規分布の左端から確率変数xまでの累積確率、すなわち、面積を求めます。
- **補　足**　NORM.DIST関数は関数形式によって以下の図の確率を求めます。

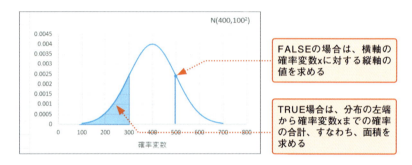

サンプル
5-02「操作2」シート

　標本抽出はしていないという想定で行うので、NORM.DIST関数に指定する「平均」と「標準偏差」に、標本抽出で求めた母平均の推定値や母標準偏差の推定値は使いません。「平均」は、「案件」シートの「期待値の合計」を使います。「標準偏差」は、各案件の概算金額あたりの分散に、受注できると見込まれる30件をかけ、平方根を取ります。また、確率変数は、予算の取り得る範囲です。ここでは、1400〜2400まで50刻みで用意しています。

●NORM.DIST関数に使う「案件」シートの値

	A	B	C	D	E	F
1	▽営業案件集計					
2	案件数	受注確度(%)の平均値	概算合計	期待値の合計	母分散（概算）	
3	60	50.25%	3,745	1,889	515.5763889	
4						
5	▽営業案件データ					
6	案件No	取引先	受注確度(%)	概算金額	期待値	
7	1	A社	90%	61	54.9	
8	2	B社	60%	74	44.4	
9	3	C社	20%	82	16.4	
10	4	D社	10%	59	5.9	
11	5	E社	10%	76	7.6	
12	6	E社	10%	65	6.5	
13	7	B社	70%	22	15.4	
14	8	D社	30%	89	26.7	
15	9	A社	90%	48	43.2	
16	10	C社	20%	65	13	
17	11	C社	5%	72	3.6	

F3セル: =VAR.P(D7:D66)

- NORM.DIST関数の平均に利用する
- 案件あたりの散らばりを示しているので、受注案件全体の予算の散らばりに換算するには、30件分をかけ、平方根を取ってNORM.DIST関数に利用する

02 山の形をしたデータ分布

正規分布に使う平均値と標準偏差を求める

●「操作2」シートのセル「C2」「C3」に入力する式

| C2 | =案件!E3 | C3 | =SQRT(案件!F3*30) |

	A	B	C	D	E	F
1	▽正規分布				▽確率変数のとる割合	
2		平均値	1,889		平均値μ,標準偏差σ	
3		標準偏差	124		平均値±標準偏差	
4					平均値±2×標準偏差	
5	▽正規分布の確率				平均値±3×標準偏差	
6	確率変数	確率密度	累積確率			
7	1400					
8	1450					

❶「操作2」シートのセル「C2」と「C3」に式を入力し、正規分布に使う平均値と標準偏差が求められた

正規分布の確率密度と累積確率を求める

●「操作2」シートのセル「B7」「C7」に入力する式

| B7 | =NORM.DIST($A7,$C$2,$C$3,FALSE) |
| C7 | =NORM.DIST($A7,$C$2,$C$3,TRUE) |

▶セル「A7」は、オートフィルでコピーしてもずれないように、列のみ絶対参照を指定する。

	A	B	C	D	E	F
1	▽正規分布				▽確率変数のとる割合	
2		平均値	1,889		平均値μ,標準偏差σ	
3		標準偏差	124		平均値±標準偏差	
4					平均値±2×標準偏差	
5	▽正規分布の確率				平均値±3×標準偏差	
6	確率変数	確率密度	累積確率			
7	1400	1.42322E-06	1.42322E-06			
8	1450					
9	1500					

❶セル「B7」にNORM.DIST関数を入力し、オートフィルでセル「C7」にコピーする

	A	B	C	D	E	F	G
1	▽正規分布				▽確率変数のとる割合		
2		平均値	1,889		平均値μ,標準偏差σ		μ－σ
3		標準偏差	124		平均値±標準偏差		
4					平均値±2×標準偏差		
5	▽正規分布の確率				平均値±3×標準偏差		
6	確率変数	確率密度	累積確率				
7	1400	1.42322E-06	=NORM.DIST($A7,$C$2,$C$3,TRUE)				
8	1450						
9	1500						

❷セル「C7」をダブルクリックして、「FALSE」を「TRUE」に変更し、Enterを押して再確定する

CHAPTER 05 データの形を知る

▶正規分布の確率密度（質量）は、ヒストグラムの階級幅と異なり、ピンポイントの予算になる確率であるが、そのような確率は「0」であることがわかる。また、連続分布においては、確率変数に対する分布の高さは意味をなさない（→P.251）。累積確率は分布の面積であり、確率の合計「1」に近づく。

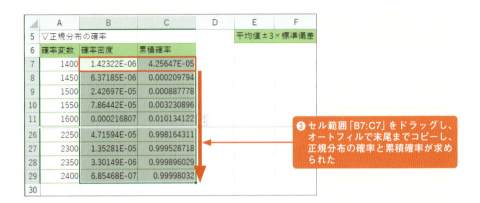

❸ セル範囲「B7:C7」をドラッグし、オートフィルで末尾までコピーし、正規分布の確率と累積確率が求められた

正規分布を作成する

▶手順❷はバージョンによってボタン名が異なる。【散布図】のボタンから操作する。

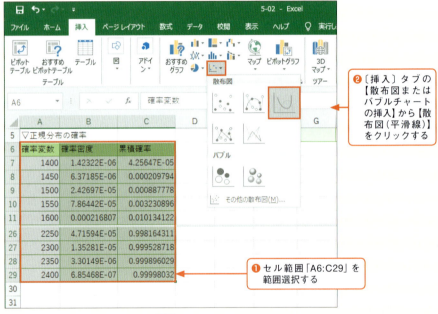

❷〔挿入〕タブの【散布図またはバブルチャートの挿入】から【散布図（平滑線）】をクリックする

❶ セル範囲「A6:C29」を範囲選択する

▶累積確率を第2軸に移動させる。

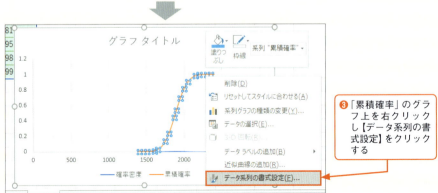

❸「累積確率」のグラフ上を右クリックし【データ系列の書式設定】をクリックする

02 山の形をしたデータ分布

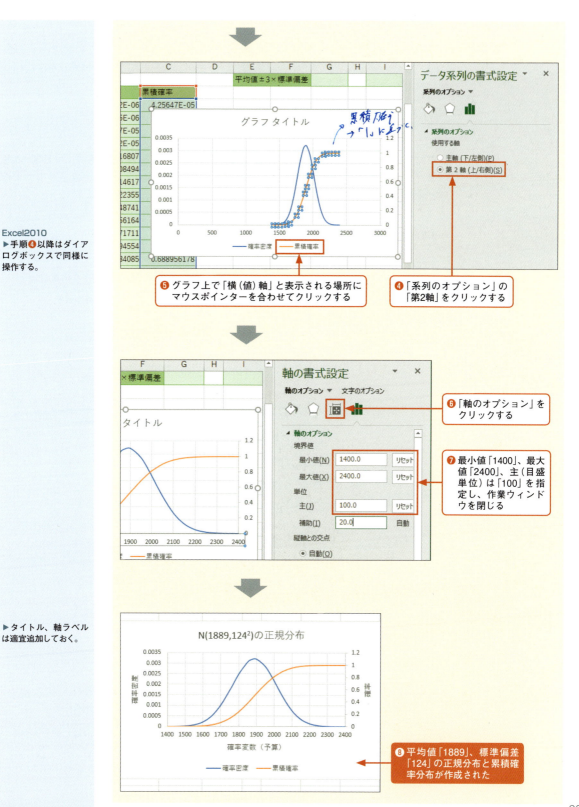

CHAPTER 05 データの形を知る

▶ Excelの操作⑤：理論的アプローチ－正規分布で予算の範囲になる確率を求める

案件データの性質を当てはめた正規分布「$N(1889, 124^2)$」の確率が求められました。「$N(1889, 124^2)$」とは、正規分布を表す記号です。1889は案件データの期待値の合計、124は案件データの受注が30件あると仮定したときの予算の標準偏差です。

$N(\mu, \sigma^2)$：正規分布N、平均値μ、分散σ^2、標準偏差σ

平均値±標準偏差などは、予算範囲になり、たとえば平均値±標準偏差は「1889±124」です。ここでは、これらの予算範囲に含まれる確率を合計し、つまり、累積確率を求め、予算範囲になる確率を求めます。

●予算範囲の確率：平均値±標準偏差の場合

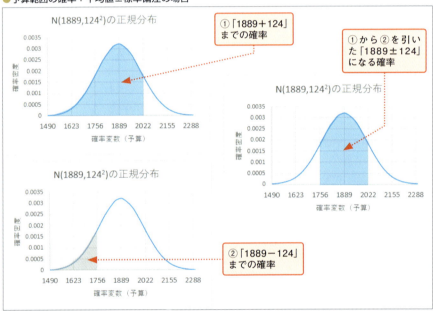

今期予算が指定した範囲に収まる確率を求める

●「操作2」シートのセル「G3」「I3」「J3」に入力する式

G3	=NORM.DIST($C$2-$C$3,$C$2,$C$3,TRUE)
I3	=NORM.DIST($C$2+$C$3,$C$2,$C$3,TRUE)
J3	=I3-G3

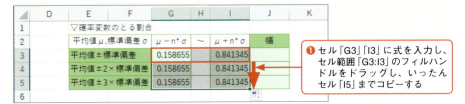

❶ セル「G3」「I3」に式を入力し、セル範囲「G3:I3」のフィルハンドルをドラッグし、いったんセル「I5」までコピーする

240

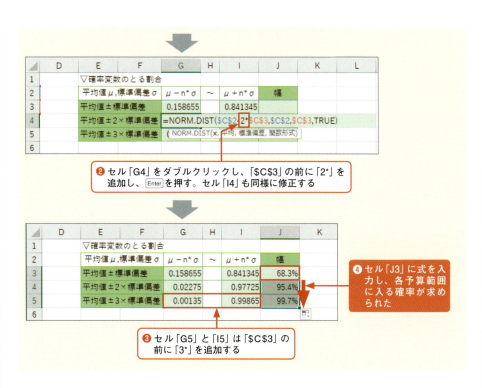

▶ 理論的アプローチ―結果の読み取り

中心極限定理より、母集団のデータ分布に関わらず、標本平均値の分布は正規分布になることを利用し、案件データの性質を正規分布に当てはめた結果、予算範囲の取る確率は次のようになります。

●予算範囲と確率

確率変数の範囲	予算範囲	予算範囲を取る確率
平均値±標準偏差	1765 ～ 2013	68.3%
平均値±2*標準偏差	1641 ～ 2137	95.4%
平均値±3*標準偏差	1517 ～ 2261	99.7%

予算の報告は、「現在リストアップされている案件の期待値「1889」を中心に±124ほど上振れ、下振れの可能性があり、予算が1765 ～ 2013に収まる確率は約70%です。」となります。もちろん、実際の報告は、数字を丸めてわかりやすい数字にした方がよいですが、これで、「ズバリ○○円です」と宣言せず、しかも不確実性を確率で数値化できました。

P.235のヒストグラムの予算範囲と確率の表とも見比べてください。ヒストグラムの場合と理論的な確率分布（ここでは正規分布）を使った場合とは、ほぼ近似していることがわかります。

正規分布の性質

正規分布は平均値を中心、そして分布の頂点とする左右対称の山型の分布です。確率変数の範囲が取る確率は以下のように決まっています。

予算範囲と全く同じです。以下の確率は、案件データの性質を反映した「$N(1889,124^2)$」固有の確率だったのではないかと疑問に思うかも知れませんが、任意の「$N(\mu,\sigma^2)$」に対して成立します。

正規分布の確率

確率変数の範囲	確率
平均値±標準偏差	68.3%
平均値±2*標準偏差	95.4%
平均値±3*標準偏差	99.7%

サンプルファイル「5-02_kansei」の「正規分布」シートに、平均値と標準偏差を入力すると、正規分布の確率が計算されるシートを準備しました。いろいろな値を入力してみてください。「平均値±標準偏差」の確率は必ず68.3%になります。尖った正規分布、扁平な正規分布といろいろあっても、結局確率の合計が1になるようにできているので、決まった範囲の確率はいつも同じになるのです。

正規分布の形状と確率：尖った分布

サンプル
5-02_kansei「正規分布」シート

任意のN(μ,σ²)で成り立つ

1	▽正規分布		
2	平均値		600
3	標準偏差		50
4			
5	▽正規分布の確率		
6	確率変数	確率密度	累積確率
7	450	8.8637E-05	0.0013499
8	462.5	0.000181871	0.00297976
9	475	0.000350566	0.00620967
10	487.5	0.000634793	0.01222447
11	500	0.001079819	0.02275013
12	512.5	0.001725546	0.04005916
13	525	0.002590352	0.0668072
14	537.5	0.003652982	0.10564977
15	550	0.004839414	0.15865525
16	562.5	0.006022749	0.22662735
17	575	0.007041307	0.30853754

▽確率変数のとる割合

平均値μ,標準偏差σ	μ−n*σ	～	μ+n*σ	幅
平均値±標準偏差	0.158655		0.841345	68.3%
平均値±2×標準偏差	0.02275		0.97725	95.4%
平均値±3×標準偏差	0.00135		0.99865	99.7%

確率分布内の面積は1なので、「600±50」に入る確率は全体の68.3%

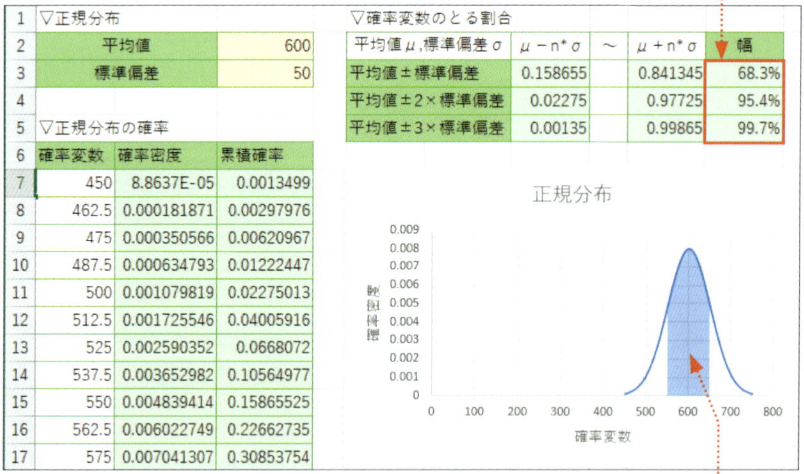

02 山の形をしたデータ分布

●正規分布の形状と確率：扁平な分布

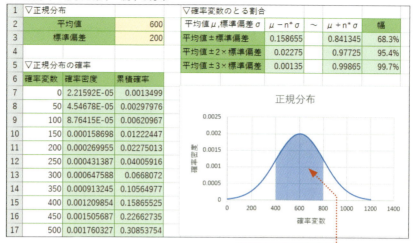

確率分布内の面積は1なので、「600±200」に入る確率は全体の68.3%

発展 ▶▶▶▶

▶ 確率から確率変数を求める

Excelにはさまざまな確率分布の、確率変数に対する確率を求める関数がありますが、反対の機能を持つ関数も用意されています。反対の機能とは、確率から確率変数を求めることです。例題でいえば、予算達成確率80％以上の予算を求めるといった内容です。

一般に、確率から確率変数を求める関数には、反対の機能を表す、インバースの意味で「INV」と付きます。

NORM.INV関数 ➡ 指定した平均値と標準偏差に従う正規分布の確率変数を求める

- 書　式　=**NORM.INV**(確率, 平均, 標準偏差)
- 解　説　データの平均と標準偏差に従う正規分布の確率に対する確率変数を求めます。ここでいう確率とは、分布の左端からの面積です。
- 補　足　NORM.INV関数は以下の図の横軸上の点を求めます。

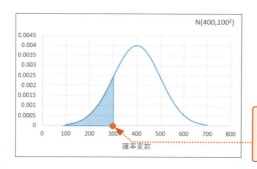

分布の左端からの面積に相当する確率を指定し、確率に対する確率変数を求める

CHAPTER 05 データの形を知る

　以下の図は、案件データの平均値と標準偏差に従う正規分布の、分布の左端から積み上げた確率に対する確率変数を求めた値です。たとえば、20%に対する確率変数「1784」は、予算が「1784」以下になる確率が20%ということです。言い換えれば、80%以上の確率で達成できる予算です。

サンプル
5-02_kansei「確率変数」シートで確認できる。

●指定した確率以下になる予算

	A	B	C	D
1	▽正規分布			
2	平均値		1,889	
3	標準偏差		124	
4				
5	▽正規分布の確率変数			
6	累積確率	確率変数		
7	0%	#NUM!		
8	0.001%	1,358		
9	10%	1,729		
10	20%	1,784		
11	30%	1,823		
12	40%	1,857		
13	50%	1,889		
14	60%	1,920		
15	70%	1,954		
16	80%	1,993		
17	90%	2,048		
18	99.99%	2,351		
19	100%	#NUM!		

「=NORM.INV(A7,$C$2,$C$3)」と入力してオートフィルでコピーした

80%以上の確率で達成できると見込まれる予算

　上の図では、分布の左端から積み上げた確率「0」%と「100%」が「#NUM!」エラーになっていますが、これは、エラーというよりも、むしろ正しい反応です。

　正規分布は、確率変数をマイナス無限大からプラス無限大まで動かしたとき、確率が0～1になるようにできています。私たちが暮らす有限の世界で考える場合、正規分布は横軸から浮いていて、決して0に到達しません。グラフも、見た目にはわかりませんが、本当は、左端も右端も横軸にくっつきません。よって、確率0の確率変数はマイナス無限大になりますが、Excelでそのような数字は出せませんので、「#NUM」エラー（Excelが処理できる範囲を超えた）と表示されます。

　ただし、これは余りにも細かい話です。実際、0をほんの少し超える、あるいは、100%をほんの少し下回れば、答えが出ます。実用上は、確率は0～1で変化するとしてよいですし、確率の合計は1といって何の問題もありません。

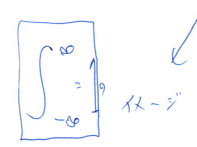

244

03 標準の山

正規分布は、データの平均値と標準偏差によって、尖った分布や扁平な分布など、いろいろですが、確率の合計が1になるので、平均値±標準偏差の確率はどれも68.3%になりました。これは素晴らしいのですが、いろいろなパターンの正規分布があるせいで、2種類以上のデータを直接比較できないのが難点です。どこかで聞いた話ですね。データが異なって直接比較できないときは、データを標準化しました。正規分布も同様です。ここでは、標準正規分布について解説します。

導入 ▶▶▶

例題 「規模の異なる店同士を比較したい」

　A店とX店は同系列の店舗ですが、店の規模が異なります。A店とX店の売上平均（平均値）と標準偏差は次のとおりです。02節にならい、売上平均値と標準偏差を正規分布に当てはめたところ、A店とX店の正規分布の形が異なり、両店の業績を同じ目線で直接比較できません。直接比較するにはどうすればいいでしょうか。

●A店とX店の売上平均値が従う正規分布

売上規模が異なる　　　　　　　　　　分布が異なっていて比較が困難

	A	B	C	D	E	F	G
1	売上比較						
2		平均値	標準偏差			平均値	標準偏差
3	A店	550	150		X店	290	80
4							
5	売上高	確率	累積確率		売上高	確率	累積確率
6	100	0.00%	0.13%		50	0.01%	0.13%
7	175	0.01%	0.62%		90	0.02%	0.62%
8	250	0.04%	2.28%		130	0.07%	2.28%
9	325	0.09%	6.68%		170	0.16%	6.68%
10	400	0.16%	15.87%		210	0.30%	15.87%
11	475	0.23%	30.85%		250	0.44%	30.85%
12	550	0.27%	50.00%		290	0.50%	50.00%
13	625	0.23%	69.15%		325	0.45%	66.91%
14	700	0.16%	84.13%		370	0.30%	84.13%
15	775	0.09%	93.32%		410	0.16%	93.32%

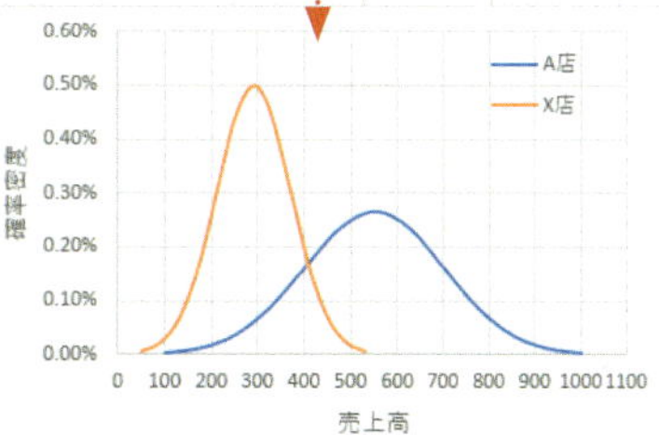

上の図は、サンプル5-03「資料1」シートで確認できます。

CHAPTER 05 データの形を知る

●A店とX店の、比較したい売上データ

	A	B	C
1		A店	X店
2	平均値	550	290
3	標準偏差	150	80
4			
5	▽売上データ		
6	月	A店	X店
7	1月	585	410
8	2月	480	290
9	3月	700	370
10	4月	600	350
11	5月	380	280
12			

上の図は、サンプル5-03「資料2」シートで確認できます。

▶ 正規分布を標準化する

例題のA店とX店は、分布が異なりますが、無理やり比較できなくもありません。たとえば、両店とも売上が「325」の場合、グラフに線を引いてみると、A店は分布の中央からかなり左に離れた位置にあり、X店は分布の中央より右側にあります。分布の中央は売上平均値ですから、売上「325」はA店にとっては悪く、X店にとっては平均よりよかったことになります。ただし、正規分布を個別に見ることになり、面倒ですし、2つの分布が重ならないところは比較できません。また、比較対象が2店ではなく、もっと増えたら、さらに時間がかかりそうです。

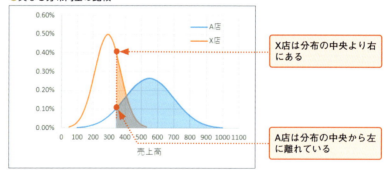

●異なる分布同士の比較

▶データの標準化
→P.83

そこで、データを標準化し、標準化したデータが従う正規分布を用意すれば、同じ分布で比較できます。データの標準化では、平均値「0」、標準偏差「1」に合わせましたが、正規分布も同じです。平均値「0」、標準偏差「1」の正規分布を標準正規分布といいます。

平均値「0」、標準偏差「1」になったことで、平均値±標準偏差の確率は次のように表されます。

● 標準正規分布の確率

確率変数の範囲		確率
平均値±標準偏差	±1	68.3%
平均値±2*標準偏差	±2	95.4%
平均値±3*標準偏差	±3	99.7%

実践 ▶▶▶

▶ Excelの操作①：標準化データを求める

サンプル
5-03「操作」シート

　A店とX店の売上データを標準化します。標準化データの見方は、平均値「0」、標準偏差「1」に調整していますので、標準化データが0を超えていれば、売上高は平均以上、1を超えていれば標準偏差の範囲を超えて売上が高かったことになります。0より小さい、1より小さい場合はその逆です。

A店とX店の売上高の標準化データを求める

●「操作」シートのセル「B3」に入力する式

B3　=(資料2!B7-資料2!B$2)/資料2!B$3

	A	B	C	D	E	F
1	▽標準化データ(Z)				▽標準正規分布	
2	月	A店	X店		Z	確率密度
3	1月	0.233333	1.5		-3	
4	2月	-0.46667	0		-2.5	
5	3月	1	1		-2	
6	4月	0.333333	0.75		-1.5	
7	5月	-1.13333	-0.125		-1	
8					-0.5	
9	▽各月の売上以上が起こる確率				0	

❶ セル「B3」に式を入力し、オートフィルでセル「C7」までコピーする。売上データが標準化された

▶ Excelの操作②：標準正規分布の確率を求める

　P.86では、標準化データを直接比較し、平均よりよかった、悪かったなどと評価してきましたが、それがどのくらいの確率で起こるのか、という確認はしませんでした。そこで、標準化データが従う正規分布を作成します。

　ここでは、NORM.DIST関数の平均に0、標準偏差に1を指定して、標準正規分布を作成します。NORM.DIST関数のxは確率変数のことですが、標準正規分布では、確率変数を標準化したZ値を指定します。ここでは、グラフも作成するので、標準化データの範囲は±3にします。

▶Z値
→P.84

CHAPTER 05 データの形を知る

標準化された確率変数に対応する標準正規分布の確率密度（質量）を求める

●「操作」シートのセル「F2」に入力する式

| F2 | =NORM.DIST(E3,0,1,FALSE) |

▶連続分布においては、確率変数に対応する縦軸の値は、確率としては意味をなさない（→P.251）。しかし、分布の形状を知るためには必要な計算である。

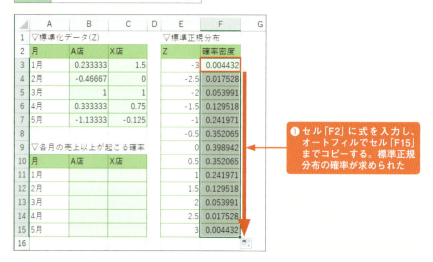

❶セル「F2」に式を入力し、オートフィルでセル「F15」までコピーする。標準正規分布の確率が求められた

標準正規分布のグラフを作成する

▶手順❶は、バージョンよってボタン名を異なるが、同じデザインのボタンをクリックする。

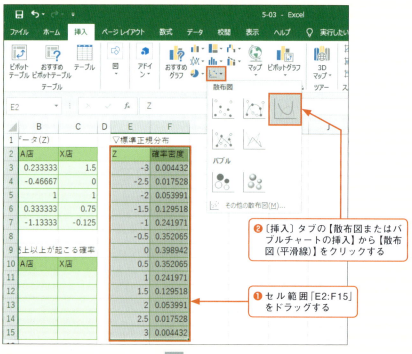

❷〔挿入〕タブの【散布図またはバブルチャートの挿入】から【散布図（平滑線）】をクリックする

❶セル範囲「E2:F15」をドラッグする

● グラフの編集

タイトル	標準正規分布
軸ラベル	横軸ラベル：Z値（標準化データ）
	縦軸ラベル：確率密度
横軸目盛	-3.5 ～ 3.5　0.5刻み

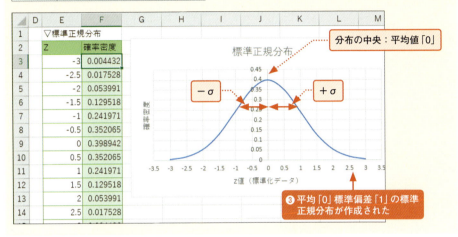

❸ 平均「0」標準偏差「1」の標準正規分布が作成された

▶図中の「σ」は標準偏差を表す記号。標準正規分布では「1」である。

▶ Excelの操作③：各月の売上高以上になる確率を求める

　標準化されたA店とX店の売上高について、指定した売上高以上を達成する確率を求めます。この確率を求めるには、NORM.S.DIST関数を利用しますが、工夫がいります。NORM.S.DIST関数は、分布の左端から指定した確率変数までの値を求めます。つまり、指定した確率変数以下になる確率が求められます。ここでは、指定した売上高以上になる確率を求めたいので、確率の合計1から、関数で求めた値を引き算する必要があります。

●確率変数以上になる確率

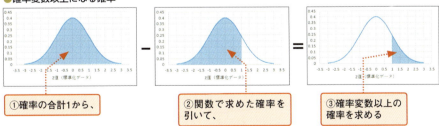

①確率の合計1から、　　②関数で求めた確率を引いて、　　③確率変数以上の確率を求める

▶関数によって、分布の右端からの確率を求めるタイプ、両方を指定できるタイプなどがある。都度、分布のどこの部分の確率を求めているかをよく確認する必要がある。

NORM.S.DIST関数 ➡ 標準正規分布の確率を求める

書　式　**=NORM.S.DIST**(z, 関数形式)

解　説　標準化された確率変数zに対する確率密度（質量）、または、累積確率を求めます。関数形式にFALSEを指定すると確率変数zの確率密度（質量）、TRUEを指定すると、正規分布の左端から確率変数zまでの累積確率、すなわち、面積を求めます。

補　足　平均は「0」と標準偏差は「1」と決まっているので、平均と標準偏差の引数がありません。

249

CHAPTER 05 データの形を知る

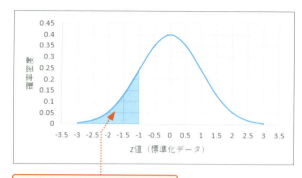

TRUEの場合は、分布の左端から標準化された確率変数zまでの面積合計、すなわち、面積を求める

 各売上高を達成する確率を求める

● 「操作」シートのセル「B11」に入力する式

| B11 | =1-NORM.S.DIST(B3,TRUE) |

	A	B	C	D	E	F
9	▽各月の売上以上が起こる確率				0	0.398942
10	月	A店	X店		0.5	0.352065
11	1月	40.8%	6.7%		1	0.241971
12	2月	68.0%	50.0%		1.5	0.129518
13	3月	15.9%	15.9%		2	0.053991
14	4月	36.9%	22.7%		2.5	0.017528
15	5月	87.1%	55.0%		3	0.004432
16						

❶ セル「B11」に式を入力し、セル「C15」までオートフィルでコピーする。各売上高を達成できる確率が求められた

▶ 結果の読み取り

　標準正規分布に売上高のZ値を当てはめると、同じ分布で比較することできます。たとえば、1月の場合、A店の売上高の標準化データは約「0.23」、X店は「1.5」です。

　次ページの図に示すように、標準化データは、横軸上の位置で比較できます。また、1月の売上高を達成できる確率は面積で示されます。X店は6.7%ですから、普段はなかなか達成できない売上を記録したことになります。A店は40.8%です。標準化データは0を超えているので平均以上ではありますが、普段から達成可能な売上高です。

　売上高を達成できる確率は、50%を超えると、平均を下回る売上高であることを示します。対応する標準化データもマイナスになります。

03 標準の山

● 標準正規分布による1月の売上比較

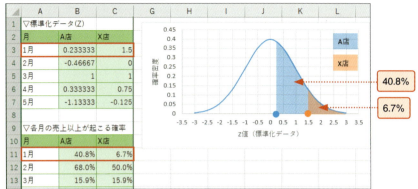

1月～5月のA店とX店の売上高を達成できる確率を比較すると、全体的にA店＞X店の関係があります。確率が低い方が、普段は中々達成できない売上を記録していると読み取れるので、1月～5月に関しては、A店よりX店の方が、業績がよいと読み取ることができます。

> **MEMO　グラフの高さが確率にならない理由**
>
> 　正規分布のように、数式による確率分布をグラフにしたとき、ヒストグラムのように、グラフの高さは確率にはなりません。実は、ヒストグラムにおいても、面積比較をするのが一般的です。
>
> 　本書では、ヒストグラムの区間をすべて等間隔で説明してきたため、グラフの高さで比較できたのです。このことは、P.20の注釈でも触れていますが、ヒストグラムは常に区間幅が等間隔とは限りません。等間隔でない場合は、面積で比較します。だから面積で確率を示すのです。こんな説明だけでは納得できませんね。ほかにも理由があります。ヒストグラムで扱ったデータは整数です。テストの点数、売上金額、人数、さいころの目などは、いずれも整数であり、1の次は2、その次は3、という具合です。片や、正規分布のように、数式による確率分布は連続分布であり、1の次は2ではありません。1.01もあれば、1.00001、1.0000000000001など、いくらでもあります。
>
> 　現に、これまでの操作を振り返れば、正規分布を作成する際に、小数を含む数値を扱っていることが確認できます。つまり、連続分布では、無数の確率変数が存在しています。そのような中、ある瞬間の確率変数になる確率は、グラフの高さがどうあれ、無限大ともいえる確率変数の存在により、0になります。よって、ある瞬間の確率変数の確率（グラフの高さを示す値）は、確率としての意味はなく、面積で確率をとらえることになるわけです。数式による確率分布では、グラフの高さが瞬間的に1を超える値を示すものもありますが、面積の合計、すなわち、確率の合計は1になります。

発展 ▶▶▶

▶ **標準正規分布表を作成する**

統計学の書籍や文献の巻末などに収録されている標準正規分布表を作成します。P.249

にも書きましたが、表を見る前に、確率分布のどこを求めているのかを確認します。図が載っていることも多いですが、上側確率／下側確率と文字表記しかない場合もあります。上側とは、確率分布の右端から確率変数まで、下側は確率分布の左端から確率変数までという意味です。

標準正規分布表に関しては、左右対称であることから、最初から半分しかありません。中央から確率変数までというタイプが多いです。もし、確率変数「−0.5〜+1」までの確率が知りたい場合は、確率変数「0〜0.5」までと「0〜1」までの確率を調べて足せばよいという考えです。

●標準正規分布表の確率の適用範囲

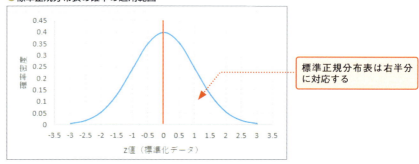

標準正規分布表は右半分に対応する

サンプル
5-03「標準正規分布表」シートで確認できる。

●標準正規分布表

「=NORM.S.DIST($A2+B$1,TRUE)-0.5」と入力してオートフィルでコピーした

	A	B	C	D	E	F	G	H	I	J	K
1	Z	0.00	0.01	0.02	0.03	0.04	0.05	0.06	0.07	0.08	0.09
2	0.0	0.000	0.004	0.008	0.012	0.016	0.020	0.024	0.028	0.032	0.036
3	0.5	0.191	0.195	0.198	0.202	0.205	0.209	0.212	0.216	0.219	0.222
4	1.0	0.341	0.344	0.346	0.348	0.351	0.353	0.355	0.358	0.360	0.362
5	1.5	0.433	0.434	0.436	0.437	0.438	0.439	0.441	0.442	0.443	0.444
6	1.6	0.445	0.446	0.447	0.448	0.449	0.451	0.452	0.453	0.454	0.454
7	1.7	0.455	0.456	0.457	0.458	0.459	0.460	0.461	0.462	0.462	0.463
8	1.8	0.464	0.465	0.466	0.466	0.467	0.468	0.469	0.469	0.470	0.471
9	1.9	0.471	0.472	0.473	0.473	0.474	0.474	0.475	0.476	0.476	0.477
10	2.0	0.477	0.478	0.478	0.479	0.479	0.480	0.480	0.481	0.481	0.482
11	2.5	0.494	0.494	0.494	0.494	0.494	0.495	0.495	0.495	0.495	0.495
12	3.0	0.499	0.499	0.499	0.499	0.499	0.499	0.499	0.499	0.499	0.499

確率変数「1.96」の分布中央からの確率

標準正規分布表は1列目と1行目を足した値の、分布中央からの確率（面積）が表示されています。ここで、確率変数「1.96」の分布中央からの確率は「0.475」と確認できます。中央から0.475とは、分布右端から「0.025（2.5％）」(0.5−0.475)です。また、確率変数「−1.96」は、表になくても、分布左端から2.5％と読み取ります。つまり、分布の両端から各2.5％、両方合わせて5％に相当する確率変数は1.96とわかります。分布の両端から各2.5％、合わせて5％という確率は、統計学に欠かせない数字です。またすぐに出てきますが、余裕があれば、頭の片隅に入れておいてください。

04 親戚の山々

正規分布、または、標準正規分布は、予算の範囲、売上平均からの離れ具合など、平均値を中心とするばらつきや誤差を調べるのに利用しました。ここでは、標準正規分布から派生した確率分布について解説します。本節で紹介する確率分布は、推定や検定で利用します。

導入 ▶▶▶

例題 「正規分布以外の確率分布が知りたい」

データのヒストグラムを作成すると、左右対称のデータ分布ばかりではありませんでした。左右非対称のデータ分布に対応する確率分布が知りたいです。また、左右非対称の確率分布はどういうときに使うのでしょうか。

▶ カイ二乗分布

カイ二乗分布は、標準正規分布「$N(0,1)$」に従うk個の確率変数Z_kを2乗和してできる新たな確率変数Xが従う分布です。

カイ二乗分布に従う確率変数:$X = Z_1^2 + Z_2^2 + \cdots + Z_k^2$

分布の形状はk個によって変わりますが、概ね、右裾に長い分布になります。k個によって形状が変わるので、「自由度kのカイ二乗分布」と呼び分けます。

> サンプル
> 5-04「確率分布-カイ二乗」シートで確認できる。

●自由度kのカイ二乗分布

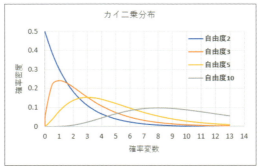

CHAPTER 05 データの形を知る

ところで、k個の確率変数とは、取り得る値はわかっていますが、取り出してみるまではわからない変数でした。データでいえば、母集団から取り出した標本サイズnに相当します。そこで、もう一度、カイ二乗分布に従う確率変数の式を見ると、標準正規分布に従う確率変数の2乗和です。2乗和といって思い出すのは、P.219の以下の式です。

$$母分散 = \frac{偏差の2乗和}{標本サイズ-1} = 不偏分散$$

偏差はデータから平均値を引いた値ですが、データを標準化すれば、平均値は0になるので、「偏差の2乗和」は、標準化データの2乗和となります。ここで、連続分布においては、標準化データを確率変数と読み替えることにより、確率変数の2乗和となります。よって、上の式の「偏差の2乗和」はカイ二乗分布に従う確率変数です。「標本サイズ-1」は定数ですから、不偏分散もカイ二乗分布に従うことになります。そして、「標本サイズ-1」によって分布の形状が変わりますから、不偏分散は「自由度n-1のカイ二乗分布」に従うと表現されます。

不偏分散といえば、P.231で案件データを扱った際、無作為抽出したデータの標本不偏分散を求めました。P.233では、標本平均値の分布に焦点を当てていたので、標本不偏分散の分布には触れませんでしたが、2000回繰り返して求めた標本不偏分散はカイ二乗分布に従う確率変数です。

以下は、標本サイズを「4」、標準化したデータを無作為抽出し、標本不偏分散を計算し直して作成した標本不偏分散のヒストグラムです。このヒストグラムは「自由度「4-1」」つまり、「自由度3のカイ二乗分布」によく似たデータ分布になっていることがわかります。

▶データ分布と確率分布の違い
→P.230

サンプル
5-04「カイ二乗分布」シートで確認できる。ここでは、標準化したデータを改めて無作為抽出した。

● 標本サイズ4の標本不偏分散のヒストグラム

ここでは取り上げませんが、興味のあるかたは、サンプル「5-02_kansei」の「無作為抽出」シートを開いて、標本不偏分散のヒストグラムを作成してみてください。データを標準化して無作為抽出をやり直す必要はありません。そもそも、元のデータと標準化データは、「z=（データ－平均値）／標準偏差」の式でつながっています。ですから、N(0,1)に従う確率変数の2乗和がカイ二乗分布に従うとしていますが、N(μ, σ^2)に従う確率変数の2乗和が

カイ二乗分布に従う考えて差し支えありません。

　サンプル「5-02_kansei」では、標本サイズを30としたので、自由度「30−1」つまり、自由度29のカイ二乗分布に沿った分布になります。カイ二乗分布は自由度が増えるにつれ、非対称性が失われていきますから、標本不偏分散のヒストグラムは、正規分布のようにしか見えないと思います。しかし、標本不偏分散のデータ分布に当てはめる確率分布はカイ二乗分布になるのです。

　カイ二乗分布は、データのばらつきに関する推定や検定に利用されます。

● **自由度**

　自由度とは、数値を自由に選べる数のことです。次の2つの例を考えます。

任意の数値を5つ選ぶ

　どの数値でも選ぶことができます。｜1,2,3,4,5｜でも、｜30,100,3,2,9｜でもなんでも選ぶことができます。5つの数はそれぞれ「自由」に選べます。このような状態を「5つの数値は互いに独立している」と表現します。5つの数値の間には何も縛られるものがないからです。任意の数値をn個選ぶ場合も同様です。n個とも自由に選べるので、自由度は「n」となります。

任意の数値を5つ選ぶ。ただし、5つの数値の平均値は「4」とする

　4つは任意に選べますが、最後の1つは「平均値が4になる」という条件を満たさなくてはなりません。たとえば｜1,4,5,8｜と選ぶと、この時点での合計が「18」ですから、最後の1つは自動的に「2」に決まってしまいます。4つは自由に決められたものの、最後の1つは自由に決められませんでした。したがって、自由度は1つ減って「4」となります。以上のことから、条件1つにつきデータを選ぶ自由が1つ奪われます。一般にn個の数値を選ぶとき、条件がm個あれば、自由度は「n−m」となります。

▶ **t分布**

　t分布は、標準正規分布に従う確率変数Zと自由度kのカイ二乗分布に従う確率変数Xがあるとき、t分布に従う確率変数tは、次のようになります。

$$t = \frac{Z}{\sqrt{\dfrac{X}{k}}}$$

　分布の形状は、正規分布に近いですが、正規分布よりやや扁平で、裾が広がっています。自由度が高くなるにつれ、正規分布とほぼ変わらなくなります。つまり、t分布は自由度が低い、データでいえば、標本サイズが小さいときに活躍する分布になります。正規分布では、平均値を中心とするデータ範囲を決めるのに利用しましたが、t分布も平均値に関する分析に利用されます。

●自由度kのt分布

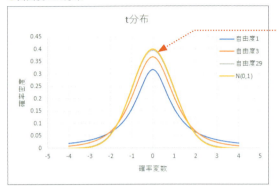

> サンプル
> 5-04「t分布」シートで確認できる。

自由度29と標準正規分布はほぼ重なって見える

▶ F分布

F分布は、互いに独立した自由度k_1と自由度k_2の2つのカイ二乗分布に従う確率変数X_1とX_2があるとき、F分布に従う確率変数Fは確率変数X_1とX_2の比で表されます。

$$F = \frac{\frac{X_1}{k_1}}{\frac{X_2}{k_2}}$$

F分布の形状もカイ二乗分布と同様に右裾に長い分布になります。

●自由度(k_1,k_2)のF分布

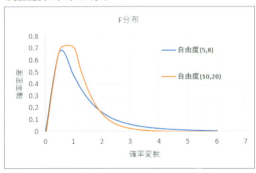

> サンプル
> 5-04「F分布」シートで確認できる。

F分布はカイ二乗分布をもとにしています。カイ二乗分布は、母集団から取り出した標本不偏分散の分布でした。よって、2つの母集団から取り出した標本の不偏分散の比はF分布に従います。F分布は散らばり具合の比に関する分析に利用されます。たとえば、2箇所で生産された商品の重さのばらつきに違いがあるかどうかを調べるのに利用されます。

▶ 二項分布

あたり／はずれのくじを引くとき、たとえば、r回のくじを引いて、あたりが出る回数kは二項分布に従う確率変数です。このとき、全体に対してあたりが入っている割合（確率）はPです。

二項分布は以下のようになります。どちらかの事象が発生する回数は1回、2回といった整数ですので、グラフの点同士を線で結んで連続的に表示するのはおかしいのですが、点ばかりだと見づらいので、線で結んでいます。

> **サンプル**
> 5-04「二項分布」シートで確認できる。

● 発生確率0.3の二項分布

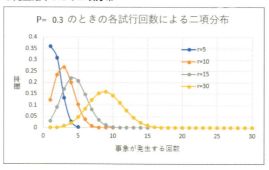

● 発生確率0.5の二項分布

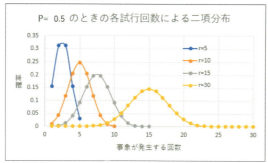

グラフをみると、どちらかの事象が発生する確率Pに関わらず、試行回数が増えると、正規分布に近づくことがわかります。したがって、試行回数が多い二項分布は正規分布と同様に、平均値に関する分析に利用されます。ただし、二項分布の場合、「あたり／はずれ」のようにデータは2つしかありません。あたりを1、はずれを0と置けば、平均値はあたりの割合（あたりの合計／試行回数）となります。これを母比率といいます。したがって、試行回数が多い二項分布は、母比率に関する分析に利用されます。

なお、P.211では、朝食をとった／とらなかったという2つのデータを1と0において、標本平均値（標本比率）の分布を作成しています。ここでもヒストグラムが正規分布に近似されていることが確認できます。

近似される正規分布の平均値は母比率P、分散は$P(1-P)/n$になります。

CHAPTER 05 データの形を知る

練習問題

問題 ❶ 品切れリスクを把握したい

過去の商品Aの1日あたりの販売記録データは次のとおりです。商品Aは発注から入荷までに5日間かかります（リードタイム）。在庫量に対する品切れリスクを把握したいです。品切れは、在庫量以上に売れたときに起こります。

サンプル
練習：5-renshu1
完成：5-kansei1

●「販売記録」シート

	A	B	C	D	E	F	G	H
1	▽販売記録			▽集計値				
2	No	販売数／日		平均値	39.5		在庫量	品切れリスク
3		1	66	分散	527.21		150	
4		2	60	リードタイム	5		250	
5		3	32	リードタイム中の販売量			280	
6		4	39	リードタイム中の分散			320	
7		5	45	リードタイム中の標準偏差			350	
8		6	12					

●「無作為抽出」シート

	A	B	C	K	L	M	N	O	P
1	▽無作為抽出							▽リードタイム期間中の各推定値	
2	試行回数	標本サイズ			標本	標本不偏分散		母平均の推定値	
3		1						母分散の推定値	
4		2						母標準偏差の推定値	
5		3							
6		4						▽度数分布表	1.00E-10
7		5						区間	上限値

全部使うとは限らない

●「確率分布」シート

	A	B	C	D	E	F	G
1	▽確率分布						
2	平均値						
3	標準偏差						
4							
5	在庫量または販売量	確率密度	品切れリスク				
6	25						
7	50						
8	75						
9	100						
10	125						
11	150						
12	175						
13	200						
14	225						
15	250						

練習問題

Ⅰ リードタイム期間中の平均販売数のヒストグラムの作成

「販売記録」シートを開きます。

Ⅰ－① セル範囲「E5:E7」にリードタイム期間中の販売量、分散、標準偏差を求めてください。

「無作為抽出」シートを開きます。

Ⅰ－② 販売数を無作為抽出してください。標本サイズをいくつにすればよいかも合わせて検討してください。無作為抽出の標本サイズは多ければ、必要に応じて列を削除し、少なければ挿入して調整してください。繰り返し回数は2000回とします。

Ⅰ－③ リードタイム期間中の平均販売量になるように、Ⅰ－②で抽出した標本の標本平均値と標本不偏分散を求めてください。

Ⅰ－④ Ⅰ－③より、「無作為抽出」シートのセル範囲「P2:P4」にリードタイム期間中の母平均と母分散、及び母標準偏差の推定値を求めてください。

Ⅰ－⑤ 度数分布表を完成させてください。

Ⅰ－⑥ 相対度数のヒストグラムを作成してください。F9 を何度か押して、形状を確認してください。

Ⅱ リードタイム期間中の平均販売数の従う確率分布の作成

「確率分布」シートを開きます。

▶連続分布においては、個々の確率変数における縦軸の値は確率としては利用できない。
→P.251

Ⅱ－① セル範囲「A2:A3」にリードタイム期間中の平均販売量と標準偏差を求めてください。「販売記録シート」に求められている値を参照してよいです。

Ⅱ－② セル範囲「B6:B21」とセル「C6:C21」にリードタイム期間中の確率密度と品切れリスクの確率を求めてください。なお、品切れリスクとは、今ある在庫以上に売れる確率です。

Ⅱ－③ 在庫量／販売量に対する、販売量の確率と品切れリスクの確率の関係を表すグラフを作成してください。

Ⅲ 在庫量に対する品切れリスクを求める

「販売記録」シートを開きます。

Ⅲ－① セル範囲「H3:H7」に各在庫量に対する品切れリスクを求めてください。この問題は、在庫量をピックアップしただけでⅡ－②と同様です。

Ⅲ－② 品切れリスクが10%程度の在庫量はいくらになるでしょうか。セル範囲「G3:G7」のいずれかのセルに在庫量を入れて試算してみてください。

259

CHAPTER 05 データの形を知る

サンプル
練習：5-renshu2
完成：5-kansei2

問題❷ **投資案件を選択する**

さまざまな案件を検討した結果、次の3つの投資案件が残りました。この中から、良いと思う案件を選択し、理由も心に留めておいてください。

次に、確率的に考えた場合、どの案件を選択するのが最も合理的でしょうか。なお、計算は、空いているセルをご利用ください。

●投資案件の利益予想と景況予想

	A	B	C	D	E
1	▼投資案件の利益予想				
2	案件名	好況	通常	不況	
3	A案	1,000	900	500	
4	B案	1,350	1,000	400	
5	C案	1,800	1,350	-500	
6					
7	▼景況予想				
8	好況	通常	不況		
9	40%	45%	15%		
10					

Column 気持ちと確率的思考

　景況予想を見ると、不況に陥る可能性は15%と低いものの、未来の予想は誰もできませんから、赤字になる可能性があるC案は到底選択できない、というのが「気持ち」を重視する選択かと思います。「気持ち」を優先すれば、A案、もしくは、B案を選ぶのが無難です。ところが確率的に考えると、気持ちとは裏腹な結果になったはずです。最終的にどの案件にすれば良かったかは、やってみなければわかりません（試行ですね。）。だったら、案件を選択する1つの方法として確率的思考もありなのではないでしょうか。

CHAPTER

06

少ない情報で
全体を推定する

前章までの内容で、すでに母集団と標本の関係については解説してきましたが、現実には、
標本抽出を何百回、何千回と繰り返しているヒマはありません。そこで、本章は、取得し
た標本1つを使って、母集団の性質を推定する方法について解説します。本章の内容は第
7章の前提知識になります。

01 高い信頼度で平均値を言い当てる ▶▶▶▶▶▶▶▶▶▶▶▶▶ P.262

02 データが少ししかなくても平均値を言い当てる ▶▶▶▶ P.280

03 点数のばらつきを推定する ▶▶▶▶▶▶▶▶▶▶▶▶▶▶▶▶▶ P.290

04 新製品の購入比率を推定する ▶▶▶▶▶▶▶▶▶▶▶▶▶▶▶ P.297

01 高い信頼度で平均値を言い当てる

費用面などから全数調査は厳しいので、標本を使うことに合意し、標本と母集団の関係を探るべく、無作為抽出を繰り返してきました。その結果、標本平均値の分布は正規分布に近似できることや標本平均値の平均値は母平均に収束する関係を見てきました。しかし、ズレはありましたので、実用上、「標本平均値の平均値は母平均です。」ときっぱり言い切れません。そこで、幅を持たせて母平均を推定します。ここでは、信頼度と母平均の区間推定について解説します。

導入 ▶ ▶ ▶

例題 「平均日射量を言い当てたい」

気象庁のホームページ（http://www.jma.go.jp/jma/index.html）から、秋田県の直近1年間の日射量データをダウンロードし、以下の表にまとめました。秋田県のいつもの、1日あたりの平均日射量が知りたいです。

直近1年間の1日あたりの平均日射量が知りたいのであれば、以下の表は母集団とみなせますが、直近1年に限らず、いつもの平均日射量が知りたい場合は標本です。ここでは、いったん母集団とみなして、区間推定とは何かを明らかにしてから、いつもの平均日射量を区間推定します。

● 秋田県の日射量データ

	A	B	C
1	秋田県		(MJ/㎡)
2	No	年月日	全天日射量
3	1	2017/10/1	16.38
4	2	2017/10/2	6.69
5	3	2017/10/3	5.55
6	4	2017/10/4	9.31
7	5	2017/10/5	15.65
8	6	2017/10/6	8.1
364	362	2018/9/27	2.29
365	363	2018/9/28	17.65
366	364	2018/9/29	9.41
367	365	2018/9/30	3.21
368			

2017/10/1 ～ 2018/9/30までの365日分の日射量データ

01 高い信頼度で平均値を言い当てる

▶ 95%の信頼度で、母平均が存在する範囲を言い当てる

第4章では、母集団から標本抽出を繰り返し、標本平均値の平均値と分散には次の関係や性質があることを調べてきました。

標本平均値の平均値 ＝ 母平均
標本平均値の分散 ＝ 母分散／標本サイズ
標本平均値の分布は正規分布とみなせる

これだけわかっているのに、今さら何するの？という感じですが、上の式は理想です。第4章では繰り返し回数を500回、2000回とした結果、上の式に合意できるほど近似はしたものの、ぴったりではなかったです。しかも、実用上、500回だの、2000回だの繰り返しているヒマもありません。通常は、標本調査で得たデータの平均値と分散、標準偏差を1回求めて終わりです。本節は、最終的に、1回こっきりの平均値と標準偏差を使って、母平均を区間推定するのが目的です。でもその前に、区間推定について、標本サイズとの関係や信頼度の意味をExcelでの実践を交えて明らかにします。

● 区間推定と信頼度

上の式の標本平均値の平均値をそのまま利用して、「母平均は○○です。」とズバリいってのけることを点推定といいます。これに対して、「母平均は標本平均値±○○の範囲にあると思います。」というのが区間推定です。「～と思います。」はいかにも頼りないです。そこで、信頼度というお墨付きをもらいます。統計では、95%の信頼度を付けるのが主流です。また、信頼度を付けた「標本平均値±○○」のことを信頼区間といいます。では、もう一度、いい直してみます。

母平均は、標本平均値±○○の範囲にあります。この信頼区間に入る信頼度は95%です。

細かい話ですが、母平均はたった1つだけ存在しますから、確率変数ではありません。取り得る値がいくつもあって、試行の結果、1つに決まるのが確率変数です。最初から1つしかない母平均は確率変数ではないのです。ですから、「母平均は」という以上は、信頼度95%という言い方はしても、確率95%とはいわないのです（つい、いってしまいますが）。

● 信頼度95%の区間

標本平均値の分布は正規分布に近似されます。また、標本平均値の平均値は母平均に収束することから、標本平均値の分布中央に母平均がありそうだと描けます。実際は、1回しか平均値を求めませんので、求めた標本平均値は、母平均に近いかもしれませんし、遠いかもしれません。ですが、1回で求めた標本平均値で母平均を推定します。よって、遠いとか近いとかを気にしてもしかたないので、母平均が含まれるように標本平均値に幅を持たせます。標本平均値に持たせる幅を信頼区間といい、母平均を含む確率が95%になるように区間を設定するのです。標本平均値は確率変数ですから、ここは「確率95%」です。

次の図は、標本平均値が従う分布です。母集団と標本平均値の関係から、正規分布N(平

均値,分散)と表記すると、標本平均値の分布は、N(母平均,母分散/標本サイズ)となります。

●標本平均値の分布と信頼区間

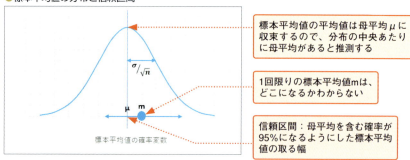

では、母平均が含まれると信頼できる95%の幅、つまり、信頼区間とは、どんな幅でしょうか。

> 確率95%になる確率変数は、関数で求めることができる。実践で操作する。

ここで思い出したいのが、確率変数が「平均値±2×標準偏差」のときの確率が95.4%になったことです。95%ぴったりにするには、「±2」の部分がわずかに小さくなります。先に結論をいうと、95%ぴったりの確率変数は「標本平均値±1.96×標準偏差」です。

1.96が使えるように、標準正規分布、かつ、標本平均値が0になったと仮定して描かせてもらうと信頼区間は次のようになります。標本平均値は、母平均より大きくなったり、小さくなったりしますから、分布の右端と左端から2.5%ずつカットして95%にします。

●95%信頼区間

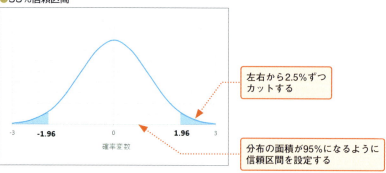

したがって、95%の信頼度を付けた1回限りの標本平均値による母平均の区間推定は次のようになります。

母平均μ、標本平均値m、標本平均値の分布の標準偏差sのとき、

> ±1.96×sは、上側2.5%点と下側2.5%点という。

$m-1.96 \times s \leqq \mu \leqq m+1.96 \times s$

ところで、標本平均値の分布の標準偏差sは、「標本平均値の分散 = 母分散／標本サイズ」の関係から、母分散をσ^2、標本サイズnとすると、以下のようになります。

01 高い信頼度で平均値を言い当てる

$$s^2 = \frac{\sigma^2}{n} \quad \blacktriangleright \quad s = \frac{\sigma}{\sqrt{n}}$$

したがって、母平均が含まれると推定される95%信頼区間は、次の不等式で表すことができます。

$$m - 1.96 \times \frac{\sigma}{\sqrt{n}} \leqq \mu \leqq m + 1.96 \times \frac{\sigma}{\sqrt{n}}$$

▶ 式を眺めても実感がわからないので、実践で確認する。

この式は、標本サイズが増えるほど、区間の幅が狭くなり、母平均の存在範囲が絞られることを表しています。

▶ 信頼度95%の意味

信頼度95%とは、1回限りの標本平均値から推定した信頼区間に、母平均が入っていない可能性が5%あります、という意味です。無作為抽出を100回くらい繰り返して、標本平均値が取る信頼区間を見てみると、5回くらいは母平均が入っていないことがありますが、その程度は許します、といっているのです。これを危険率といいます。

●信頼度95%は危険率5%を認めること

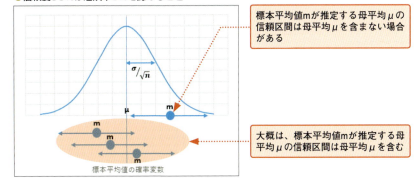

危険率を少しでも減らしたいときは、信頼度を上げます。統計では95%が主流といいましたが、医療分野などでは99%が使われます。99%に対する確率変数は2.58です。標本平均値で推定する信頼区間に母平均が含まれる確率を99%に上げるのですから、信頼区間の取る幅も標準偏差の1.96倍から2.58倍に増えることになります。

いっそのこと危険率0、つまり信頼度100%にしたいと思うかもしれませんが、信頼度100%はダメです。信頼度100%は正規分布の確率の合計が1になります。確率の合計1を満たす確率変数の範囲は、マイナス無限大からプラス無限大です。母平均はどこかにあるといっているのと同じです。少しでも危険率を付けないと有限の範囲にならないので危険率0にすることは諦めてください。

▶ 危険率は実践で確かめる。

▶ 標本サイズと信頼区間

P.264の図「95%信頼区間」を見て、ずいぶん広い範囲を信頼区間にするなぁと思った方

CHAPTER 06 少ない情報で全体を推定する

もいると思いますが、標本平均値の分布は、標本サイズが大きいほど、尖った形になります。P.242でも見たように、正規分布は扁平だろうが、尖っていようが、確率の合計は1です。よって、標本サイズが大きいほど、尖った分布になりますので、信頼区間もぐっと狭められてきます。Excelの実践で確かめます。

実 践 ▶▶▶

▶ Excelの表の準備

母平均の信頼区間を求める前に、母集団から取り出した標本平均値の分布は、標本サイズによって正規分布の尖り度が変わって信頼区間が変化することや危険率の確認を行います。そのため、いったん、秋田県の日射量データを母集団とみなします。さらに、標本平均値の分布を標準正規分布と比較したいので、日射量データを標準化し「日射量Z」とします。なお、データの標準化とデータをかき混ぜる作業は終了した状態です。

> **サンプル**
> 右図は6-01「資料」シートで確認できる。

●日射量データの標準化

A	B	C	D	E	F	G	H	I	J	K	L
1	秋田県		(MJ/㎡)	▽標準化		▽かさまぜ				▽全天日射量	
2	No	年月日	全天日射量	日射量Z		乱数	順位	全天日射量	日射量Z	平均値	11.37
3	1	2017/10/1	16.38	0.622		13.78616	20	4.890	-0.804	分散	64.92
4	2	2017/10/2	6.69	-0.581		238.7936	221	11.390	0.002	標準偏差	8.057
5	3	2017/10/3	5.55	-0.723		364.8667	364	9.410	-0.244		
6	4	2017/10/4	9.31	-0.256		262.0331	247	29.100	2.200	▽日射量Z	
7	5	2017/10/5	15.65	0.531		262.4552	248	20.800	1.170	平均値	0.000
8	6	2017/10/6	8.1	-0.406		177.1846	169	10.730	-0.080	分散	1
9	7	2017/10/7	4.43	-0.862		251.8353	238	30.240	2.342	標準偏差	1
10	8	2017/10/8	15.3	0.488		232.7172	217	22.990	1.442		
11	9	2017/10/9	6.95	-0.549		145.3358	143	9.580	-0.222		
12	10	2017/10/10	3.14	-1.022		342.4604	333	11.610	0.030		

さらに、「日射量Z」の標本抽出も終了した状態です。試行回数は1000回としました。ここでは、標本サイズ9と標本サイズ36で標本平均値を取ります。

> **サンプル**
> 右図は6-01「無作為抽出」シートで確認できる。
>
> ▶乱数を使用しているため、操作画面は一例として見る。

●無作為抽出：試行回数1000

B3　`=INDEX(資料!$I$3:$I$367,RANDBETWEEN(1,365),1)`

A	B	I	J	AI	AJ	AK	AL	AM
1	▽無作為抽出						▽標本平均値	
2	試行回数			サイズ9			サイズ36	サイズ9	サイズ36
3	1	0.022088	1.804312	-0.59102	0.947951	-0.70147	-0.7536		
4	2	0.283961	2.134445	1.44191	-1.32823	-1.18923	0.568173		
5	3	0.769232	1.2061	-1.07381	-0.63942	-0.99065	1.624352		
6	4	1.105571	-0.00894	-1.15075	-1.06015	1.150251	0.296372		
7	5	1.260709	0.466403	0.745651	-0.68286	0.955397	0.955397		
8	6	-1.29969	-0.28198	-1.01299	0.56445	-0.40609	-0.87647		
9	7	-0.73002	-0.06107	1.209823	-0.44829	0.303819	-0.3701		
10	8	-0.9832	-1.26121	2.237457	1.422052	1.812999	-1.14207		
11	9	-1.12841	-0.88143	0.302577	-0.99313	-0.44208	1.2061		
12	10	0.296372	-0.68906	1.168867	-0.86158	-0.73002	1.131634		

> 標本サイズ9はB列～J列までの標本を利用する

> 標本サイズ36はB列～AK列までの標本を利用する

01 高い信頼度で平均値を言い当てる

▶ Excelの操作①：標本平均値と母集団の関係を求める

標本平均値の平均値や分散などを求め、母集団との関係についておさらいします。

標本サイズ9と36の標本平均値を1000回求める

●「無作為抽出」シートのセル「AL」と「AM」に入力する式

| AL | =AVERAGE(B3:J3) | AM | =AVERAGE(B3:AK3) |

	A	B	H	I	J	AH	AI	AJ	AK	AL	AM
1	▽無作為抽出									▽標本平均値	
2	試行回数			サイズ9						サイズ36	サイズ9	サイズ36
3	1	-1.22646	1.204859	2.237457	0.955397448	-0.95590069	0.549556869	0.427929	-0.23978	0.194602	0.200393
4	2	0.637675	-0.65431	-0.7474	1.575948791	1.16886711	-0.063547858	1.254503	-0.96211	0.036706	0.128168
5	3	-1.33195	-1.33195	-0.83675	1.03482802	2.004129218	-0.197586948	0.187155	-1.26121	-0.66852	-0.13843
6	4	-1.28728	1.26195	-0.67293	1.408399929	-1.163164838	1.812999404	-0.80449	-0.13801	-0.0379	0.078352
7	5	2.21884	0.904512	-0.7536	1.518858068	-0.480558361	-0.09209322	1.62187	-0.7052	0.347533	0.007400
8	6	-0.08465	-0.32294	-1.33195	-0.479317258	0.622781928	1.724881114	0.494948	-0.49545	0.042222	-0.08085
9	7	-0.4185	1.798106	-1.03037	0.745651094	-0.917426506	-0.495451593	1.254503	-0.21124	0.470954	0.205634
10	8	-1.12841	-0.7536	-1.16316	-0.098298733	0.863555849	-0.126844095	0.624023	0.621541	-0.68286	-0.03021

❶ セル「AL」と「AM」にAVERAGE関数を入力し、オートフィルで末尾までコピーする。標本サイズ9と36の標本平均値が1000回求められた

標本平均値と母集団との関係を求める

●「操作1」シートのセル「B3」〜「B6」に入力する式

B3	=AVERAGE(無作為抽出!AL3:AL1002)
B4	=VAR.S(無作為抽出!AL3:AL1002)
B5	=SQRT(B4)	B6	=1/B4

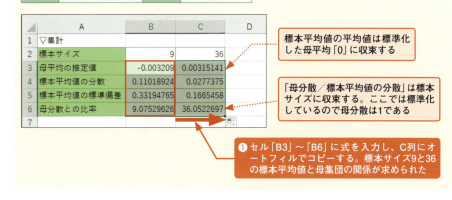

標本平均値の平均値は標準化した母平均「0」に収束する

「母分散／標本平均値の分散」は標本サイズに収束する。ここでは標準化しているので母分散は1である

❶ セル「B3」〜「B6」に式を入力し、C列にオートフィルでコピーする。標本サイズ9と36の標本平均値と母集団の関係が求められた

▶ Excelの操作②：標本平均値が従う確率分布を作成する

第4章までは、標本平均値の分布をヒストグラムにしてきましたが、標本平均値の分布は正規分布に近似できることがわかっているので、標本平均値の分布を確率分布にします。比較のため、標準正規分布も作成します。

CHAPTER 06 少ない情報で全体を推定する

標本サイズ9と36の確率変数に対する確率密度（質量）を求める

● 「操作1」シートのセル「B10」に入力する式

| B10 | =NORM.DIST($A10,B$3,B$5,FALSE) |

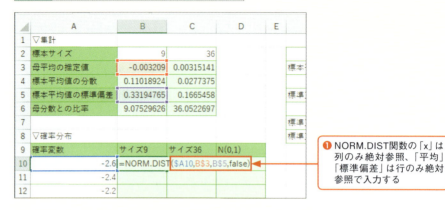

❶ NORM.DIST関数の「x」は列のみ絶対参照、「平均」「標準偏差」は行のみ絶対参照で入力する

	A	B	C	D	E	F
8	▽確率分布					標準正規分布との
9	確率変数	サイズ9	サイズ36	N(0,1)		
10	-2.6	2.1861E-14	8.9569E-58			
11	-2.4	2.4064E-12	2.8738E-49			
12	-2.2	1.8157E-10	1.921E-41			
13	-2	9.3911E-09	2.6752E-34			
14	-1.8	3.3294E-07	7.7614E-28			

❷ オートフィルでセル「C10」にコピーし、セル範囲「B10：C10」のフィルハンドルをダブルクリックする

● 「操作1」シートのセル「D10」に入力する式

| D10 | =NORM.DIST(A10,0,1,FALSE) |

	A	B	C	D	E	F
8	▽確率分布					標準正規分布と
9	確率変数	サイズ9	サイズ36	N(0,1)		
10	-2.6	2.5798E-16	1.1074E-57	0.01358297		
11	-2.4	5.41E-14	3.2516E-49	0.02239453		
12	-2.2	7.3995E-12	2.0131E-41	0.03547459		
13	-2	6.6009E-10	2.628E-34	0.05399097		
14	-1.8	3.8406E-08	7.2334E-28	0.07895016		
15	-1.6	1.4574E-06	4.198E-22	0.11092083		

❸ セル「D10」に平均「0」標準偏差「1」の標準正規分布の確率密度（質量）を求め、セル「D36」までコピーする。標本サイズ9、36、及び標準正規分布の確率が求められた

▶連続分布における確率密度について →P.251

01 高い信頼度で平均値を言い当てる

標本平均値の確率分布を作成する

❶ セル範囲「A9:B36」とセル範囲「D9:D36」を範囲選択する

❷〔挿入〕タブの【散布図またはバブルチャートの挿入】から【散布図（平滑線）】をクリックする

▶手順❶は、2箇所目以降の同時選択するセル範囲は Ctrl を押しながら選択する。

Excel2010
手順❷は、〔挿入〕タブの【散布図】ボタンから同様に操作する。

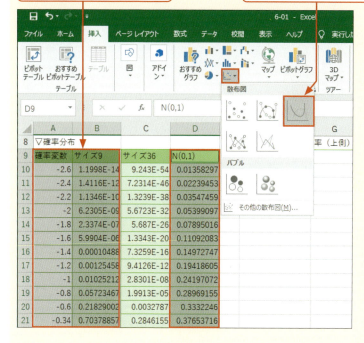

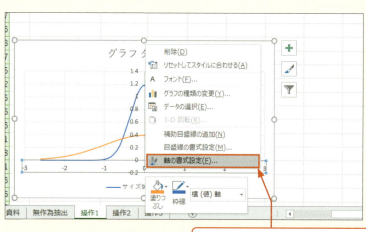

❸ 挿入されたグラフの「横（値）軸」を右クリックし、【軸の書式設定】をクリックする

CHAPTER 06 少ない情報で全体を推定する

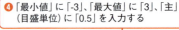
❹「最小値」に「-3」、「最大値」に「3」、「主」（目盛単位）に「0.5」を入力する

Excel2010
▶手順❸〜❼はダイアログボックスで同様に操作する。

Excel2013以降
▶手順❹は、自動認識した最小値などの目盛りが、設定したい値と同じであっても、必ず、入力し、「リセット」と表示されることを確認する。

❻ 縦軸が左端（横軸の最小値と交わる）に移動する。引き続き、以下の編集を行う

❺ 縦軸との交点の「軸の値」をクリックし、「-3」と入力する、任意の別の枠をクリックする

●グラフの編集

縦軸目盛	最小値「0」
N(0,1)の系列	第2軸へ移動

▶グラフタイトル、軸ラベルは適宜設定する。

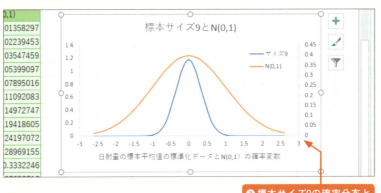

❼ 標本サイズ9の確率分布と標準正規分布が作成された

01 高い信頼度で平均値を言い当てる

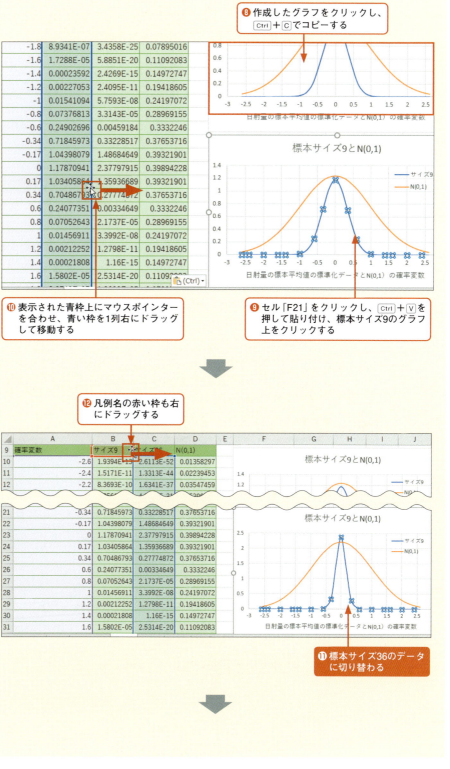

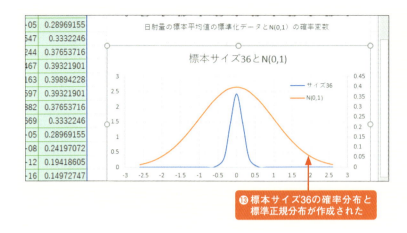

⓭ 標本サイズ36の確率分布と標準正規分布が作成された

▶ Excelの操作③：95%信頼区間の確率変数を求める

▶確率に対応する確率変数を求めるには、NORM.INV関数を利用する。
→P.243

　標本サイズ9と標本サイズ36の確率分布から、95%信頼区間となる左右の確率変数を求めます。これまでは、「分布の左端から確率変数までの確率」といった表記にしていましたが、今後は、以下のとおり、下側確率、上側確率という表記にします。また下側／上側確率に対応する確率変数は、パーセント点で表記します。なお、下側確率と上側確率を合わせた確率は両側確率といいます。
　ここでは、両側確率5%の上側2.5%点と下側2.5%点を求めます。比較のため、標準正規分布の上側2.5%点と下側2.5%点も求め、標準正規分布との比率を求めます。

●確率分布の確率の表記

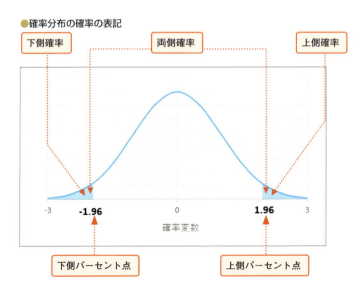

01 高い信頼度で平均値を言い当てる

▶NORM.INV関数は引数に下側確率を指定するため、上側2.5%を指定するときは、下側97.5%に換算して設定する。

上側／下側の2.5%点を求める

● 「操作1」シートのセル「H3」「H4」に入力する式

| H3 | =NORM.INV(2.5%,B$3,B$5) | H4 | =NORM.INV(97.5%,B$3,B$5) |

❶ セル「H3」「H4」に式を入力し、セル「I3」「I4」にオートフィルでコピーする

	A	B	C		F	G	H	I
1	▽集計							
2	標本サイズ	9	3			標本サイズ	9	36
3	母平均の推定値	-0.0038311	-0.005889		標本平均値の分布	下側2.5%点	-0.65797	-0.3361
4	標本平均値の分散	0.11139041	0.0283856			上側2.5%点	0.650311	0.324326
5	標本平均値の標準偏差	0.33375202	0.168480		標準正規分布	下側2.5%点		
6	母分散との比率	8.97743369	35.229083			上側2.5%点		
7					標準正規分布との比率（下側）			
8	▽確率分布				標準正規分布との比率（上側）			
9	確率変数	サイズ9	サイズ36					

● 「操作1」シートのセル「H5」「H6」に入力する式

| H5 | =NORM.INV(2.5%,0,1) | H6 | =NORM.INV(97.5%,0,1) |

	E	F	G	H	I	J
1						
2			標本サイズ	9	36	
3		標本平均値の分布	下側2.5%点	-0.62673	-0.32251	
4			上側2.5%点	0.666929	0.328938	
5		標準正規分布	下側2.5%点	-1.95996	-1.95996	
6			上側2.5%点	1.959964	1.959964	
7		標準正規分布との比率（下側）				
8		標準正規分布との比率（上側）				
9						
10			標本サイズ9とN(0,1)			

❷ セル「H5」「H6」に式を入力し、セル「I5」「I6」にオートフィルでコピーする

▶結果の観察は、結果の読み取りに記載する。

● 「操作1」シートのセル「H7」に入力する式

| H7 | =H5/H3 |

	E	F	G	H	I	J
1						
2			標本サイズ	9	36	
3		標本平均値の分布	下側2.5%点	-0.64073	-0.32955	
4			上側2.5%点	0.651056	0.327999	
5		標準正規分布	下側2.5%点	-1.95996	-1.95996	
6			上側2.5%点	1.959964	1.959964	
7		標準正規分布との比率（下側）		3.058974	5.947467	
8		標準正規分布との比率（上側）		3.01044	5.975517	
9						
10			標本サイズ9とN(0,1)			

❸ セル「H7」に式を入力してセル「I8」までオートフィルでコピーする。標準正規分布と標本平均値の分布の上下2.5%点の比率が求められた

CHAPTER 06 少ない情報で全体を推定する

▶ Excelの操作④：危険率を求める

サンプル
6-01「操作2」シート

「操作2」シートを開いて、標本平均値で推定する母平均の95%信頼区間は、母平均を含むかどうかを調べます。標準化データを利用しているので、母平均は0です。95%信頼区間の下限値と上限値は次の式で求められます。

下限値 ＝ 標本平均値 ＋ 下側2.5%点
上限値 ＝ 標本平均値 ＋ 上側2.5%点

両方足し算して見えますが、下側2.5%点はマイナスで求められているので、下限値は標本平均値から下側2.5%点を引くことになります。

● 「操作2」シートの構成

	A	B	C	D	E	F	G	H	I	J	K	L
1	▽標本平均値		▽信頼区間				▽信頼区間に母平均を含むかどうか			▽危険率		
2	サイズ9	サイズ36	サイズ9下	サイズ9上	サイズ36下	サイズ36上	サイズ9判定	サイズ36判定		サイズ9		サイズ36
3	-0.17263	-0.02028										
4	0.345189	-0.08061										
5	0.068974	0.003092								標本サイズ	9	36
6	0.135029	0.317126								下側2.5%点	-0.64073	-0.32955
7	-0.05072	-0.11078								上側2.5%点	0.651056	0.327999
8	0.111034	-0.09213										
9	0.049117	0.269861										

- 「無作為抽出」シートの標本平均値をセル参照して転記している
- 判定結果の1を合計し、試行回数1000で割って危険率を求める
- 95%信頼区間の下限値と上限値を求める
- 信頼区間が母平均を外したときに1を立てる
- 「操作1」シートからセル参照して転記している

標本サイズごとに、各標本平均値から求めた母平均の95%信頼区間に母平均0が含まれるかどうかをIF関数で判定します。「母平均は信頼区間の下限値以上」、かつ、「母平均は信頼区間の上限値以下」の2つの条件を両方とも満たすかどうかを判定するため、AND関数を利用し、IF関数の論理式に組み合わせます。

AND関数 ➡ 条件をすべて満たすかどうか判定する

- **書　式** =**AND**(論理式1, 論理式2,…)
- **解　説** 比較式による条件を論理式に指定し、すべての条件が成立するときはTRUE、1つでも成立しないときはFALSEになります。
- **補　足** IF関数の論理式にAND関数を指定すれば、AND関数の結果「TRUE」(真)「FALSE」(偽)に応じて真の場合と偽の場合に処理を分けることができます。

標本平均値から信頼区間の下限値と上限値を求める

● 「操作2」シートのセル「C3」～「F3」に入力する式

C3	=A3+$K$7	D3	=A3+$K$8
E3	=B3+$L$7	F3	=B3+$L$8

01 高い信頼度で平均値を言い当てる

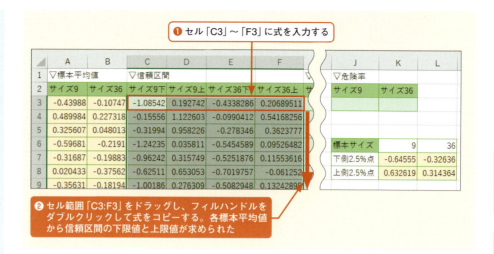

信頼区間に母平均「0」が含まれるかどうか判定する

● 「操作2」シートのセル「G3」と「H3」に入力する式

| G3 | =IF(AND(0>=C3,0<=D3),0,1) | H3 | =IF(AND(0>=E3,0<=F3),0,1) |

CHAPTER 06 少ない情報で全体を推定する

危険率を求める

● 「操作2」シートのセル「J3」に入力する式

| J3 | =SUM(G3:G1002)/1000 |

❶ セル「J3」に式を入力し、セル「K3」にオートフィルでコピーする。危険率が求められた

	F	G	H	I	J	K	L
1		▽信頼区間に母平均を含むかどうか			▽危険率		
2	サイズ36上	サイズ9判定	サイズ36判定		サイズ9	サイズ36	
3	0.51849049	0	0		4.9%	5.1%	
4	0.53910658	0	0				
5	0.26158223	0	0				
6	0.46957036	0	0		標本サイズ	9	36

▶ 結果の読み取り①：データを母集団とみなした場合

標本平均値のデータ分布は、正規分布$N(\mu, \sigma^2/n)$に従い、ここでは、データを標準化したので、正規分布$N(0, 1/n)$に従います。標本平均値の標準偏差は、標準正規分布の標準偏差1と比較して、標本サイズ9は「1/3」、標本サイズ36は「1/6」です。この値は、「標本サイズの平方根分の1」です。したがって、標本サイズが増えるほど、正規分布は尖ります。

● 標本平均値のデータ分布の標準偏差

	A	B	C
1	▽集計		
2	標本サイズ	9	36
3	母平均の推定値	0.00732862	0.00290795
4	標本平均値の分散	0.11050068	0.02636702
5	標本平均値の標準偏差	0.33241642	0.16237926
6	母分散との比率	9.04971829	37.9261604

標本サイズ9は、標準正規分布の標準偏差1の1/3、標本サイズ36は1/6である

信頼度95%を満たす、標本サイズ9の上側／下側2.5%点は標準正規分布の上側／下側2.5%点の「1/3」です。同様に標本サイズ36は「1/6」です。ここでは、標本サイズの平方根であることが明確になるように、標準正規分布の上側／下側2.5%点を標本サイズの2.5%点で割っています。

● 標本平均値のデータ分布が従う確率分布の上下2.5%点

	E	F	G	H	I
1					
2			標本サイズ	9	36
3		標本平均値の分布	下側2.5%点	-0.6442	-0.31535
4			上側2.5%点	0.658853	0.321165
5		標準正規分布	下側2.5%点	-1.95996	-1.95996
6			上側2.5%点	1.959964	1.959964
7		標準正規分布との比率（下側）		3.042498	6.215211
8		標準正規分布との比率（上側）		2.974813	6.102661

標準正規分布の上下2.5%点と標本平均値の従う確率分布の上下2.5%点との比率は標本サイズの平方根に等しい

標準正規分布と標本平均値が従う正規分布は、次のようになっており、標本サイズが増え、正規分布が尖るほど、95%信頼区間は絞られていくことがわかります。

なお、標準正規分布と標本平均値の正規分布の標準偏差の比率は、そのまま上下2.5%点の比率になります。下の図の標準偏差の比「a:b」は上側2.5%点の比「c:d」です。下側も同様です。

▶比を使って信頼区間を導く
→P.279

●標準正規分布と標本平均値の従う正規分布

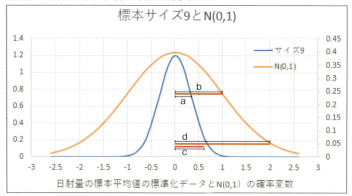

標本平均値から求めた母平均の95%信頼区間は5%の危険率を認めるということです。「操作2」シートのセル「J3」と「K3」に注目しながら F9 を何度か押して観察すると、標本サイズに関わらず、5%前後になります。試行回数を1000回としていますので、1000個の標本平均値のうち、50個くらいは信頼区間が母平均から外れることを表しています。

▶ Excelの操作④：1回限りの標本平均値で母平均の95%信頼区間を求める

以上の操作で、標本平均値の従う正規分布の標準偏差は標本サイズが増えるにつれ、「標本サイズの平方根」に反比例して小さくなり、正規分布が尖ることにより、信頼区間が絞られることを確認しました。また、危険率5%の存在も確認できました。

ここから先は、秋田県の日射量データを標本とし、いつもの平均日射量を1回限りの標本平均値で求めます。したがって、以下の式に当てはめて母平均の95%信頼区間を求めればよいです。

母平均μ、標本平均値m、標本サイズn、母標準偏差σのとき、

$$m - 1.96 \times \frac{\sigma}{\sqrt{n}} \leq \mu \leq m + 1.96 \times \frac{\sigma}{\sqrt{n}}$$

さぁ、さっさと代入しましょう、といいたいのですが、ここで問題発生です。母標準偏差のσがわかりません。考えてみれば当たり前です。母集団の母平均がわからないから推定しているのに、母標準偏差がわかるはずありません。

ここで、思い出したいのが、標本不偏分散の平均値は、母分散に収束したことです。不偏分散では、標本サイズに関わらず、母分散近傍を取りましたが、標本サイズが大きくな

▶不偏分散
→P.219

るほど、母分散の散らばりが落ち着きました。
　したがって、標本サイズが十分に大きければ、標本調査で得たデータから求める1回こっきりの不偏分散を母分散の代わりに使えることになっています。標準偏差は分散の平方根です。これを標本標準偏差といいます。式を改めて書き直します。

標本サイズnが十分大きい場合、標本データから求めた標本標準偏差sとすると、

$$m - 1.96 \times \frac{s}{\sqrt{n}} \leq \mu \leq m + 1.96 \times \frac{s}{\sqrt{n}}$$

標本調査のデータから95％の信頼度で母平均を推定する

サンプル
6-01「操作3」シート

● 「操作3」シートのセル「F2」～「F6」に入力する式

F2	=AVERAGE(C3:C367)	F3	=STDEV.S(C3:C367)
F4	=COUNT(C3:C367)	F5	=F2-1.96*F3/SQRT(F4)
F6	=F2+1.96*F3/SQRT(F4)		

	A	B	C	D	E	F
1	秋田県		(MJ/㎡)		▽いつもの平均日射量の推定	
2	No	年月日	全天日射量		標本平均値	11.372
3	1	2017/10/1	16.38		標本標準偏差	8.0684
4	2	2017/10/2	6.69		標本サイズ	365
5	3	2017/10/3	5.55		95％信頼区間下限値	10.544
6	4	2017/10/4	9.31		95％信頼区間上限値	12.200
7	5	2017/10/5	15.65			
8	6	2017/10/6	8.1			
9	7	2017/10/7	4.43			
10	8	2017/10/8	15.3			
11	9	2017/10/9	6.95			
12	10	2017/10/10	3.14			
13	11	2017/10/11	1.88			

❶ セル「F2」～セル「F6」に式を入力する。母平均の95％信頼区間が求められた

▶ 結果の読み取り②：データを標本とする場合

データを標本とし、標本データから母平均を推定した結果、

秋田県の平均日射量は、95％の信頼度で10.544～12.200MJ/m²の間にあると推定されます。

　本節では、母平均の推定を行いましたが、標本データ数が365個あり、標本サイズが十分大きな場合の推定です。
　次節では、標本が十分採れなかった場合の、母平均の区間推定を行います。ほかにも、母集団の母分散を推定したり、母比率を推定したりすることができますが、推定の考え方は、どれも同様です。
　次節以降は、母集団の何を推定したいのか、その場合に従う確率分布は何なのかを中心に見ていきます。

発展 ▶▶▶

▶ 確率分布を使って信頼区間を導く

標準正規分布と標本平均値の分布より、標準偏差の比＝2.5%点の比になりました。よって、a:b＝c:dの関係です。

●標準正規分布と標本平均値の従う正規分布

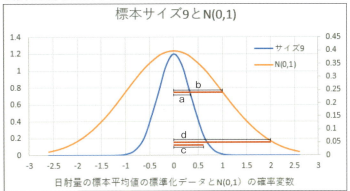

ここで、標準正規分布の標準偏差「b」は「1」です。また、標本平均値の分布の標準偏差「a」は「標本サイズnの平方根分の1」です。そして、標準正規分布の上側2.5%点「d」は1.96です。比の関係に代入します。

a:b＝c:dより、

$$\frac{1}{\sqrt{n}} : 1 = c : 1.96$$

「内向の積＝外向の積」より、「ad＝bc」となるので、

$$c = 1.96 \times \frac{1}{\sqrt{n}}$$

と導けます。標準正規分布の標準偏差を1から、文字記号のσに置き換えると、cは

$$c = 1.96 \times \frac{\sigma}{\sqrt{n}}$$

となり、これは、標本平均値が従う確率分布の上側2.5%点になります。下側も同様です。標本サイズが十分に大きければ、σはsに変更できます。

$$標本平均値が従う確率分布の上側2.5\%点 = 1.96 \times \frac{s}{\sqrt{n}}$$

以上のように、標本平均値の確率分布と標準正規分布の比からも95％信頼区間の不等式が導けます。

02 データが少ししかなくても平均値を言い当てる

母平均を推定するには、なるべく多くのデータがあるに越したことはありませんが、データが少ししかなくても母平均を推定することができます。標本サイズが小さいときは、正規分布に形が似たt分布を使って推定します。

導入 ▶▶▶

例題 「平均来客数が知りたい」

右の図は、店舗Eの16日分の来客数データです。機械の故障でレジ通過人数が把握できず、右のデータしかありません。95％の信頼度で店舗Eの平均来客数を推定したいです。どうすればいいでしょうか。

●店舗Eの来店者数データ

	A	B	C	D	E
1	▽来客数			▽95%信頼区間	
2	No	来客数		標本平均値	
3	1	2020		標本分散	
4	2	1596		標本サイズ	
5	3	2019		95%信頼区間の下限値	
6	4	2039		95%信頼区間の上限値	
7	5	1820			
8	6	1964			
9	7	2010			
10	8	1693			
11	9	1954			
12	10	1807			
13	11	1764			
14	12	2008			
15	13	1898			
16	14	1975			
17	15	2054			
18	16	1626			

> たったの16件のデータであっても、95％の信頼度で店舗Eの来客数の母平均が知りたい

▶ t分布を使って母平均を推定する

▶自由度
→P.255

t分布は、正規分布に似ていますが、正規分布に比べて扁平で裾広がりです。また、t分布の生まれは、カイ二乗分布にも由来していますので、自由度があります。自由度は、自由に選んだデータの数です。無作為抽出した標本サイズはまさに自由度です、といいたいのですが、最後の1つは自由に選べていないので「標本サイズ－1」が自由度になります。

●自由度n−1のt分布

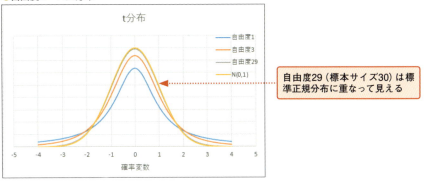

自由度29（標本サイズ30）は標準正規分布に重なって見える

　自由度が高まるにつれ、t分布は正規分布に近づきます。正規分布と一致するのは、自由度が無限大のときですが、標本サイズが十分大きければ、正規分布で近似してよいとされています。

　さて、正規分布が使えるときの母平均μの95%信頼区間は次のとおりです。

$$m - 1.96 \times \frac{s}{\sqrt{n}} \leq \mu \leq m + 1.96 \times \frac{s}{\sqrt{n}}$$

m：標本平均値　n：標本サイズ　s：標本標準偏差

　ところで、標本標準偏差sは、本来なら母標準偏差σを使うべきところ、標本サイズが十分大きいという条件で使ってよいとした値です。「十分大きい」という表現があいまいで気になります。

　t分布なら「十分大きい」というあいまいな条件は必要ありません。なぜなら、標本サイズごとにt分布が存在するからです。

　では、t分布を利用する場合の母平均μの95%信頼区間はどうなるでしょうか。正規分布の形状が似ていることから、上の式をt分布用に当てはめ直すことができます。t分布に従うデータから推定される母平均μの95%信頼区間は次のようになります。

$$m - t(0.05) \times \frac{S}{\sqrt{n-1}} \leq \mu \leq m + t(0.05) \times \frac{S}{\sqrt{n-1}}$$

m：標本平均値　n：標本サイズ　S：標本分散の平方根

　ここで、t(0.05)は、正規分布の両側5%点（上下2.5%点）に相当する値で、t値といいます。t分布は、正規分布より扁平で裾広がりであることを考えると、t分布の両側5%点は、正規分布の「1.96」より大きくなると推測できます。現にこの値は「自由度15」のとき「2.13」です。後ほど、実践で確かめます。

　t分布では、母標準偏差σはわからないのが前提です。ですから、標本データで求める「S」が使われています。「母標準偏差σはわからないのが前提です？何、当たり前のこといっているの？」と思われたかも知れませんが、P.277にあるとおり、正規分布の場合は信頼区間に堂々と「σ」がありました。σが分かっているのが前提だったのです。でも、実際はわからない、困った、どうしようと思っていたら、標本サイズが十分大きいならsを使っ

てもいいよ、と助け船を出してくれただけです。

またしても出ました「十分大きいなら」。いったいいくつなら十分大きいのか、これは、t分布の両側5%点の確率変数「t値」と標準正規分布の確率変数「Z値」を比べないと何ともいえないことです。よって、この件は、結果の読み取りに持ち越します。

改めて上の式を見ると、t分布を利用した母平均の推定は、手元にある標本データで推定しようとしていることがわかります。

> **MEMO 標本サイズが大きくてもt分布を使うべき！？**
>
> t分布を使った母平均の推定は、標本データが少ない場合に使うといった例が多く、本書も同じ流れになっています。理由は、標本サイズが小さくて正規分布で近似できないという真っ当な理由と、大きな標本サイズをt分布に当てはめても、正規分布との違いが出ずに、少なくとも筆者は説明に詰まるからです。t分布の自由度には上限がなく、自由度が無限大のときにようやく正規分布に一致しますので、標本サイズが十分大きいときでもt分布が使えます。
>
> たとえば、前節の秋田県の日射量データは、無限大に比べたらたったの365件ですから、t分布を使って母平均が推定できます。むしろ、母集団のことがわからないという当たり前の前提に立ち、標本データだけで推定しようとするt分布の方が実用的に思えます。とはいえ、シンプルで美しい正規分布を捨てる必要はありません。興味のある方は、本節の後に、秋田県の日射量データの母平均について、95%の信頼度でt推定してみてください。t分布を使った95%信頼区間は「10.540 ～ 12.204」になり、正規分布を使った推定「10.544 ～ 12.200」とは僅差の違いしかありません。母集団に対する前提条件を考えたらt分布を使うべきなのでしょうが、両側5%点の「1.96」を1つ覚えればよい正規分布は捨てる気にはなれないのです。

▶ Excelの操作①：t値を求める

さまざまな自由度に対するt分布の両側5%点と両側1%点の確率変数「t値」を求めます。

サンプル
6-02「t分布表」シート

●t分布表

t値はT.INV.2T関数を利用します。繰り返しになりますが、どの確率に対してどの部分の確率変数を求めているのか、前提条件を図などで確認してください。ExcelのT.INV.2T関数は両側確率に対するt値を求めるタイプですが、書籍の巻末などにあるt分布表では、上側確率に対するt値で表記してあるタイプもあります。

T.INV.2T関数 ➡ 自由度n−1に従うt分布の両側確率に対する上側t値を求める

- 書式　　=**T.INV.2T**(確率, 自由度)
- 解説　　確率には両側確率を指定します。標本サイズnから1を引いて自由度に指定します。t分布は0を中心とする左右対称の分布です。両側確率は上側と下側に1/2ずつに分かれ、T.INV.2T関数は上側の確率変数「t値」を求めます。下側t値は「マイナス上側t値」になります。

● T.INV.2T関数が求める値

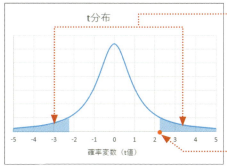

さまざまな自由度に対する両側5%、1%のt値を求める

● 「t分布表」シートのセル「B4」に入力する式

B4　=T.INV.2T(B$3,$A4)

▶ 行のみ絶対参照は、F4を2回、列のみ絶対参照はF4を3回押して設定する。

	A	B	C	D	E	F	G	H
1	▽t分布表				▽標準正規分布			
2		両側確率			両側確率			
3	自由度	5%	1%		5%	1%		
4	1	12.71	63.66		1.96	2.58		
5	2	4.30	9.92					
6	3	3.18	5.84					
7	4	2.78	4.60					
8	5	2.57	4.03					
9	10	2.23	3.17					
10	15	2.13	2.95					
11	29	2.05	2.76					

自由度15の両側5%の上側t値は「2.13」である

❶ セル「B4」に関数を入力し、指定した自由度に従うt分布の、両側確率に対する上側t値が求められた

CHAPTER 06 少ない情報で全体を推定する

▶ Excelの操作②：母平均を95%の信頼度で区間推定する

サンプル
6-02「t推定」シート

　来客数データは16件ですから、標本サイズ16から1を引いた「15」が自由度です。自由度15の両側確率5%の上側t値は「2.13」です。t分布は左右対称ですから、下側t値は「-2.13」です。P.281のt分布による母平均の推定区間を表す式に代入し、95%信頼区間を求めます。

　なお、ここでは、標本分散の平方根について、VAR.P関数で標本分散を求めた後、SQRT関数で平方根を取ります。

t値を使って平均来客数の95%信頼区間を求める

●「t推定」シートのセル「E2」～「E7」に入力する式

E2	=AVERAGE(B3:B18)	E3	=VAR.P(B3:B18)
E4	=COUNT(B3:B18)	E5	=E2-2.13*SQRT(E3)/SQRT(E4-1)
E6	=E2+2.13*SQRT(E3)/SQRT(E4-1)		

▶標本サイズは、既知であっても、データの欠損などがないかを確認するため、COUNT関数で数えておく。なお、数値データに特定すべきなのでCOUNTA関数は用いないこと。

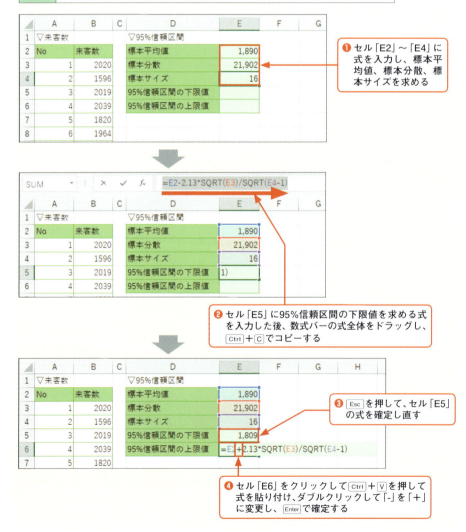

02 データが少ししかなくても平均値を言い当てる

▲	A	B	C	D	E	F
1	▽来客数			▽95%信頼区間		
2	No	来客数		標本平均値	1,890	
3	1	2020		標本分散	21,902	
4	2	1596		標本サイズ	16	
5	3	2019		95%信頼区間の下限値	1,809	
6	4	2039		95%信頼区間の上限値	1,972	
7	5	1820				

❺t分布による、母平均の95%信頼区間が求められた

▶ 結果の読み取り

データを標本とし、t分布を利用して母平均を推定した結果、

店舗Eの平均来客数は、95%の信頼度で1809〜1972人の間にあると推定されます。

区間の幅は163人で、標本平均値1890人の8.6%を占めます。標本平均値の1割弱程度、増減するといったイメージです。

● 正規分布とt分布の確率変数

標本サイズが十分大きい場合は、正規分布が使えるとする「十分大きい」についてです。実は、標本サイズ30以上で正規分布が使えるという経験則があります。確かに、t分布のグラフを見る限り、自由度29は標準正規分布に重なって見えます。

次はt値を比較します。自由度29（標本サイズ30）のt値は両側5%で「2.05」に対し、Z値は「1.96」です。この2つだけを比べる分には、ともに小数点第1位で四捨五入したら「2」になるので同じと見えなくもないですが、100以上の自由度と比べると「ちょっと違う」という印象になります。

▶自由度「364」は秋田県の日射量データに利用できるt値である。興味があれば計算してみてほしいが、「1.97」と「1.96」と、わずかな違いしかないのは右図から明白である。

● 自由度n−1の両側5%と1%のt値と、両側5%及び1%のZ値

▲	A	B	C	D	E	F	G
1	▽t分布表				▽標準正規分布		
2		両側確率			両側確率		
3	自由度	5%	1%		5%	1%	
4	1	12.71	63.66		1.96	2.58	
5	2	4.30	9.92				
6	3	3.18	5.84				
7	4	2.78	4.60				
8	5	2.57	4.03				
9	10	2.23	3.17				
10	15	2.13	2.95				
11	29	2.05	2.76				
12	50	2.01	2.68				
13	100	1.98	2.63				
14	200	1.97	2.60				
15	300	1.97	2.59				
16	364	1.97	2.59				
17	500	1.96	2.59				
18	1000	1.96	2.58				

100以上の自由度と比べると、ちょっと違うという印象を受ける

285

CHAPTER 06 少ない情報で全体を推定する

数字の上では違って見えますが、実際どの程度変わるのか、標準正規分布を使った平均来客数の95%信頼区間は次のとおりです。ここは実験ですから、標本サイズが小さいから正規分布が使えないという話は無視します。区間の幅はt分布より狭くなり、150人です。t分布の場合は163人でした。正規分布とt分布の区間幅の差は13人ですが、13人差は大きいとするか、大したことないとするかは、状況によりけりであり、経験則に頼らざるを得ない部分になります。

▶95%信頼区間はセルの見た目を揃えているだけなので、区間幅はセルの見た目とは異なる。

●標準正規分布による95%信頼区間

	A	B	C	D	E	F	G
1	▽無作為抽出の来客数			▽集計値			
2	No	来客数		標本平均値	1,890		
3	1	2020		標本分散	21,902		
4	2	1596		標本サイズ	16		
5	3	2019					
6	4	2039		▽t分布による95%信頼区間			
7	5	1820		下限値	上限値	自由度	t値
8	6	1964		1,809	1,972	15	2.13
9	7	2010					
10	8	1693		▽標準正規分布による95%信頼区間			
11	9	1954		下限値	上限値		
12	10	1807		1,816	1,965		

● t分布の信頼区間

本節ではt分布の95%信頼区間を次の不等式で表しました。

$$m - t(0.05) \times \frac{S}{\sqrt{n-1}} \leqq \mu \leqq m + t(0.05) \times \frac{S}{\sqrt{n-1}}$$

m：標本平均値　　n：標本サイズ　　S：標本分散の平方根

上の式中の「n−1」は自由度が意識された形式ですが、標本サイズnをそのまま使うなら、以下の等式を利用して変換します。小文字「s」は標本標準偏差です。Excelの関数でいえば、大文字の「S」はSTDEV.P関数（実践ではVAR.P関数の平方根を取りました）、小文字の「s」はSTDEV.S関数です。

$$\frac{S}{\sqrt{n-1}} = \frac{s}{\sqrt{n}}$$

▶正規分布の95%信頼区間
→P.278

よって、t分布の95%信頼区間は次のように書き直すことができます。正規分布の場合と同様の式になります。

$$m - t(0.05) \times \frac{s}{\sqrt{n}} \leqq \mu \leqq m + t(0.05) \times \frac{s}{\sqrt{n}}$$

02 データが少ししかなくても平均値を言い当てる

発展 ▶▶▶

▶ t分布の信頼区間の導出

t分布における信頼区間は、t分布が正規分布と似ているので信頼区間も似た形式になるだろうという出発点のもと、信頼区間の不等式を導出しました。以下は、t分布が従う確率変数をもとに不等式を導出します。ここから先は数式のオンパレードになります。

まず、t分布が従う確率変数tは、以下のとおりです。Zは標準正規分布N(0,1)に従う確率変数、Xは自由度kのカイ二乗分布に従う確率変数です。

●t分布が従う確率変数t

$$t = \frac{Z}{\sqrt{\dfrac{X}{k}}}$$

> ▶標本平均$\overline{X}$は、抽出するたびに変化する標本平均値の確率変数であり、その名を「標本平均」と称している。

さて、ここで、Zは標準正規分布N(0,1)に従う確率変数です。N(0,1)に従うということは、もともと正規分布に従う確率変数です。正規分布に従う確率変数はたくさんありそうですが、目的は何か？ 母平均の推定がしたいのですから、ここは標本平均をZとして選びます。標本平均は、中心極限定理から正規分布N(母平均,分散)のときN($\mu, \sigma^2 / n$)です。σ^2は母分散です。よって、確率変数「標本平均」を標準化すると次のようになります。

●標本平均$\overline{X}$を標準化した確率変数Z

$$Z = \frac{\overline{X} - \mu}{\sigma / \sqrt{n}}$$

次にカイ二乗分布が従う確率変数Xは、N(0,1)に従う確率変数を2乗和してできる新たな変数です。ここでもZ_kが出てきますが、母集団N(μ, σ^2)に従う確率変数X_kを標準化した確率変数です。自由度kのカイ二乗分布に従う確率変数Xは次のようになります。

●自由度kのカイ二乗分布に従う確率変数X

$$X = Z_1^2 + Z_2^2 + \cdots + Z_k^2 = \left(\frac{X_1 - \mu}{\sigma} \right)^2 + \left(\frac{X_2 - \mu}{\sigma} \right)^2 + \cdots + \left(\frac{X_k - \mu}{\sigma} \right)^2$$

上の式のZもXも、さらっと「σ」や「μ」を入れて書いていますが、母集団のことはわかりませんから、母集団から取り出した標本を利用することになります。そこで、標本分散S^2の式を持ち出します。母集団N(μ, σ^2)から無作為に取り出した標本サイズnのデータをx、標本平均値をmとすると、標本分散S^2は次のようになります。

$$S^2 = \frac{1}{n} \{ (x_1 - m)^2 + (x_2 - m)^2 + \cdots + (x_n - m)^2 \}$$

287

ここで、両辺を σ^2 で割り、nをかけます。

$$n \times \frac{S^2}{\sigma^2} = \left(\frac{X_1 - m}{\sigma}\right)^2 + \left(\frac{X_2 - m}{\sigma}\right)^2 + \cdots + \left(\frac{X_n - m}{\sigma}\right)^2$$

右辺はカイ二乗分布に従う確率変数です。標本ですから当たり前ですが、μ はなくmになっています。結論からいうと、右辺の式は自由度n-1のカイ二乗分布に従う確率変数になります。よって、左辺の$n \times S^2 / \sigma^2$も自由度n-1のカイ二乗分布に従う確率変数です。ここまで来て、感覚に頼るのは申し訳ないですが、$N(\mu, \sigma^2)$から無作為に取り出した標本サイズnのデータは、自由にn個を取り出せているようで、「偏差の合計は0になる」という縛りがあるので、実はn-1個しか自由に取り出せていないということです。

ではいよいよ、t分布に従う確率変数tにZとXを代入します。自由度kは標本サイズnを使って、n-1とします。

$$t = \frac{Z}{\sqrt{\dfrac{X}{n-1}}}$$

$$= \frac{\dfrac{\overline{X} - \mu}{\sigma / \sqrt{n}}}{\sqrt{\dfrac{n \times \dfrac{S^2}{\sigma^2}}{n-1}}}$$

$$= \frac{\overline{X} - \mu}{\dfrac{\sigma}{\sqrt{n}}} \times \frac{1}{\sqrt{n \times \dfrac{S^2}{\sigma^2} \times \dfrac{1}{n-1}}}$$

$$= \frac{\overline{X} - \mu}{\sqrt{\dfrac{\sigma^2}{n} \times n \times \dfrac{S^2}{\sigma^2} \times \dfrac{1}{n-1}}}$$

最後に約分をすると、以下の式が導けます。わからないはずの母分散 σ^2 はきっちり消えてくれます。

$$t = \frac{\overline{X} - \mu}{S \times \sqrt{\dfrac{1}{n-1}}}$$

確率変数tは、どの範囲にあれば、95%信頼区間になるかというと、t分布の両側5%を除外した範囲です。t分布は自由度によって異なりますので、ここでは、例題の自由度15を使います。すると、tは－2.13～＋2.13の間のいずれかを取る確率変数であれば、95%の信頼度を付けることができます。

●自由度15のt分布

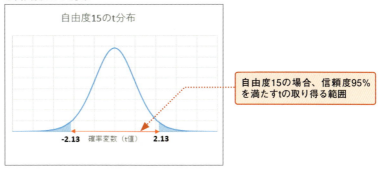

　上の図より、「－2.13≦t≦2.13」です。tを上の式に置き直します。

$$-2.13 \leq \frac{\overline{X} - \mu}{S \times \sqrt{\frac{1}{n-1}}} \leq 2.13$$

μが中心になるように変形します。以下は自由度15のt分布における母平均の95%信頼区間です。

$$\overline{X} - 2.13 \times \frac{S}{\sqrt{n-1}} \leq \mu \leq \overline{X} + 2.13 \times \frac{S}{\sqrt{n-1}}$$

　なお、確率変数「$\overline{X}$」は、さまざまな値を取る標本平均値の確率変数です。今、母集団から取り出したデータの標本平均値がmになったとすると、以下のように書くことができ、P.286と同じ式が導けます。

●自由度15の場合の母平均の95%信頼区間

$$m - 2.13 \times \frac{S}{\sqrt{n-1}} \leq \mu \leq m + 2.13 \times \frac{S}{\sqrt{n-1}}$$

03 点数のばらつきを推定する

ベールに包まれた母集団の性質を知るには、母平均と母分散の把握が欠かせません。このうち、母平均は、ほんの少しの標本で95%の信頼度を付けて推定できました。今度は母分散の番です。母分散を推定するには、カイ二乗分布を利用します。

導入 ▶▶▶

例題 「全国模試の得点のばらつきが知りたい」

Y予備校で英語科を担当するD氏は、本日の全国模試の出来具合が気になっています。すべての採点が終了し、集計結果が出るまで待ちきれないD氏は、答案から無作為に抽出した10名の採点を先に行い、全体の平均点と得点のばらつきを推定することにしました。平均点については、t分布で95%信頼区間を求めたところです。ばらつきはどのように調べればよいでしょうか。

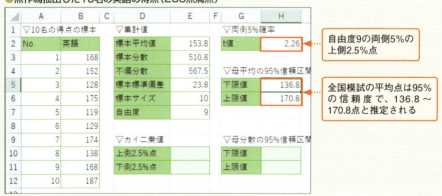

▶ カイ二乗分布を使って母分散を推定する

カイ二乗分布に従う確率変数Xは、N(0,1)に従う確率変数を2乗和してできる新たな変数です。Z_kは、N(母平均μ,母分散σ^2)に従う確率変数X_kを標準化した確率変数です。自由度kのカイ二乗分布に従う確率変数Xは次のようになります。

● 自由度kのカイ二乗分布に従う確率変数X

$$X = Z_1^2 + Z_2^2 + \cdots + Z_k^2 = \left(\frac{X_1-\mu}{\sigma}\right)^2 + \left(\frac{X_2-\mu}{\sigma}\right)^2 + \cdots + \left(\frac{X_k-\mu}{\sigma}\right)^2$$

しかし、実際は、母集団がわかりませんので、$N(\mu, \sigma^2)$から無作為に抽出した標本を使います。以下の式は、母集団から取り出したn個のデータx_nとその標本平均値mとの偏差の2乗和をn個で割った標本分散S^2です。

$$S^2 = \frac{1}{n}\{(x_1-m)^2+(x_2-m)^2+\cdots+(x_n-m)^2\}$$

ここで、母分散σ^2を知りたいので、わざと両辺をσ^2で割ってσ^2を式に加え、nをかけます。

$$n \times \frac{S^2}{\sigma^2} = \left(\frac{x_1-m}{\sigma}\right)^2 + \left(\frac{x_2-m}{\sigma}\right)^2 + \cdots + \left(\frac{x_n-m}{\sigma}\right)^2$$

自由度n−1のカイ二乗分布に従う確率変数X

自由度nではなくn−1になるのは、偏差の合計が0になる制約を受けていて、最後のn個目は自由に選んでいるようで、選ばされているからです。

上の式の右辺がカイ二乗分布に従うのですから、左辺も当然、自由度n−1のカイ二乗分布に従う確率変数Xです。すると、多くの足し算形式ではなく、以下のようにまとめることができます。

▶自由度
→P.255

$$X = n \times \frac{S^2}{\sigma^2}$$

あるいは、標本分散ではなく不偏分散s^2を使って書くと、次のようになります。

$$X = (n-1) \times \frac{s^2}{\sigma^2}$$

母分散の推定に95%の信頼度を付けるには、自由度n−1のカイ二乗分布に従う確率変数Xが分布内のどの範囲を取ればいいかを考えます。ここでは、例題の自由度9を使います。カイ二乗分布は左右非対称ですが、確率の合計は1です。分散は平均を中心に左右にばらついていると考えると、カイ二乗分布の上下2.5%点を境界とする範囲が95%の信頼度を付けた確率変数Xの取り得る値になります。なお、カイ二乗分布に従う確率変数Xが取った値をカイ二乗値と呼ぶことにします。

● 自由度9のカイ二乗分布

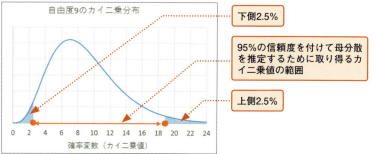

CHAPTER 06 少ない情報で全体を推定する

母分散の95%信頼区間を満たす確率変数Xの範囲は「下側2.5%のカイ二乗値≦X≦上側2.5%のカイ二乗値」です。カイ二乗値は長いので、「c下」「c上」と略して不等号の式を表します。

$$c下 \leq n \times \frac{S^2}{\sigma^2} \leq c上、または、c下 \leq (n-1) \times \frac{s^2}{\sigma^2} \leq c上$$

上の式を、σ^2を中心とした不等式に変形すれば、母分散の推定区間になります。

> ▶ σ^2を中心とした不等式に変形するには、不等式ごとに両辺にσ^2をかけ、c下、またはc上で割ればよい。

● 標本分散S²を使う場合

$$n \times \frac{S^2}{c上} \leq \sigma^2 \leq n \times \frac{S^2}{c下}$$

● 不偏分散s²を使う場合

$$(n-1) \times \frac{s^2}{c上} \leq \sigma^2 \leq (n-1) \times \frac{s^2}{c下}$$

実践 ▶▶▶

▶ Excelの操作①：カイ二乗値を求める

さまざまな自由度に対するカイ二乗分布の両側5%点と両側1%点の確率変数「カイ二乗値」を求めます。左右非対称のため、上側、下側を個別に求める必要があります。

> サンプル
> 6-03「カイ二乗分布」
> シート

● カイ二乗分布表

	A	B	C	D	E
1	▽カイ二乗分布表				
2		両側5%		両側1%	
3		上側2.5%	下側2.5%	上側0.5%	下側0.5%
4	自由度	2.5%	97.5%	0.5%	99.5%
5	1				
6	2				
7	3				
8	9				
9	15				
10	30				
11	100				
12	364				
13	500				

例題は自由度9を使う

カイ二乗値はCHISQ.INV.RT関数を利用します。ExcelのCHISQ.INV.RT関数は上側確率に対するカイ二乗値値を求めます。下側2.5%点は、上側から換算して97.5%を指定します。

03 点数のばらつきを推定する

CHISQ.INV.RT関数 ➡ 自由度n−1のカイ二乗分布の上側確率に対するカイ二乗値を求める

- 書式　=**CHISQ.INV.RT**(確率, 自由度)
- 解説　確率には上側確率を指定します。標本サイズnから1を引いて自由度に指定します。

●CHISQ.INV.RT関数が求める値

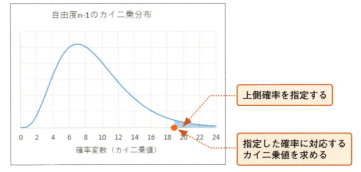

さまざまな自由度に対する指定した確率のカイ二乗値を求める

●「カイ二乗分布表」シートのセル「B5」に入力する式

B5　=CHISQ.INV.RT(B$4,$A5)

	A	B	C	D	E
1	▽カイ二乗分布表				
2		両側5%		両側1%	
3		上側2.5%	下側2.5%	上側0.5%	下側0.5%
4	自由度	2.5%	97.5%	0.5%	99.5%
5	1	5.023886	0.000982	7.879439	3.93E-05
6	2	7.377759	0.050636	10.59663	0.010025
7	3	9.348404	0.215795	12.83816	0.071722
8	9	19.02277	2.700389	23.58935	1.734933
9	15	27.48839	6.262138	32.80132	4.600916
10	30	46.97924	16.79077	53.67196	13.78672
11	100	129.5612	74.22193	140.1695	67.32756
12	364	418.7508	313.0363	437.2503	298.2585
13	500	563.8515	439.936	585.2066	422.3034

❶ セル「B5」に関数を入力し、オートフィルでセル「E13」までコピーする。指定した自由度に従うカイ二乗分布の、指定した確率に対するカイ二乗値が求められた

自由度9の両側5%の上側と下側のカイ二乗値

6-03「カイ二乗推定」シート

▶ Excelの操作②：母分散を95%の信頼度で区間推定する

　得点データは10件ですから、標本サイズ10から1を引いた「9」が自由度です。自由度9の両側確率5%のカイ二乗値は、上側2.5%点が約「19」、下側2.5%点が約「2.7」です。P.292のカイ二乗分布による母分散の推定区間を表す式に代入し、95%信頼区間を求めます。

　なお、ここでは、不偏分散を使った式で95%信頼区間を求めます。

少ない情報で全体を推定する

全国模試の母分散の95%信頼区間を求める

● 「カイ二乗推定」シートのセル「E10」と「E11」に入力する式

| E10 | =カイ二乗分布!B8 | E11 | =カイ二乗分布!C8 |

● 再度、関数を入力する場合は次の式を入力します。

| E10 | =CHISQ.INV.RT(2.5%,$E$7) | E11 | =CHISQ.INV.RT(1-2.5%,$E$7) |

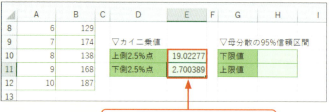

❶ セル参照するか、再度式を入力するかして、上側／下側2.5%点を求める

● 「カイ二乗推定」シートのセル「H10」と「H11」に入力する式

| H10 | =E7*E4/E10 | H11 | =E7*E4/E11 |

❷ カイ二乗分布による、母分散の95%信頼区間が求められた

▶ 結果の読み取り

　全国模試の答案を無作為に10名分抽出し、カイ二乗分布を利用して母分散を推定した結果、

全国模試の英語の得点の分散は、95%の信頼度で268.5～1891点^{2}の間にあると推定されます。

　分散は、単位の2乗値になります。平方根を取って標準偏差にすると、次のようになります。以下では、空いているセルにSQRT関数を入力して標準偏差を求めました。

●母標準偏差の95%信頼区間

ここでは、セル「J10」に「=SQRT(H10)」と入力して標準偏差に換算した。セル「J11」も同様

改めて、単位を「点」にして書き直すと次のようになります。

全国模試の英語の得点の標準偏差は、95%の信頼度で16.4～43.5点の間にあると推定されます。

発展 ▶▶▶

▶ フィッシャーの近似式

カイ二乗分布は、自由度が増すにつれて非対称性が薄れ、正規分布に近づきます。もともとカイ二乗分布は、標準正規分布に従う確率変数の2乗和してできる確率変数が従う確率分布ですから、標準正規分布とも深い関わりがあります。

以下は200人分の英語の得点データから標本サイズ30で無作為抽出を1000回繰り返し、標本不偏分散から作成したヒストグラムです。カイ二乗分布というよりも正規分布に従っているようにしか見えません。

●英語200人分の得点の無作為抽出と標本不偏分散

	A	B	C	D	E	F	AH	AI
1	▽200人の得点			▽無作為抽出				
2	No	英語		試行回数	標本サイズ30			標本不偏分散
3	1	168		1	145	144	129	540.6678161
4	2	152		2	183	153	186	898.4091954
5	3	128		3	163	163	148	470.437931
6	4	175		4	198	132	127	916.3
7	5	119		5	130	196	189	960.1885057
8	6	129		6	183	169	109	916.8609195
9	7	174		7	177	133	186	836.2482759
199	197	105		197	183	124	99	704.8057471
200	198	99		198	104	151	131	860.6850575
201	199	157		199	198	99	191	885.4436782
202	200	183		200	136	125	116	991.7471264

AI3: =VAR.S(E3:AH3)

無作為抽出した30個のデータの不偏分散を求め、1000個分用意した

CHAPTER 06 少ない情報で全体を推定する

●標本サイズ30の標本不偏分散のヒストグラム

正規分布のように見える

実は、自由度100を超えると、次のフィッシャーの近似式が成り立つことが知られています。現に、カイ二乗分布表には自由度100までしか記載がないものもあります。CHISQ.INV.RT関数は、自由度100を超えていようと答えを出してくれますが、下の式に従えば、カイ二乗値は標準正規分布のZ値と自由度で求められることになります。電卓で計算できる式です。

●フィッシャーの近似式　自由度>100

$$c(自由度,上側確率) \fallingdotseq \frac{1}{2}\left(z+\sqrt{2\times 自由度}\right)^2$$

フィッシャーの近似式で95%信頼区間を求める場合、Z値は両側5%点（上下2.5%点）なので「1.96」です。200人の英語の得点で近似式を試します。自由度は199です。

比較のため、CHISQ.INV.RT関数で求めたカイ二乗値も示します。フィッシャーの近似式はかなりよい近似であることがわかります。

●フィッシャーの近似式によるカイ二乗値

	A	B	C	D	E	F	G	H	I	J
1	▽200名の得点の標本			▽集計値			▽両側5%確率			
2	No	英語		標本平均値	145.465		t値	1.97		
3	1	168		標本分散	831.6					
4	2	152		不偏分散	835.8		▽母平均の95%信頼区間			
5	3	128		標本標準偏差	28.9		下限値	141.4		
6	4	175		標本サイズ	200		上限値	149.5		
7	5	119		自由度	199					
8	6	129								
9	7	174		▽カイ二乗値			▽z値と自由度を使ったカイ二乗値			
10	8	138		上側2.5%点	239.9597		上側2.5%点	239.4727		
11	9	168		下側2.5%点	161.8262		下側2.5%点	161.3687		
12	10	187								
13	11	151		▽z値			▽母分散の95%信頼区間		標準偏差	
14	12	132		上側2.5%点	1.959964		下限値	693.1404	26.33	
15	13	193		下側2.5%点	-1.95996		上限値	1027.805	32.06	
16	14	118								
17	15	131		▽（2×自由度-1）の2乗						
18	16	150		19.92485885						

=(E14+D18)^2/2

よい近似である

新製品の購入比率を推定する

「はい／いいえ」のような2つに1つのどちらかを取るような確率変数は二項分布に従います。2つのデータを1と0に分けて平均値を取ると、データ数に対する1の割合になります。ここでは、この割合を区間推定します。

導入 ▶▶▶

例題 「アンケート調査結果から新製品の購入比率を推定したい」

K社では、新商品のモニターテストを実施し、アンケートを回収しました。アンケートでは、新商品について、「買う／たぶん買う／わからない／たぶん買わない／買わない」の5段階で評価してもらいました。アンケートの回答数は200です。アンケート調査結果をもとに、全国発売した際の購入比率を知るにはどうすればいいでしょうか。

●アンケート結果

	A	B	C	D	E	F
1	▽アンケート結果			▽アンケート評価		
2	回答No	評価		回答	評価	
3	1	4		買う	5	
4	2	3		たぶん買う	4	
5	3	2		わからない	3	
6	4	3		たぶん買わない	2	
7	5	3		買わない	1	
8	6	3				
199	197	5				
200	198	4				
201	199	2				
202	200	4				
203						

アンケートの回答ごとに評価を定量化した

▶ 正規分布を使って母比率を推定する

二項分布じゃないの？と思った方も多いと思いますが、P.257や次の図に示すとおり、二項分布は試行回数を増やすと、発生確率に関わらず、正規分布に近似されます。

297

●試行回数150回の場合の二項分布

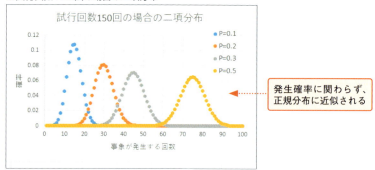

● 二項分布の平均値と分散

二項分布は、取り得る値が2つに1つの確率変数が従う分布で、いっけん特殊に見えますが、上の図に示すように、試行回数が増えると正規分布に帰着します。よって、第4章で導いた中心極限定理が使えます。

ここで、10個の母集団からなる1と0のデータを考えます。1の発生確率は0.2とします。つまり、期待値は10×0.2＝2なので、10個の母集団の中に「1」が2個あるデータになります。

●発生確率0.2の母集団における母平均と母分散

No	データ	偏差	偏差の2乗		母平均	0.2
1	1	0.8	0.64		母分散	0.16
2	1	0.8	0.64			
3	0	-0.2	0.04			
4	0	-0.2	0.04			
5	0	-0.2	0.04			
6	0	-0.2	0.04			
7	0	-0.2	0.04			
8	0	-0.2	0.04			
9	0	-0.2	0.04			
10	0	-0.2	0.04			
		合計（変動）	1.6			
		変動の平均値	0.16			

母平均は、発生確率と一致します。母平均は、全体10個のうちの「1」の割合と見ることができるので、母比率といいます。これが、今回推定したい内容です。今後、「P」と表記します。

母分散は、偏差の2乗和をデータ数で割った値です。データが2通りなので、上の図にあるとおり、偏差の2乗値も2通りしかありません。「0.2」を「P」に置き換えると、偏差の2乗は$(1-P)^2$と$(0-P)^2$となりますが、$(0-P)^2$はP^2と書けます。ここでは、「$(1-P)^2$」が2回、P^2が8回発生しているので、母分散は次のように求められます。

$$母分散 = \frac{(1-P)^2 \times 2 + P^2 \times 8}{10}$$

▶P.211では朝食をとった／とらなかったを「1」と「0」に置き換えて無作為抽出を繰り返した例を載せているので参考にしてほしい。

ところで、「2/10」は「0.2」、「8/10」は「0.8」です。これらは「P」と「1−P」のことですから、式を置き換えて整理します。

$$母分散 = (1−P)^2 × P + P^2 × (1−P) = P × (1−P)$$

以上より、データが2種類の場合は、母平均（母比率）は「P」、母分散は「P(1−P)」となることがわかりました。ここでは、データ数がたったの10個ですが、100個でも200個でも比率が同じであれば、同様の結果を得ます。

では、中心極限定理に当てはめます。母平均（母比率）が「P」、母分散が「P(1−P)」の母集団から標本サイズnを抽出する場合、抽出した標本平均値（標本比率）は、平均値が「P」、分散が「P(1−P)／n」の正規分布に従います。ただしnは十分大きいものとします。

● 母比率の95%信頼区間

母比率の推定に95%の信頼度を付けるには、正規分布に近似された標本比率Xが、正規分布のどの範囲を取ればいいかを考えます。といっても、95%信頼区間の両側5%点（上下2.5%点）はすでに「1.96」と求めました。ただし、「1.96」とは標準正規分布N(0,1)における値です。

標本比率Xは、正規分布N（P, P(1−P)／n）に従うので、N(0,1)に従うように標本比率Xを標準化します。この標準化データをZとします。そして、Zが±1.96の範囲を取れば、95%の信頼度を付けて母比率を推定できることになります。

●標本比率Xの標準化データZ

$$Z = \frac{X−P}{\sqrt{\dfrac{P(1−P)}{n}}}$$

●95%の信頼度を付けるときのZの取る範囲

$$−1.96 \leq \frac{X−P}{\sqrt{\dfrac{P(1−P)}{n}}} \leq 1.96$$

Pが中心になるようにまとめ直すと次のようになります。

●母比率の95%信頼区間

$$X−1.96 × \sqrt{\frac{P(1−P)}{n}} \leq P \leq X+1.96 × \sqrt{\frac{P(1−P)}{n}}$$

> 知りたい値のPが混ざっていては計算できない

ここで、問題発生です。Pが中心になるようにまとめましたが、範囲を求める式にPが混ざっています。しかし、第4章で実験したとおり、標本平均値の平均値は母平均に収束しました。しかも、標本サイズが大きいほど、散らばりも少なく母平均の近傍を取りました。よって、標本サイズが大きければ、母比率Pは標本比率Xに近似できることになります。

CHAPTER 06 少ない情報で全体を推定する

よって、次のように書き直します。

$$X-1.96\times\sqrt{\frac{X(1-X)}{n}} \leq P \leq X+1.96\times\sqrt{\frac{X(1-X)}{n}}$$

これで何とか、母比率が推定できそうです。実践で確認しましょう。

実践 ▶▶▶

▶ Excelの操作①：評価を1と0に振り分ける

サンプル
6-04「操作」シート

アンケート調査は5段階評価されています。ここでは、「買う／たぶん買う」と答えた評価4以上を「1」に変換し「買わない／たぶん買わない」と答えた人は「0」に変換します。「わからない」の取り扱いは過去の同様のモニターテストの結果などから割合を決めて1と0に振り分けるといった方法が考えられますが、本例題では調査結果から除外することにします。除外方法は、評価が3のときに、長さ0の文字列を入れ、セルには何も表示しないようにします。

評価の1と0への振り分けは、IF関数を利用します。

やってみよう！ 評価を1と0に振り分ける

●セル「C3」に入力する式

C3 =IF(B3>=4,1,IF(B3=3,"",0))

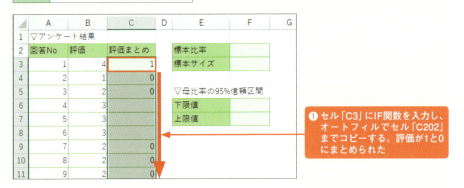

❶ セル「C3」にIF関数を入力し、オートフィルでセル「C202」までコピーする。評価が1と0にまとめられた

▶ Excelの操作②：母比率を95％の信頼度で区間推定する

アンケート回答数は200でしたが、評価3を除外したので、COUNT関数で標本サイズを求めます。標本比率は標本平均値と同じですので、AVERAGE関数で求められます。標本比率と標本サイズをもとに、母比率の95％信頼区間の不等式に当てはめて、下限値と上限値を算出します。

標本比率と標本サイズを求める

●セル「F2」と「F3」に入力する式

| F2 | =AVERAGE(C3:C202) | F3 | =COUNT(C3:C202) |

	A	B	C	D	E	F	G
1	▽アンケート結果						
2	回答No	評価	評価まとめ		標本比率	35.2%	
3	1	4	1		標本サイズ	162	
4	2	1	0				
5	3	2	0		▽母比率の95%信頼区間		
6	4	3			下限値		
7	5	3			上限値		
8	6	3					
9	7	2	0				

❶ セル「F2」「F3」に式を入力し、標本比率と標本サイズが求められた

母比率の95%信頼区間を求める

●セル「F6」と「F7」に入力する式

| F6 | =F2-1.96*SQRT(F2*(1-F2)/F3) | F7 | =F2+1.96*SQRT(F2*(1-F2)/F3) |

	A	B	C	D	E	F	G
1	▽アンケート結果						
2	回答No	評価	評価まとめ		標本比率	35.2%	
3	1	4	1		標本サイズ	162	
4	2	1	0				
5	3	2	0		▽母比率の95%信頼区間		
6	4	3			下限値	27.8%	
7	5	3			上限値	42.5%	
8	6	3					
9	7	2	0				

❶ セル「F6」「F7」に式を入力し、母比率の95%信頼区間が求められた

▶ 結果の読み取り

新製品のモニターテストから、購入比率の95%信頼区間は次のようになります。

新製品の購入比率は、95%の信頼度で27.8%～42.5%の間にあると推定されます。ただし、「買う／たぶん買う」を購入すると仮定しています。

消費者が100人いたら、28人から42人が足を止めて買う方向で検討してくれるといったイメージです。

発展 ▶▶▶

▶ 区間幅と標本サイズ

例題では、95%の信頼度で27.8%～42.5%の間にあると推定されましたが、その区間幅は、

14.7%です。約15%の差は売上の差となって跳ね返ってくる値です。もう少し、差を縮めることはできないでしょうか。そこで、区間幅に注目します。

●区間幅

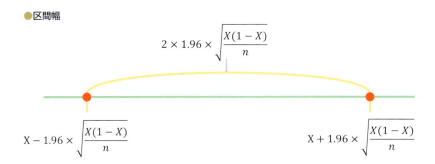

上の図より、区間幅は、「$\sqrt{X(1-X)/n}$」によって変わることがわかります。ここで、Xは標本比率ですから、0〜1（0%〜100%）まで動きます。以下の図は、「X」「1－X」と「X(1－X)」の関係を表したグラフです。「X(1－X)」は最大で「0.25」になることがわかります。

●標本比率XとX(1－X)の関係

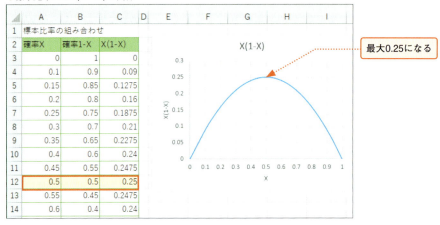

区間幅の式の「X(1－X)」部分に最大値「0.25」を代入すると、次のようになります。

$$区間幅（最大値）= 2 \times 1.96 \times \sqrt{\frac{0.25}{n}} = 1.96 \times \sqrt{\frac{4 \times 0.25}{n}} = \frac{1.96}{\sqrt{n}}$$

上の式より、区間幅を狭くするには、標本サイズnを大きくすればよいことがわかります。例題の区間幅は、約15%でした。仮に、区間幅を5%に縮めたい場合は、以下の式になり、標本サイズは「1537」となります。

なお、アンケートの結果、標本比率は35.2%でしたから、「X(1－X)」は「0.352×(1－0.352)」として計算した方がいいのでは？と思われるかも知れませんが、「35.2%」は事後の値です。アンケートを取る前にわかっている値ではありませんので、最大値で見積もっておくのがよいということになります。

$$5\% = \frac{1.96}{\sqrt{n}} \quad \text{より、} \quad n = \left(\frac{1.96}{5\%}\right)^2 \fallingdotseq 1537$$

次の図は、複数の標本比率に対する区間幅と標本サイズの関係を示したグラフで、信頼度は95%に固定しています。区間幅は、狭いほど母比率の信頼区間が縮小され、母比率の特定に近づく方向になりますので、精度と言いかえることもできます。精度を上げる（区間幅を狭くする）ほど、標本サイズが膨らみ、非現実的な数字になりますが、精度を緩和すれば、必要なデータ量をぐっと抑えることができます。たとえば、区間幅5%のときは、アンケート数は「1537」と計算されましたが、区間幅を10%まで緩和すれば、「384」まで減らすことができます。

なお、P.302の標本比率XとX(1－X)の関係から、標本比率が0.5のとき、標本サイズが最大化されることは確認済みですので、標本比率は0.5より大きくても小さくても標本サイズは抑えられます。

●区間幅と標本サイズの関係（信頼度は95%）

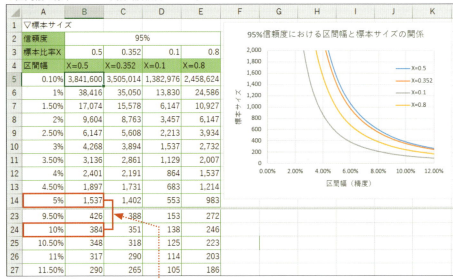

区間幅を5%から10%に緩和すれば、必要なデータ量が4分の1に減る

練習問題

問題 株式市場の平均騰落率と標準偏差を推定したい

以下の図は、日経平均株価の終値ベースの月次データです。株式市場は景気の動向などで価格自体は大きく揺れ動きますので、前月との比率を標本データとして使います。すでに月次の平均値などの集計は済んだ状態です。

サンプル
練習：6-renshu
完成：6-kansei

●株式市場データ

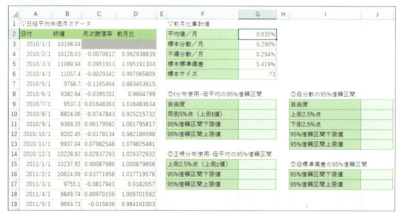

問題に入る前に補足します。月次騰落率は、「(当月終値－前月終値)／前月終値」で計算しています。売上伸び率の計算と同じです。また、前月比は「当月終値／前月終値」で計算していますが、この値は、月次騰落率に100%を加えた値と同等であり、月次騰落率の倍率換算値です。セル「G2」の平均値は、この倍率換算値を使って求め、最後に100%(1)を引いて月次騰落率の平均値に戻しています。

よって、母平均は、平均月次騰落率、母標準偏差は月次騰落率の散らばりとなり、点推定による母平均は0.635%（セル「G2」）、標準偏差は5.419%（セル「G5」）です。

①t分布を使って、95%の信頼度を付けて母平均を区間推定してください。
②正規分布を使って、95%の信頼度を付けて母平均を区間推定してください。
③95%の信頼度で母分散を区間推定してください。
④95%の信頼度で母標準偏差を区間推定してください。

MEMO 比率の平均値

通常のデータは1行完結で、前の行（データ）や後ろの行（データ）がなくても成立しています。これを「データは互いに独立している」といいますが、練習問題の前月比は前月データがないと求められないので独立していません。平均値を求めるデータが、前月や前回など、前後のデータとの関連を示した値の場合は、幾何平均と呼ばれる計算方法で平均値を求めます。幾何平均は、正の値の比率をすべて掛け合わせて、データ数の累乗根を取った値です。ExcelではGEOMEAN関数で求めることができます。

CHAPTER 07

偶然と必然の分かれ道

幸か不幸かExcelは、バージョンアップするたびに大量のデータを処理する機能が強化されています。簡単な操作で大量のデータを操れるとあって、達成感もひとしおです。が、ここからが本題です。Excelが出した答えから導かれる考察が果たして本当にそう言えるのかどうかは検定してみる必要があります。本章は、統計的検定について解説します。

01 本音は別にある ▶▶▶▶▶▶▶▶▶▶▶▶▶▶▶▶▶▶▶▶▶▶▶▶▶ P.306

02 リニューアルで売上は伸びたのか ▶▶▶▶▶▶▶▶▶▶▶▶▶ P.316

03 内容量のばらつきに差はあるのか ▶▶▶▶▶▶▶▶▶▶▶ P.324

04 平均に差はあるのか ▶▶▶▶▶▶▶▶▶▶▶▶▶▶▶▶▶▶▶▶ P.330

05 シェアは伸びたのか ▶▶▶▶▶▶▶▶▶▶▶▶▶▶▶▶▶▶▶▶ P.336

06 給料は上がったのか ▶▶▶▶▶▶▶▶▶▶▶▶▶▶▶▶▶▶▶▶▶▶ P.341

01 本音は別にある

ベールに包まれた母集団を知るには、標本を取り出して推測するしかありません。母集団を推測する方法は、2つあります。1つは、第6章で紹介した、母平均や母分散のある範囲を95%の信頼度を付けて推測する「区間推定」です。もう1つは、母集団について立てた仮説を検証する「仮説検定」です。ここでは、母集団に対する仮説を検証するための仮説検定について解説します。

導入 ▶▶▶

例題 「たまたま悪いことが重なっただけ？」

L社の営業課では、このところ、失注続きで意気消沈しています。今期はまだ始まったばかりだというのに、5件連続で失注しているからです。こんなことは初めてです。マネージャー M氏と営業主任のY氏は、この事実について次のように考えています。

●取引状況

	A	B	C
1	案件No	担当	取引進捗
2	A-001	鈴木	失注
3	A-002	江川	失注
4	A-003	山本	失注
5	A-004	伊藤	失注
6	A-005	山田	失注
7	A-006	佐藤	交渉中
8	A-007	鈴木	訪問開始
9			

> 5件の連続失注の原因は？
> 偶然それとも・・・？

M氏の考え

①営業活動の受注と失注の割合はだいたい同じで、1/2ずつだ。

②確率が1/2なら、5回連続で失注する確率は、0.5×0.5×0.5×0.5×0.5＝0.3125 〜約3%になる。

③3%は確かに低いが、いいときもあれば、悪いときもある。たまたま3%の部分が現実になっただけで、偶然に過ぎない。

Y氏の考え

①5回連続で失注する確率が約3%というのは、めったに起きないはずである。

01 本音は別にある

②しかし、現実には、めったに起こらないことが起きた。

③つまり、マネージャーのいう、受注／失注の確率は同じであるという考えは間違えている。

④営業活動の結果、最終的に6割くらいは失注してもおかしくない。仮に6割失注すると考えれば、5回連続で受注する確率は、$(6/10) \times (6/10) \times (6/10) \times (6/10) \times (6/10) \sim 7.8\%$だからあり得ない話ではない。

どちらの考えに賛同しますか？

なお、期中、期末と進み、最終的には次の結果になりました。案件数には、交渉中の案件は含まないものとします。期初と同様、Mマネージャーは受注と失注の割合は同程度、Y主任は失注＞受注と考えている点は変わりません。期中、期末についても、2人の考えについて検証しましょう。

期中：案件数20件－失注14件　受注6件

期末：案件数50件－失注28件　受注22件

▶ 統計の仮説検定は「等しい」を否定できるかどうかがカギ

　統計の仮説検定も、区間推定と同様に母集団について推測する手法です。区間推定では、母集団の母平均や母分散は○○の範囲にありそうだと「素直に」推測したのですが、仮説検定は、間接的で奥歯にモノが挟まったような言い方で推測します。

　仮説検定のカギとなるのは、母集団について立てる「確率的に等しい」と置いた仮説に対して矛盾点を指摘できるかどうかです。

　ここで、L社の営業案件全体を対象に、失注する確率をPと置いて、MマネージャーとY氏の考えを式で表します。

　　M氏の考え：P=0.5　　失注と受注の確率は等しい
　　Y氏の考え：P＞0.5　　失注の確率は受注の確率より高い

　Y氏にとって、「P=0.5」は棄却したい内容です。統計では、帰無（きむ）仮説といいます。まさに無に帰すという意味です。そしてY氏が主張していることを統計では対立仮説といいます。

　通常、帰無仮説は「＝」で表され、確率的に等しいことを仮説にします。一方の対立仮説は「≠」「＜」「＞」の不等号を使った仮説が立てられ、「≠」は両側検定、「＜」と「＞」は片側検定といいます。ここでは、「P＝0.5」が帰無仮説であり、「P＞0.5」が対立仮説です。

　さて、Y氏は、昨年度の案件データを集め、失注と受注の割合から「P＞0.5」であることを突き止めました。これで「P＞0.5」を立証できるでしょうか。Mマネージャーに掛け合っても、「昨年の結果がたまたまP＞0.5になっただけ。」と一蹴されるのがオチです。「P＞0.5」という事実をいくら集めてみたところで、「P＞0.5」と断言することはできないのです。

　それよりも、Y氏は、いったんP＝0.5であることを認めた上で、P＝0.5と考えると矛盾する事実を1つ突き止めれば、「P＝0.5は間違えている」といえます。

　このように、いったん本音である対立仮説は横に置き、あえて確率的に等しいとする帰無仮説を受け入れ、帰無仮説に矛盾点があるかどうかを検証することを仮説検定といいます。

▶ 矛盾を指摘できる基準は確率5%

区間推定では、母集団から抽出した標本が従う確率分布を使って、95%の信頼度で母平均や母分散を推定しました。信頼度95%とは、5%は誤ってしまう危険を認めているという意味です。仮説検定も同様です。母集団のことはわからないので、無作為に標本を抽出し、抽出したn個の確率変数から、検定統計量と呼ばれる検定用の値を求めます。そして、検定統計量が従う確率分布を使って、判定基準5%で帰無仮説が棄却できるかどうかを判定します。もっと厳しくしたいときは判定基準を1%にします。仮説検定では5%や1%のことを有意水準といいます。

●検定統計量と有意水準

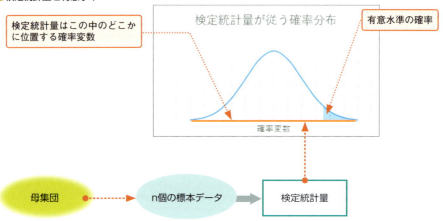

例題では、受注／失注という2つのうちいずれか1つを取る確率変数が従う確率分布は二項分布ですので、二項分布を使って検定統計量と有意水準5%で帰無仮説を検定します。

なお、有意水準は確率分布の面積に相当しますので、検定統計量と比較するときは、有意水準に対応する確率変数に換算します。もしくは、検定統計量を確率に変換して、有意水準と比較します。

以下に、3つの検定方法を示します。確率分布は描きやすくて見やすい正規分布を例にします。

●両側検定：帰無仮説「$p=\lambda$」、対立仮説「$p \neq \lambda$」

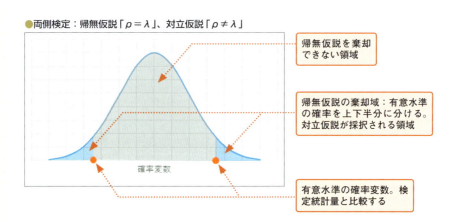

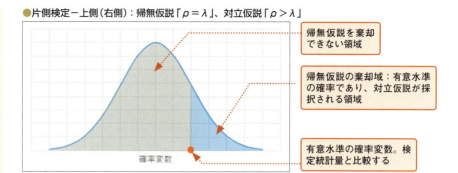

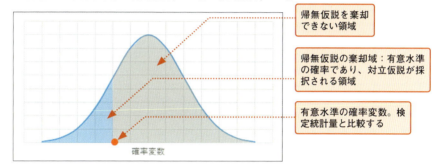

実践 ▶▶▶

▶ Excelの表の準備

サンプル 7-01

　失注と受注のどちらかになる確率変数は二項分布に従います。ここでは、期初、期中、期末の二項確率を求め、それぞれ失注数以上になる確率を求めます。

　たとえば、期中で案件20件のうち、14件失注する確率とは、14件ちょうどぴったりという意味ではなく、14件以上失注してしまう確率のことです。よって、失注数以上の確率を合計する欄も設けておきます。

●仮説検定用二項確率の表

	A	B	C	D	E	F	G	H	I
1	▽二項確率					▽取引状況			
2	案件数	5	20	50		期	期初	期中	期末
3	失注確率	0.5	0.5	0.5		失注数	5	14	28
4	失注数	期初確率	期中確率	期末確率		累積確率			
5	0								
6	1								
7	2								
8	3								
9	4								
54	49								
55	50								
56									

（失注数以上になる累積確率を求め、有意水準5%と比較する）

（検定対象は、帰無仮説なので、失注確率は0.5とする）

（案件数（試行回数）を超える失注数は、「#NUM!」エラーになるので、関数を使ってエラー処理を行う）

CHAPTER 07 偶然と必然の分かれ道

▶ Excelの操作①：二項確率を求める

期初、期中、期末に対する二項確率を求めます。二項確率は、BINOM.DIST関数を利用します。試していない確率は出ませんので、案件数（試行回数）を超える二項確率は「#NUM!」エラーになります。ここでは、IFERROR関数を使って、「#NUM!」エラーを処理します。

▶二項分布の試行回数（確率変数）はとびとびの値をとるので、連続分布とは異なり、個々の確率変数に対応する二項分布の値は、確率となる。

BINOM.DIST関数 ➡ 二項分布の確率を求める

書　式　=**BINOM.DIST**(成功数, 試行回数, 成功率, 関数形式)

解　説　成功数は、2つに1つの現象のうち、片方が発生した回数を指定し、試行回数と成功率で決まる二項分布の確率を求めます。関数形式にFALSEを指定すると成功数の確率、TRUEを指定すると成功数までの累積確率、すなわち面積を求めます。

IFERROR関数 ➡ エラーの場合は指定した値を表示する

書　式　=**IFERROR**(値, エラーの場合の値)

解　説　指定した値がエラーになる場合は、エラーの場合の値をエラー値の代わりに表示します。

補　足　IFERROR関数は、数式や関数によるエラー値の表示を回避する定番の関数です。ここでは、エラーの場合には何も表示しないように、長さ0の文字列「""」を指定します。

案件数ごとの二項分布の確率を求める

●セル「B5」に入力する式

| B5 | =IFERROR(BINOM.DIST($A5,B$2,B$3,FALSE),"") |

❶ セル「B5」にBINOM.DIST関数を入力し、オートフィルでセル「D55」までコピーする

案件数（試行回数）を超えると「#NUM!」エラーが発生する

01 本音は別にある

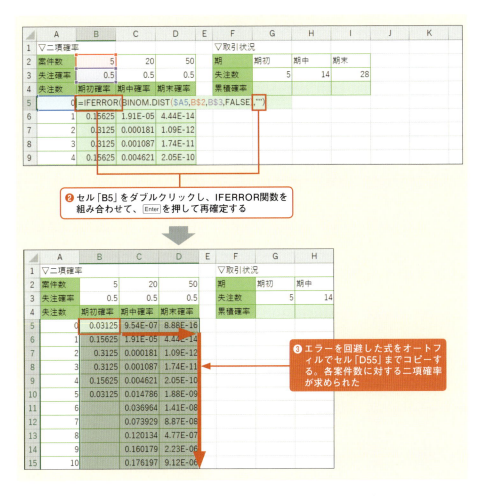

▶ Excelの操作②：失注数の確率を求める

期初は5件中5件、期中は20件中14件、期末は50件中28件失注しています。ここでは、これらの失注数が発生する確率を求めますが、何も14件ぴったり、28件ぴったりの確率が知りたいのではなく、14件以上失注してしまう二項確率が知りたいです。そこで、SUMIF関数を使って、指定した失注数以上の確率を合計します。

SUMIF関数 ➡ 条件にデータの合計を求める

書　式	=**SUMIF**(範囲, 検索条件, 合計範囲)
解　説	指定した範囲で検索条件を検索し、検索条件に一致するセルに対応する合計範囲のセルの数値を合計します。
補　足	検索条件に比較演算子を指定する場合は、「""（半角ダブルクォーテーション2つ）」で囲んで指定します。また、セルと比較演算子は「&」で結合します。

311

失注数以上になる確率を求める

●セル「G4」に入力する式

| G4 | =SUMIF($A$5:$A$55,">="&G3,B5:B55) |

❶ セル「G3」に式を入力し、セル「I4」までオートフィルでコピーする。各期の失注数以上になる確率が求められた

▶個々に求めた累積確率と有意水準とを比較して、仮説検定の判定を行う。

▶ 結果の読み取り

　期初、期中、期末について、帰無仮説「P＝0.5」（Pは失注確率）を仮定したときの、各失注数以上になる確率を検定統計量の確率として有意水準5％と比較します。有意水準の確率変数に換算しないのは、二項分布がとびとびの値の分布だからです。分布を見やすくするために便宜上、線でつなぐことはあっても正規分布のように連続していません。よって有意水準5％にぴったりの確率変数はないので、面積比較（確率による比較）で検定を行います。

▶とびとびの値の分布は離散分布、正規分布のように連続した値を取る分布は連続分布という。

●仮説検定に使う各期の確率

	E	F	G	H	I
1		▽取引状況			
2		期	期初	期中	期末
3		失注数	5	14	28
4		累積確率	0.03125	0.057659	0.239944
5					

①期初

5件中5件失注する確率「3.1％」＜有意水準5％

帰無仮説の棄却域に入っています。

よって、帰無仮説「P＝0.5」を棄却し、対立仮説「P＞0.5」を採択することになります。本当は帰無仮説が成立しているのに、帰無仮説を捨てて、対立仮説を採択する危険率は5％ほどです。ですから、期初の時点では、対立仮説は積極的に採択すると宣言できます。

②期中

20件中14件失注する確率は「5.8％」＞有意水準5％

帰無仮説の棄却域に入っていないので、対立仮説は採択されません。ここで注意したいのは、帰無仮説が採択されるとはいわないことです。20件中14件以上の失注確率は、帰無仮説「P＝0.5」を積極的に棄却できないといった程度です。後述する第2種の過誤により、本

01 本音は別にある

当は対立仮説が成立しているのに、帰無仮説を捨てきれないでいる確率がかなり高くなるのが理由です。

③期末

50件中28件以上失注する確率は「24%」>有意水準5%

期中と同様です。50件中28件とは、今期の失注率は56%です。受注と期末の割合は半々とする帰無仮説を積極的に捨てるような数字ではありません。

● 第1種の過誤と第2種の過誤

　第1種の過誤とは、例題の場合、期初のときに発生します。本当は帰無仮説が成立しているのに、帰無仮説を捨てて対立仮説を採択する誤りです。この誤りを犯す危険は有意水準です。ここでは、5%に設定しているので、第1種の過誤の確率は5%です。

　第2種の過誤とは、例題の場合、期中、期末のときに発生します。本当は、対立仮説が成立しているのに、帰無仮説を棄却できずにいる誤りです。有意水準はしばしば α で表記されるので、第2種の過誤については β で表記されます。β とは、対立仮説が成立している状況で、帰無仮説を棄却しない確率のことです。

β ＝ 帰無仮説を棄却しない確率 ＝ 確率の合計「1」－帰無仮説を棄却する確率

　β を求めるには、対立仮説が成立している状況が必要ですが、対立仮説「P＞0.5」を満たすPはいろいろあるので、ここでは仮に、Y主任が予想していたP＝0.6にします。

　さらに、二項分布はとびとびの値なので、有意水準5%といってもぴったりの失注数がありません。そこで、期中の20件に対し14件以上が失注する確率が約5.8%だったので、ズレはありますが、失注数が14件以上を帰無仮説の棄却域にします。すると、P＝0.6において14件以上失注する確率と β は次のとおりです。

●棄却域：20件中14件以上の失注

	A	B	C	D	E	F	G	H
1	▽二項確率				▽期中の場合			
2	案件数	20	20		期	帰無仮説	対立仮説	
3	失注確率	0.5	0.6		失注数	14	14	
4	失注数	帰無仮説	対立仮説		累積確率	0.057659	0.250011	
5	0	9.54E-07	1.1E-08					
6	1	1.91E-05	3.3E-07		α	0.057659		
7	2	0.000181	4.7E-06		β		0.749989	
8	3	0.001087	4.23E-05					
9	4	0.004621	0.00027					
10	5	0.014786	0.001294					
11	6	0.036964	0.004854					
12	7	0.073929	0.014563					
13	8	0.120134	0.035497					
14	9	0.160179	0.070995					
15	10	0.176197	0.117142					
16	11	0.160179	0.159738					

第2種の過誤は75%になる

CHAPTER 07 偶然と必然の分かれ道

本当は対立仮説が成立しているのに、有意水準5%のもとでは帰無仮説を棄却できずにいる確率 β は75%になり、かなり高い確率になります。よって、「帰無仮説が採択される」のではなく、積極的に捨てられないだけというのは β の高さに原因があるとわかります。

● 第1種の過誤の確率 α（有意水準）と第2種の過誤の確率 β

▶二項分布は本来、とびとびの値になるが、見にくくなるのでグラフの線をつないだ。β には特に名前がないが、「$1-\beta$」は検出力という。

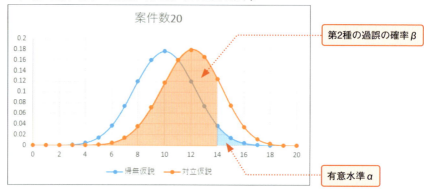

下の図は、案件数50件のケースで同様に β を求めた例です。50件の場合は、31件以上の失注を棄却域とします。すると、案件数が増えたことで、β が低下している様子がわかります。一般に、第2種の過誤を引き起こす β を低下させるには、試行回数または標本サイズを増やします。試行回数や標本サイズが増えてくると、帰無仮説と対立仮説の分布が分離していくからです。ただし、採取する標本が多くなることは、同時にコストが増加しますので、ある程度の割り切りが必要です。

● 棄却域：50件中31件以上の失注

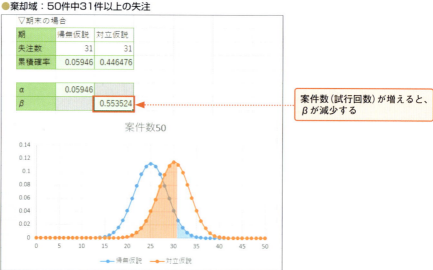

01 本音は別にある

発展 ▶▶▶

▶ 正規分布に近似して仮説検定を行う

　二項分布は、試行回数が増えるにつれ、正規分布に近づくことから、試行回数が多ければ、正規分布N(P,(1−P)/n)に従います。そして、二項分布に従う確率変数、つまり、標本比率Xを標準化したZ値を使うと、N(0,1)に従う分布になります。このZ値は、帰無仮説「P=0.5」を検定するための検定統計量として利用できます。例題の期末の場合、50件中28件が失注したので、標本比率Xは0.56です。Zを計算すると、約0.85になります。

▶正規分布N(平均,分散)とする。

●標本比率Xの標準化データZ

$$Z = \frac{X-P}{\sqrt{\dfrac{P(1-P)}{n}}} = \frac{0.56-0.5}{\sqrt{\dfrac{0.5*(1-0.5)}{50}}} \fallingdotseq 0.85$$

　ところで、対立仮説は「P>0.5」でしたので、上側の片側検定です。標準正規分布に従う有意水準5%の確率変数は「1.64」になります。「1.64」は新出ですが、両側でいうと10%点の値です。よって、Z値「0.85」＜有意水準「1.64」の関係より、帰無仮説は棄却できないという、二項確率と同じ結論になります。ただし、試行回数が50回の場合の検定統計量に対応する正規分布近似の確率と二項確率にはズレがあります。近似しているわけですから、ズレがあるのはしかたのないことですが、この例題では、試行回数が80回くらいになると、ようやくズレが気にならなくなります。

　二項分布の正規分布近似は、あくまでも試行回数が多い場合という条件付きです。20回程度で正規分布近似を使うと、第1種の過誤を起こす可能性もありますので、試行回数に気を付けて利用するようにします。

●正規分布に近似した場合の仮説検定

	A	B	C	D	E	F	G	H	I	J	K	L
1	▽二項確率			▽取引状況			▽正規分布近似による仮説検定					
2	案件数	50		期	期末		期	期末				
3	失注確率	0.5		失注数	28		標本比率	0.56		▽有意水準5%の確率変数		
4	失注数	期末確率		累積確率	0.239944		検定統計量	0.848528		上側5%点	1.644854	
5	0	8.88178E-16										
6	1	4.44089E-14					▽検定統計量に対応する累積確率					
7	2	1.08802E-12					検定統計量の確率	0.198072				
8	3	1.74083E-11										
9	4	2.04547E-10										

試行回数が増えると、二項確率とのズレが気にならなくなる

「=NORM.INV(1-5%,0,1)」と入力して上側5%点を求めている

315

02 リニューアルで売上は伸びたのか

以前と比べて平均値に変化があったかどうかは平均の検定で判断できます。ここでは、母平均と母分散がわかっている状況で平均値を検定します。母集団はわからないことが大半ですが、長年の経験で母平均を把握しているときや、母集団と見てよいほど大量にデータを持っているときは、正規分布で検定できます。正規分布のメリットは、自由度のあるt分布と違って有意水準の確率変数が1つに決まることです。キーになる確率変数を暗記していれば、その場ですぐに検定できるのが魅力です。

導入 ▶ ▶ ▶

例題 「リニューアルオープン後の平均客単価は本当に伸びたのか?」

　創業50年のビジネスホテルB社では、海外からの観光客の増加に対応するため、各地のホテルの改装を実施しました。長年のホテル経営で、平均客単価は7,800円、標準偏差は2,000円程度と把握しています。以下の図は、リニューアルオープン後のホテルの売上から抜粋した200件分／人のデータです。データは宿泊客だけでなく、ホテル内のカフェ利用客なども含み、無作為抽出を行いました。すると、リニューアル後の200件の平均客単価は8,003円となり、リニューアル前より売上が上昇しています。

　売上は伸びたといってよいでしょうか?なお、ここでの有意水準は5%とします。

● リニューアルオープン後の売上金額抜粋:200件

	A	B	C	D	E	F
1	▽リニューアルオープン前			▽検定前事前調査		
2	平均客単価	7,800		標本平均値	8,003	
3	標準偏差	2,000		標本標準偏差	1,804	
4				標本サイズ	200	
5	▽リニューアルオープン後					
6	No	売上金額		▽仮説検定		
7	1	12,200		検定統計量 (Z値)		
8	2	8,620				
9	3	8,210		▽判定基準		
10	4	5,460		有意水準5%		
11	5	5,720				
12	6	6,320				
205	199	8,360				
206	200	7,950				

> 売上は伸びているように思うが、取り出した標本がたまたまよかっただけ?

▶ 正規分布で仮説検定を行う

長年の経験などから、母平均 μ がわかっているときは、正規分布を利用して検定統計量（確率変数）を求め、有意水準の確率変数と比較します。ここでは、母標準偏差 σ もわかっているケースですが、推定と同様に、標本サイズnが十分大きいときは標本標準偏差sを母標準偏差 σ の代わりに利用できます。例題の帰無仮説と対立仮説は次のとおりです。ここで、リニューアル後の平均客単価（標本平均値）を $\overline{X}$ で表します。

> μ は母平均、σ^2 は母分散。

帰無仮説：$\overline{X} = \mu$　平均客単価はリニューアル後もリニューアル前と同じ
対立仮説：$\overline{X} > \mu$　平均客単価はリニューアル後、リニューアル前より上昇した

さて、母集団から抽出した標本の標本平均値は正規分布 $N(\mu, \sigma^2/n)$ に従います。

仮説検定は、いったん、帰無仮説を受け入れます。よって、帰無仮説が成立している状況の正規分布ですから、標本平均値の分布は $N(7800, 2000^2/200)$ になります。この状況で、平均客単価が上昇したかどうか知りたいので、上側の片側検定です。リニューアル後の平均客単価「8003」円は、果たして有意水準5%の棄却域に入るかどうかを検定します。もし、有意水準5%の棄却域に入ったとすれば、めったに起こらないことが実際に起こったので、リニューアル前と後の平均客単価が等しいという帰無仮説には矛盾があると指摘できます。

●検定内容

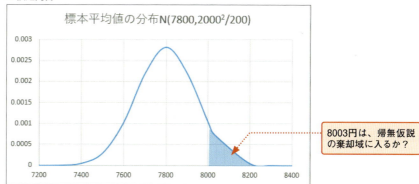

ところで、上記のような正規分布はデータごとに無数にありますから、どのデータにも使える標準正規分布に変換します。標本平均値 $\overline{X}$ が従う正規分布 $N(\mu, \sigma^2/n)$ を $N(0,1)$ に変換するとき、標本平均値 $\overline{X}$ は標準化データZに変換されます。Z値は仮説検定における検定統計量です。

●平均値の検定に使う仮説検定量「Z値」

$$Z = \frac{\overline{X} - \mu}{\sigma/\sqrt{n}} \fallingdotseq \frac{\overline{X} - \mu}{s/\sqrt{n}}$$

CHAPTER 07 偶然と必然の分かれ道

▶標準正規分布の上側5%点「1.64」、上側2.5%点「1.96」、上側0.5%点「2.58」は、暗記しておきたい確率変数である。

標準正規分布にすれば、上側の片側検定における有意水準5%に相当する確率変数は1.64ですから、

$Z \geq 1.64$

この不等号が成立すれば帰無仮説を棄却し、対立仮説を採択することになります。

●標準正規分布を使ってZ値で仮説検定

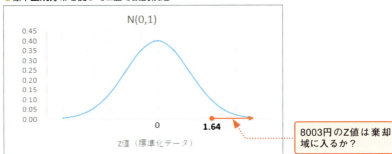

8003円のZ値は棄却域に入るか？

実践 ▶▶▶

7-02

▶ Excelの操作①：Z値を求め、有意水準5%で仮説検定を行う

式に代入してZ値を求めます。また、標準正規分布の上側5%点は1.64ですが、NORM.INV関数で確認しておきます。NORM.INV関数は下側を基準にした確率変数ですから、上側5%点は、下側95%に換算します。

Z値と有意水準5％の確率変数を求める

●セル「E7」に入力する式

| E7 | =(E2-B2)/(B3/SQRT(E4)) | E10 | =NORM.INV(95%,0,1) |

	A	B	C	D	E	F
1	▽リニューアルオープン前			▽検定前事前調査		
2	平均客単価	7,800		標本平均値	8,003	
3	標準偏差	2,000		標本標準偏差	1,804	
4				標本サイズ	200	
5	▽リニューアルオープン後					
6	No	売上金額		▽仮説検定		
7	1	12,200		検定統計量（Z値）	1.431891	
8	2	8,620				
9	3	8,210		▽判定基準		
10	4	5,460		有意水準5%	1.644854	
11	5	5,720				

❶セル「E7」とセル「E10」に式を入力し、検定統計量と有意水準5%の確率変数が求められた

▶ 結果の読み取り

Z値は1.43になり、1.64以上になりませんでした。よって、リニューアル後に抜粋した200件の売上データから求めた平均客単価8003円は、これまでの平均客単価7800円を数字の上では上回っていますが、今のところ、帰無仮説を棄却するには至らない結果となりました。

今後、データ数が増えても同じ平均客単価を維持していた場合は、帰無仮説の棄却領域に入り、対立仮説が採択されることになります。

●平均客単価を維持した状態で標本サイズが増加した場合

	C	D	E	F	G
1	▽検定前事前調査				
2		標本平均値	8,003		
3		標本標準偏差	1,804		
4		標本サイズ	200		
5					
6	▽仮説検定（標本サイズが増えても標本平均値を維持を仮定）				
7		標本サイズ	200	300	800
8		検定統計量（Z値）	1.431891	1.753701	2.863782
9					
10					
11	▽判定基準				
12		有意水準5%	1.644854		
13					

帰無仮説の棄却領域に入る

● 標本サイズと仮説検定

標本サイズが増えると、検定統計量が帰無仮説の棄却領域に入るというのは、ある意味当たり前のことで、推定の信頼区間を思い出すとわかります。第6章のP.271で確認したとおり、標本サイズが増えると、確率分布は尖り、信頼区間の幅は狭くなります。信頼区間の幅が狭くなるということは、仮説検定においては棄却域が広がることを意味しています。例題の場合は次のようになります。

●標本平均値が従う正規分布と棄却領域

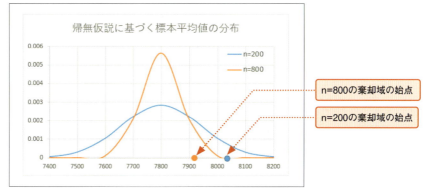

上の図を見ると、「n=200」は帰無仮説の母平均「7,800」より遠い場所に棄却領域があり

ますが、「n=800」になると、棄却域が帰無仮説側に寄っていきます。どちらの方が、真の意味で客単価が上昇したといえるでしょうか？標本サイズが比較的小さいときに統計的に有意であるといえる方が、母平均から遠い分、胸を張って「上昇した」といえます。

一般に、標本サイズが大きくなると、第2種の過誤の確率βを低下させる半面、仮説検定の帰無仮説のほとんどが棄却され、対立仮説ばかり採択される傾向になります。現代は、欲しい欲しくないに関わらず、大量のデータを手にできる時代になりましたので、仮説検定の帰無仮説はますます棄却されるばかりです。

標本サイズが大きいときは、有意水準を厳しくする方法も考えられますが、自分の都合に合わせて、5％にしたり1％にしたりするようでは、ますます仮説検定の意味がなくなります。仮説検定を行うときは、手元にある大量のデータから無作為抽出し、標本サイズを下げて実施してみるのも1つの方法です。

Column　Z.TEST関数とZ値

Excelには、確率で平均値を検定するZ.TEST関数が用意されています。母平均と手持ちの標本データを指定すれば、検定値の確率が算出されます。以下にZ.TEST関数を使った場合の検定値を示します。確率は7.6％＞有意水準5％のため、帰無仮説の棄却には至りません。確率で比較しても、確率変数で比較しても結論は同じです。

●Z.TEST関数を使った仮説検定

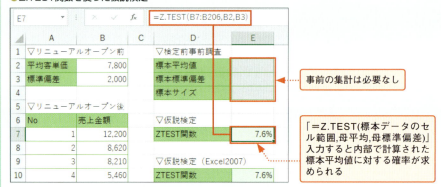

▶ここでは、母標準偏差がわかっているので、セル「B3」も使っているが、わからなければ、省略も可能。省略した場合は、標本データの標本標準偏差が代用される。

▶右の図は、7-02_kansei「ZTEST」シートで確認できる。

Z.TEST関数では、標本平均値も標本標準偏差も関数内部で求めた上で、標本平均値の確率を算出してくれますので、事前の集計は必要ありません。また、比較対象は有意水準の確率ですから、NORM.INV関数で確率変数を求める必要もありません。

と、ここまでは大変便利に見えますが、Z.TEST関数を用いるには、Excelが必要です。その点、Z値なら電卓でも計算できます。会議資料などに掲載されている数値を見て、さっと計算できるのがZ値の魅力です。棄却域の確率変数「1.64」「1.96」「2.58」は知っておく必要がありますが、3つとも覚えるのがいやなら「2」と比較しても、そんなに的外れな判断にはならないはずです。筆者は「Z値推し」ですが、もちろん、どちらがよいかはお任せします。

発 展 ▶▶▶

▶ 散らばりを検定する

　例題のビジネスホテルではリニューアルに伴い、料金体系を見直して標準偏差の縮小にも努めました。その結果、P.316のように、リニューアル前の標準偏差「2,000」円から、リニューアル後は、標本データながらも「1,804」円になり、縮小しているように見えます。料金体系の改善により散らばり具合が改善されたかどうか、有意水準5%で検定してみます。

　さて、「散らばり具合を」ときたら、カイ二乗分布です。カイ二乗分布に従う確率変数は、推定で求めたカイ二乗値です。このカイ二乗値が散らばりを検定するときの検定統計量です。

● カイ二乗値

$$X = n \times \frac{S^2}{\sigma^2} \quad \text{または、} \quad X = (n-1) \times \frac{s^2}{\sigma^2}$$

S^2：標本分散　　s^2：不偏分散　　σ^2：母分散　　n：標本サイズ

帰無仮説と対立仮説は次のとおりです。

　　帰無仮説：$s^2 = \sigma^2$　　リニューアル後の分散はリニューアル前の分散と同じ
　　対立仮説：$s^2 < \sigma^2$　　リニューアル後の分散はリニューアル前の分散より小さい

　対立仮説より、自由度199に従うカイ二乗分布の下側の片側検定になり、有意水準5%に対応する確率変数は、自由度199のカイ二乗分布の下側5%点です。

　　X＜カイ二乗分布の下側5%点

この不等号式を満たせば、帰無仮説が棄却され、対立仮説の採択となります。

● 自由度199のカイ二乗分布による仮説検定

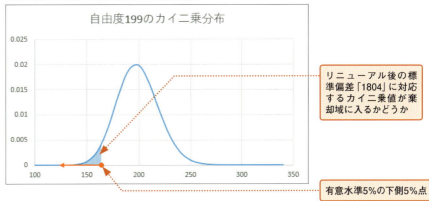

▶データ件数が200件あるため、フィッシャーの近似式を使ってカイ二乗値を求めることも可能。

▶データ件数が200件あるため、カイ二乗分布の非対称性がかなり薄れる。

CHAPTER 07 偶然と必然の分かれ道

▶ 右の図は、7-02_kansei「分散の検定」シートで確認できる。

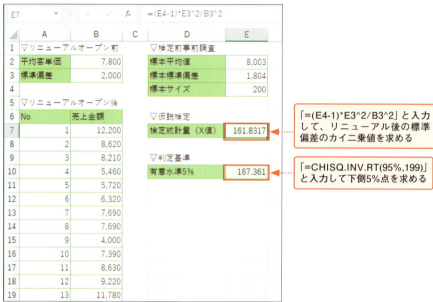

●リニューアル前後の分散の検定

リニューアル後の標本標準偏差に対応するカイ二乗値「161.8」はカイ二乗分布の下側5%点の「167.8」を下回りました。よって、帰無仮説を棄却し、有意水準5%のもとで対立仮説が採択され、リニューアルに伴う料金体系の見直しには効果があったとことになります。

発展 ▶▶▶

▶ 小さい標本サイズで検定する

標本サイズが小さい場合は、t分布を使った検定が可能です。Z値の代わりに用いるt値は推定の場合と同じです。ここで、大文字「S」は標本分散の平方根、小文字「s」は標本標準偏差です。

$$t = \frac{\overline{X} - \mu}{S \times \sqrt{\frac{1}{n-1}}} \quad \text{または、} \quad \frac{\overline{X} - \mu}{s \times \sqrt{\frac{1}{n}}}$$

リニューアル後のデータ件数が10件とする場合でも帰無仮説と対立仮説は同様です。その代わり、判定方法がt分布とt値に変わります。

t ≧ 自由度9のt分布の上側5%点(両側10%点)

t検定の結果は次のとおりです。10件のデータは、例題の200件の標本データからランダムに選びました。

02 リニューアルで売上は伸びたのか

▶ 右 の 図 は、7-02_
kansei「t検定」シートで
確認できる。

●リニューアル後のデータ数が10件の場合の平均値の仮説検定

E10			✕ ✓ fx	=T.INV.2T(10%,9)	
	A	B	C	D	E
1	▽リニューアルオープン前			▽検定前事前調査	
2	平均客単価	7,800		標本平均値	8,520
3	標準偏差	2,000		標本標準偏差	1,836
4				標本サイズ	10
5	▽リニューアルオープン後				
6	No	売上金額		▽仮説検定	
7	1	7,810		検定統計量（t値）	1.240204
8	2	9,500			
9	3	5,890		▽判定基準	
10	4	8,230		有意水準5%	1.833113
11	5	5,830			
12	6	10,730			
13	7	7,740			
14	8	11,080			
15	9	10,110			
16	10	8,280			

「=(E2-B2)/(E3/SQRT(E4))」と
入力している

「=T.INV.2T(10%,9)」と入力し
ているT.INV.2T関数は両側確
率を指定することに注意する

　リニューアル後の10件の平均客単価は8520円とリニューアル前の7800円より大幅にアップしていますが、検定すると、「t値＜有意水準5%の確率変数」であり、帰無仮説を棄却できませんでした。ぬか喜びは禁物という結果です。

　ところで、ここではT.INV.2T関数を使って有意水準5%の確率変数を求めましたが、上のケースについては検定統計量を求めた時点で帰無仮説は棄却できないと判断できます。

　t分布は正規分布によく似た分布ですが、正規分布に比べて扁平で裾広がりです。P.319で見たように、分布が扁平になると棄却域が遠のきますから、t分布の判断基準は正規分布より厳しいわけです。

　上の図のt値「1.24」はt分布より判断基準の甘い正規分布の確率変数「1.64」（上側5%点）すら下回っています。

　正規分布の確率変数「1.64」「1.96」「2.58」さえ暗記していれば、わざわざExcelを持ち出してT.INV．2Tなどという小難しい関数を使う必要がなくなります。

03 内容量のばらつきに差はあるのか

同じ商品を2箇所で製造している場合、製造場所の違いで商品にばらつきが出ない様にすることは、品質管理にとって重要なことです。ここでは、2つの母集団から取り出した標本の分散を検定します。

分散といえばカイ二乗分布ですが、2つの母集団から取り出した分散を比べるときは、2つのカイ二乗分布から構成されるF分布を利用します。

導入 ▶ ▶ ▶

例題 「A工場とB工場で生産する内容量のばらつきに差はあるか?」

A工場とB工場では、同じ商品を生産しています。商品の内容量は50グラムです。通常、各工場では、商品ロットから抜き取り検査を行って商品の品質管理を実施しています。以下の表は、抜き取り検査で蓄積されたデータから無作為に抽出した内容量データです。A工場からは40件、B工場からは60件のデータを得ました。各工場の分散を調査した結果、ばらつきがあるように見えます。2工場で生産される商品の内容量のばらつきには有意な差があるでしょうか?なお、有意水準は5%とします。

●A工場とB工場の内容量の標本データ

I3				✕ ✓ f_x	=COUNT(A2:B21)					
▲	A	B	C	D	E	F	G	H	I	J
1	▽A工場			▽B工場				▽検定前事前調査		
2	49.99	50.24		50.19	50.16	50.19			A工場	B工場
3	50.26	50.13		50.23	50.07	50.17		標本サイズ	40	60
4	50.18	50.06		50.25	50.22	50.25		不偏分散	0.011671	0.007542
5	50.24	50.11		49.98	49.98	50.01				
6	50.29	50.29		50.15	50.00	50.19		▽検定統計量		
7	50.17	50.16		50.18	50.16	50.02		分散比(F値)		(A/B)
8	49.98	50.11		50.20	50.07	50.24				
9	50.22	50.26		50.25	50.00	50.10		▽判定基準		
10	50.13	49.96		50.03	49.99	50.15		有意水準5%		
11	50.06	50.04		50.00	49.99	50.17				

> 分散に違いがあるように見えるが、偶然か?それとも統計的に有意差があるのか?

▶ F分布で仮説検定を行う

2つの母集団からそれぞれ標本A、Bを取り出したときの、2標本の分散の違いは比で求

03 内容量のばらつきに差はあるのか

めることができます。分散比をA／Bで求めた場合、標本AとBの分散が等しければ、分散比は1になりますが、ぴったり一致するようなことはまずありません。数字の上の分散は違って見えても、有意水準において、有意な差があると認められない限り、分散に違いがあるとはいえないという結論になります。

さて、分散の比が従う確率変数といえば、F分布です。F分布は、P.256より、互いに独立した自由度k_1と自由度k_2の2つのカイ二乗分布に従う確率変数X_1とX_2の比です。ここで、自由度k_1とk_2は標本AとBの標本サイズn_1とn_2を使ってn_1-1とn_2-1に置き換えます。

● F分布に従う確率変数

$$F = \frac{\dfrac{X_1}{k_1}}{\dfrac{X_2}{k_2}} = \frac{\dfrac{X_1}{n_1-1}}{\dfrac{X_2}{n_2-1}}$$

● 自由度n_1-1とn_2-1のカイ二乗分布に従う確率変数

$$X_1 = (n_1-1) \times \frac{s_1^2}{\sigma^2} \quad 及び、 \quad X_2 = (n_2-1) \times \frac{s_2^2}{\sigma^2}$$

X_1とX_2を「F＝」で始まる式に代入すると、以下のように約分されて、F分布に従う確率変数F値は、2つの標本の分散比となります。分散比のF値は、仮説検定における検定統計量です。

● F分布に従う確率変数「F値」

$$F = \frac{s_1^2}{s_2^2}$$

A工場及びB工場の分散比に関する帰無仮説と対立仮説は次のとおりです。

帰無仮説：$s_1^2 = s_2^2$　　A工場とB工場の分散は同じ
対立仮説：$s_1^2 \neq s_2^2$　　A工場とB工場の分散に差がある

検定内容は、分散比が有意水準5%の棄却域に入るかどうかです。対立仮説が「≠」のため、両側検定となります。F検定については、分散比が2通りになりますので、分散比＞1の場合は、両側5%とするので、半分の上側2.5%点が判定基準となり、分散比＜1の場合は下側2.5%点が判定基準となります。どちらで判定するかは、分散比の値を見て決めます。例題のA工場の標本サイズは40、B工場の標本サイズは60ですから、検定に利用するF分布は自由度(39，59)です。

よって、次の不等号が成立するとき、帰無仮説が棄却されます。

分散比（F値）＞1のとき、F≧F(39,59)の上側2.5%点
分散比（F値）＜1のとき、F≦F(39,59)の下側2.5%点

325

CHAPTER 07 偶然と必然の分かれ道

●検定内容

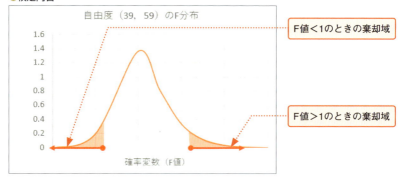

実践 ▶▶▶

▶ Excelの操作①：F分布表を作成する

サンプル
7-03「F分布表」シート

標準正規分布表やカイ二乗分布表があるように、F分布表もあります。F.INV.RT関数を使ってさまざまな自由度における上側2.5%の確率変数を求め、F分布表を作成します。

F.INV.RT関数 ➡ 自由度n−1に従うF分布の上側確率に対する確率変数を求める

- 書　式　=**F.INV.RT**(確率, 自由度1, 自由度2)
- 解　説　確率には上側確率を指定します。標本サイズnから1を引いて自由度に指定します。このとき、自由度1は、分散比の分子、自由度2は、分散比の分母の自由度を指定します。
- 補　足　下側確率は、確率の合計が1であることを利用して換算します。たとえば、下側5%点は上側95%と換算します。

さまざまな自由度の組み合わせによる上側2.5%点を求める

●「F分布表」シートのセル「B4」に入力する式

| B4 | =F.INV.RT(2.5%,$A4,B$3) |

▶「B工場の分散／A工場の分散」とする場合は、自由度(59,39)になり、上側5%のF値は、「1.8158」(セル「J14」)になる。

	A	B	C	D	E	F	G	H	I	J	K	L	M	N	O
1	▽上側2.5%点のF分布表														
2		自由度2													
3	自由度1	1	5	10	15	20	25	30	35	39	45	50	55	59	60
4	1	647.79	10.007	6.9367	6.1995	5.8715	5.6864	5.5675	5.4848	5.4348	5.3773	5.3403	5.3104	5.2902	5.2856
5	5	921.85	7.1464	4.2361	3.5764	3.2891	3.1287	3.0265	2.9557	2.913	2.864	2.8327	2.8073	2.7902	2.7863
6	10	968.63	6.6192	3.7168	3.0602	2.7737	2.6135	2.5112	2.4403	2.3974	2.3483	2.3168	2.2913	2.2741	2.2702
7	15	984.87	6.4277	3.5217	2.8621	2.5731	2.411	2.3072	2.235	2.1914	2.1412	2.109	2.0829	2.0653	2.0613
8	20	993.1	6.3286	3.4185	2.7559	2.4645	2.3005	2.1952	2.1218	2.0774	2.0262	1.9933	1.9666	1.9486	1.9445
9	25	998.08	6.2679	3.3546	2.6905	2.3972	2.2315	2.1251	2.0509	2.0042	1.9521	1.9186	1.8913	1.8729	1.8687
10	30	1001.4	6.2269	3.3110	2.6437	2.3486	2.1816	2.0739	1.9986	1.9529	1.9	1.8659	1.8382	1.8195	1.8152
11	35	1003.8	6.1973	3.2799	2.6100	2.3133	2.1454	2.0369	1.9610	1.9148	1.8613	1.8267	1.7986	1.7795	1.7752
12	39	1005.3	6.1791	3.2606	2.5893	2.2916	2.1231	2.0140	1.9375	1.8907	1.8367	1.8018	1.7734	1.7541	1.7497
13	45	1007	6.1576	3.2380	2.565	2.2663	2.0964	1.9864	1.909	1.8619	1.8073	1.7719	1.7431	1.7235	1.7191
14	59	1009.7	6.1243	3.2004	2.5263	2.2256	2.054	1.9424	1.8638	1.8158	1.76	1.7238	1.6942	1.6741	1.6695
15															
16															
17															

❶ セル「B4」に式を入力し、セル「O16」までオートフィルでコピーする。さまざまな自由度の組み合わせに対する上側2.5%点が求められた

A工場の分散／B工場の分散の場合のF値

▶ Excelの操作②：F値を求め、有意水準5%で仮説検定を行う

サンプル
7-03「操作」シート

ここでは、分散比の分子はA工場、分母はB工場としてF値を求めます。例題より、A工場の分散＞B工場の分散ですので、両側の有意水準5%に対応する確率変数は上側2.5%点です。この値は、F分布表より、「1.7541」です。

F値と有意水準5%の確率変数を求める

● 「操作」シートのセル「I7」「I10」に入力する式

| I7 | =I4/J4 |
| I10 | =F.INV.RT(2.5%,I3-1,J3-1)、または、=F分布表!N12 |

▶セル「I10」には、改めてF.INV.RT関数を入力するか、F分布表の該当セルを参照するか、どちらかを操作する。

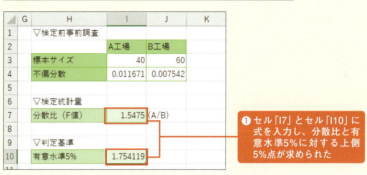

❶ セル「I7」とセル「I10」に式を入力し、分散比と有意水準5%に対する上側5%点が求められた

▶ 結果の読み取り

F値は1.5475になり、1.7541以上になりませんでした。よって、A工場とB工場の分散に対する帰無仮説は棄却されません。数字が異なるので、分散に違いはないとはいいませんが、今回の検査では、はっきりと帰無仮説を棄却できるほどのF値にはならなかったということです。

Column　F.TEST関数の利用

F.TEST関数を利用すると、2の標本データのセル範囲を指定するだけで、検定統計量に対する確率が求められます。有意水準の確率と直接比較することが可能です。

▶右の図は、7-03_kansei「FTEST」シートで確認できる。

● F.TEST関数を使った仮説検定

	A	B	C	D	E	F	G	H		
1	▽A工場			▽B工場				▽検定前事前調査	事前の集計は必要なし	
2	49.99	50.24		50.19	50.16	50.19			A工場	B工場
3	50.26	50.13		50.23	50.07	50.17		標本サイズ		
4	50.18	50.06		50.25	50.22	50.25		不偏分散		
5	50.24	50.11		49.98	49.98	50.01				
6	50.29	50.29		50.15	50.00			▽検定統計量		
7	50.17	50.16		50.18	50.16	50.02		F値の確率	12.7%	
8	49.98	50.11		50.20	50.07	50.24				
9	50.22	50.26		50.25	50.00	50.10		▽判定基準		
10	50.13	49.96		50.03	49.99	50.15		有意水準5%(両側)		
11	50.06	50.04								

「=F.TEST(A2:B21,D2:F21)」と指定し、A工場の標本データと、B工場の標本データを指定すれば、検定用の確率が求められる

▶ 回帰分析とF検定

　第3章の回帰分析では、いっけん関連のなさそうなデータ同士の関係性を見い出して、回帰曲線を引きました。このとき、分析ツールの「回帰分析」を使ってさまざまな値を出力し、使える回帰曲線かどうかを見極めるポイントの1つとして「有意F」がありました。

　以下の図は第3章P.95で扱った商品Aの販売価格と販売数量の単回帰分析です。改めて分析ツールを使って回帰分析を実施し、さまざまな値を出力しました。

●分析ツール「回帰分析の結果」

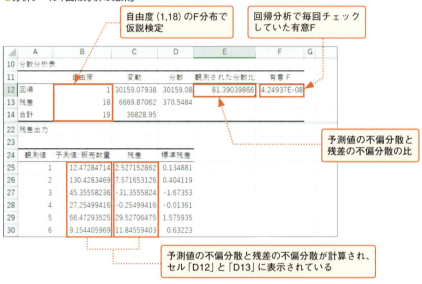

　上の表の「回帰」の分散（セル「D12」）とは、回帰曲線の回帰式によって計算された予測値の分散です。回帰曲線は、残差（実測値と回帰曲線までの距離）が最小になるように、厳密には、残差の偏差の2乗和が最小になるように引かれた線です。偏差の2乗和といえば、変動であり、変動の平均値が分散です。よって、予測に使える回帰曲線であれば、残差の分散は小さいほどよいので、下のような関係が望まれます。

回帰曲線の分散＞残差の分散

すると、次の仮説検定が成立します。

帰無仮説：回帰曲線の分散 ＝ 残差の分散
対立仮説：回帰曲線の分散 ＞ 残差の分散

　上の表より、検定統計量の分散比（F値）は約「81.4」で、1より大きいですから、有意水

準5%で回帰曲線の有意性を示すなら、上側5%点が判定基準です。ところで、説明変数の数や用意したデータ数によって決まる自由度は、セル「B12」と「B13」に表示されています。ここでは、自由度(1,18)のF分布に従う上側5%点の確率変数と分散比を比較して、分散比＞確率変数であれば、帰無仮説が棄却されることになります。

上側5%点の確率変数は、「=F.INV.RT(5%,1,18)」と入力すると約「4.41」になります。

よって、81.4＞4.41より、帰無仮説が棄却され、有意水準5%のもとで、対立仮説が採択されて、回帰曲線は「使える」という判断になります。なお、回帰分析時に毎回チェックしている「有意F」は分散比「81.4」に対応するF分布の確率です。有意水準5%に比べて小さければ、「使える」という判断になります。これまでは5%以下かどうかを機械的に見てきただけですが、今後は、「回帰曲線の分散 ＞ 残差の分散」を示すための指標であることがわかります。そして、この不等式の関係が満たされるということは、危険率5%は伴うものの、回帰曲線は実測値を説明している証拠であるとわかります。

下の図は以上の説明の内容を空いているセルに計算した結果です。不偏分散は偏差の2乗和を自由度で割った値ですが、関数のVAR.S関数を使うと、指定した範囲の「セル範囲−1」で割ってしまうため利用できません。地道に平均値と偏差の2乗を求め、これらを合計して変動を求め、自由度で割り算します。

● 計算結果

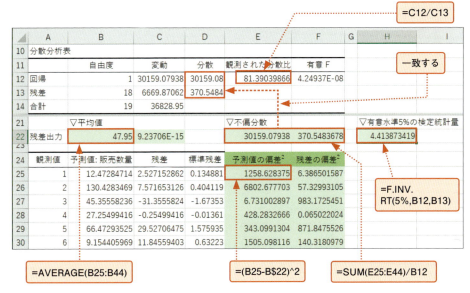

04 平均に差はあるのか

ここでは、2つ母集団からそれぞれ取り出した標本から、母平均に差があるかどうかを検定します。母集団から取り出す標本はいろいろな平均値や分散を取りますから、母平均の差を検定する前に、標本の分散が揃っているかどうかを確かめる必要があります。よって、平均の差を検定するときは、前もってF検定を実施します。

導入 ▶▶▶

例題　「秋田と甲府の平均日射量には差があるか？」

日射量とは、太陽光発電に欠かせない要素です。太陽光発電による発電量は日射量に比例します。そこで、秋田県の「秋田」と山梨県の「甲府」の1年間の日射量データを気象庁からダウンロードし（http://www.jma.go.jp/jma/index.html）、データを整理しました。

日射量の平均値を見ると、秋田では1平方メートルあたり約「11.4」メガジュール、甲府では約「15.8」メガジュールと差があるように感じます。

統計的に有意な差があるでしょうか？有意水準は5％として平均日射量の差を検定します。

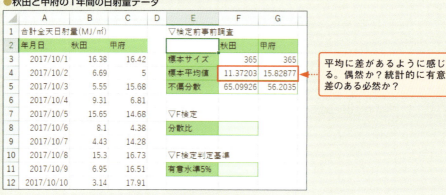

●秋田と甲府の1年間の日射量データ

▶ F検定してから平均値の差の検定方法を決める

2つの母集団からそれぞれ標本A、Bを取り出して、母平均の差を検定するには、前もって、取り出した標本の分散にばらつきがないかどうか、F検定で調べます。

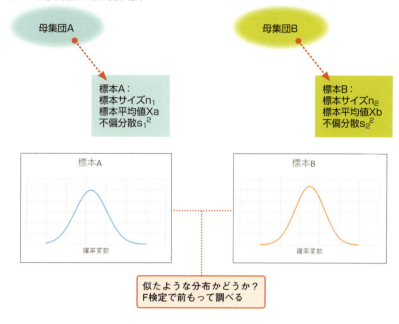

　F検定の結果、有意水準で分散に違いがないときは、等分散を仮定したt検定、分散に違いがあるときは、分散が等しくないことを仮定したt検定を行います。
　F検定の帰無仮説と対立仮説は次のとおりです。

帰無仮説：$s_1^2 = s_2^2$　母集団Aの標本Aと母集団Bの標本Bの分散は同じ
対立仮説：$s_1^2 \neq s_2^2$　母集団Aの標本Aと母集団Bの標本Bの分散は異なる

帰無仮説を棄却する条件は、次のとおりです。

分散比（F値）＞1のとき、F値≧自由度（n_1, n_2）のF分布の上側2.5%点

▶ t検定の方法

　2つの母集団からそれぞれ取り出した標本をもとに、母平均の差を検定します。帰無仮説と対立仮説は次のとおりです。対立仮説が「≠」のため、両側検定とします。

帰無仮説：母集団Aの母平均μ_a ＝ 母集団Bの母平均μ_b
対立仮説：母集団Aの母平均μ_a ≠ 母集団Bの母平均μ_b

　ここでは、分析ツールのt検定を利用して仮説検定を行います。

CHAPTER 07　偶然と必然の分かれ道

実践 ▶▶▶

▶ Excelの操作①：F検定を行う

サンプル
7-04

　秋田と甲府の日射量の不偏分散をもとにF値を求め、有意水準5%で分散に違いがあるかどうかを両側検定します。秋田の不偏分散＞甲府の不偏分散の関係から、秋田の不偏分散／甲府の不偏分散として分散比＞1になるようにし、F分布の上側2.5%点を判定基準にします。

分散比とF分布の上側2.5%点を求める

●「F8」と「F11」に入力する式

F8	=F5/G5
F11	=F.INV.RT(2.5%,F3-1,G3-1)

	A	B	C	D	E	F	G
1	合計全天日射量(MJ/㎡)				▽検定前事前調査		
2	年月日	秋田	甲府			秋田	甲府
3	2017/10/1	16.38	16.42		標本サイズ	365	365
4	2017/10/2	6.69	5		標本平均値	11.37203	15.82877
5	2017/10/3	5.55	15.68		不偏分散	65.09926	56.2035
6	2017/10/4	9.31	6.81				
7	2017/10/5	15.65	14.68		▽F検定		
8	2017/10/6	8.1	4.38		分散比	1.158278	
9	2017/10/7	4.43	14.28				
10	2017/10/8	15.3	16.73		▽F検定判定基準		
11	2017/10/9	6.95	16.51		有意水準5%	1.228486	
12	2017/10/10	3.14	17.91				

F値<有意水準5%の確率変数より、帰無仮説は棄却されない

❶ セル「F8」とセル「F11」に式を入力し、検定統計量の分散比「F値」と自由度(364,364)のF分布の上側2.5%点が求められた

▶ Excelの操作②：F検定の結果にもとづき、t検定を実施する

　F検定の結果、分散比(F値)は有意水準5%の確率変数より小さくなり、帰無仮説は棄却されませんでした。よって、2つの母集団AとBから抽出した標本A、Bの分散には違いがあるとはいえないことから、等分散を仮定したt検定を分析ツールで実施します。

分析ツールでt検定を実施する

❶〔データ〕タブの【データ分析】をクリックする

04 平均に差はあるのか

▶F検定の結果、等分散を仮定できないときは、「分散が等しくないと仮定した2標本による検定」を選択する。

▶出力結果は「結果の読み取り」に示す。

▶出力された結果の列幅は適宜広げて、見やすくする。

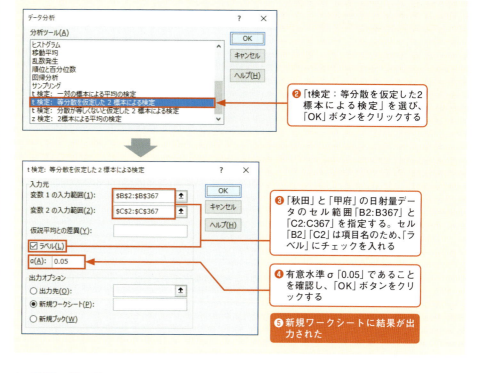

▶ 結果の読み取り

分析ツールを利用した「等分散を仮定したt検定」の結果は次のとおりです。

●等分散を仮定したt検定の結果

	A	B	C
1	t-検定: 等分散を仮定した2標本による検定		
2			
3		秋田	甲府
4	平均	11.37203	15.82877
5	分散	65.09926	56.2035
6	観測数	365	365
7	プールされた分散	60.65138	
8	仮説平均との差異	0	
9	自由度	728	
10	t	-7.73087	
11	P(T<=t) 片側	1.78E-14	
12	t 境界値 片側	1.646949	
13	P(T<=t) 両側	3.56E-14	
14	t 境界値 両側	1.963228	
15			

検定統計の値「t値」は約「−7.73」です。有意水準5%の確率変数は約「1.96」とありますが、t分布は左右対称のため、出力結果は上側2.5%点のみ表示されます。ここでは、「−1.96」と読み替えます。

下の図に検定結果の確率変数の位置関係を示します。「−7.73＜−1.96」の関係から、帰

帰無仮説の棄却域に入っています。したがって、有意水準5%のもとで対立仮説が採択され、秋田と甲府の平均日射量には有意な差があると判断されます。

● 検定統計の値「t値」と有意水準5%の確率変数の位置関係

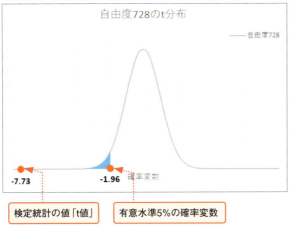

余談ですが、日射量の単位「MJ／m^2」を一般的な電気使用量の単位「kWh／m^2」に換算してみると、秋田と甲府の1日あたりの平均日射量の差は1平方メートルあたり「1.24kWh」になります。これに30日をかけて1か月分にすると「37.1kWh／m^2」です。一般家庭の屋根に設置される太陽光パネルを20m^2程度として、1か月の発電量に換算すると「743kWh」です。みなさんの1か月の電気使用量と比べていかがですか。もちろん、太陽光発電による発電量はさまざまなロスがあるので、日射量で決まるわけではありませんが、一定の目安にはなります。

秋田と甲府の平均日射量を比べると、743kWh／月くらいの有意な差があるという言い方にすると、イメージがわきやすくなりますね。

Column　T.TEST関数の利用

T.TEST関数を利用して検定統計量に対する確率を求めることができます。T.TEST関数の場合は、たんに標本のセル範囲を指定するだけでなく、両側と片側検定の区別、F検定の結果にともなう検定の種類を指定する必要があります。

T.TEST関数 ➡ t検定用の確率を求める

書　式　=**T.TEST**(配列1, 配列2, 検定の指定, 検定の種類)
解　説　2つの標本のセル範囲を配列1, 配列2に指定します。検定の指定は、片側の場合は1、両側の場合は2を指定します。また、検定の種類には、一対標本は1、等分散を仮定する場合は2、等分散を仮定しない場合は3を指定します。

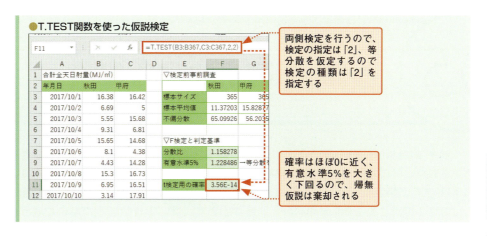

発展 ▶▶▶

▶ 平均の差の検定に使うt値とt値が従う確率分布

平均の差の検定に使う検定統計量のt値は、次の式で表されます。もともとのt値（→P.332）に2つの標本分布を合成したような統計量です。また、結果の読み取りのt分布の図にあるとおり、取り出した標本は2つですが、検定用の確率分布は1つのt分布です。ここでも合成がなされており、t値が従うt分布の自由度は次のように計算されます。

●母平均の差の検定に使う検定統計量

$$t = \frac{X_a - X_b}{\sqrt{\dfrac{s_1^2}{n_1} + \dfrac{s_2^2}{n_2}}}$$

●母平均の差の検定に利用されるt分布の自由度

$$自由度 = \frac{\left(\dfrac{s_1^2}{n_1} + \dfrac{s_2^2}{n_2}\right)^2}{\dfrac{\left(\dfrac{s_1^2}{n_1}\right)^2}{n_1 - 1} + \dfrac{\left(\dfrac{s_2^2}{n_2}\right)^2}{n_2 - 1}}$$

検定統計量のt値はともかく、自由度は式を見ただけでうんざりで、とても計算する気にはなれないです。しかし、例題のような気象観測データは、過去30年の平年値などのデータもあるほか、例年それほど変化するとは考えられないことから、「母分散はわかっている」とみなすことができます。母分散がわかっていると仮定できる場合、検定統計の値「t値」は標準正規分布N(0,1)に従うとしてよいことになっています。

事後になりますが、分析ツールの出力結果「t境界値両側」の「1.96」を見て、ピンと来た方もいらっしゃるのではないでしょうか。N(0,1)で近似できるなら、両側1%の境界値は「±2.58」とすることができます。例題の検定統計の値は「-7.73」ですから、両側検定1%にしても帰無仮説が棄却されることになります。

05 シェアは伸びたのか

サイコロは、イカサマでもしない限り、1 〜 6の出る目の確率は1/6ずつになるはずです。でも
これは、気の遠くなるほど投げ続けてようやく「まあ、1/6ずつと認めてもいいかな。」という感
じです。通常は、疲れない程度に投げて判断します。疲れない程度ですと、出る目の回数はばら
つき、期待される6等分の回数とは差が出ます。ばらつきは想定内なのかどうか、ここでは、期
待値と実際の値との差について、カイ二乗分布を使って仮説検定を行います。

導入 ▶ ▶ ▶

例題 「商品の販売シェアは伸びたといえるのか?」

　自社の商品Xは競合が4社あり、自社のシェアは第3位で「15%」です。販促活動に力を入れた結果、
今回の標本調査で次の結果を得ました。売上構成比は「20%」に伸びています。売上の伸びは本物でしょ
うか。有意水準5%で検定します。

●商品Xの従来のシェアと直近の標本調査結果

	A	B	C	D	E	F	G
1	▽商品Xのシェア			▽標本調査した売上数量			
2	社名	シェア		社名	売上数量	売上構成比	期待値
3	自社	15%		自社	48	20.0%	
4	A社	10%		A社	25	10.4%	
5	B社	45%		B社	92	38.3%	
6	C社	25%		C社	60	25.0%	
7	D社	5%		D社	15	6.3%	
8				合計	240	100.0%	

> 従来に比べて、売上構成比が上昇している。
> 今回の調査がたまたまよかっただけか。そも
> そもこの数字はシェアが伸びたといえるのか

▶ カイ二乗分布で仮説検定を行う

　実験で得られた実測値は理論値とは異なり、誤差が出ます。誤差が大きくなると、理論
の方がおかしいのはないかという疑問を持ちます。これは、理論上○○になるはずだとい
う帰無仮説を受け入れて、実際に標本をとってみたら、どうも差があるように感じる、だ
から、現実の値は理論とは異なるという対立仮説を立てた仮説検定です。

　さて、実際の値、つまり標本で得た値と理論値との誤差について考えるとき、実際の値
は理論値より大きくなったり、小さくなったりします。誤差の代表値を求めたいからと、

誤差を全部足してみても「0」になるだけです。もう、おわかりですね。代表値が「0」になることを回避するには、誤差を2乗して合計します。2乗和ときたら変動です。変動も散らばりの指標です。散らばりといえば、確率分布はカイ二乗分布です。

よって、実際の値と理論値との差の検定には、カイ二乗分布を使います。検定統計量 χ^2 は次のとおりです。なお、理論値というと、いささか大げさな印象になります。通常は、従来からの経験則によると○○くらいの値になるはずだという「期待値」です。よって、検定統計量も期待値で表記します。nは標本サイズです。

● 検定統計量 χ^2

$$\chi^2 = \sum_{n=1}^{n} \frac{(実測値_n - 期待値_n)^2}{期待値_n}$$

▶5社の売上数量を標本として得たが、売上数量の合計による縛りで、自由度は1つ減って4になる。

カイ二乗検定の帰無仮説と対立仮説、および帰無仮説の棄却条件は次のとおりです。

帰無仮説：実測値＝期待値　シェアは従来と同じである
対立仮説：実測値＞期待値　シェアは従来よりも伸びている
棄却条件：χ^2値 ≧ 自由度4のカイ二乗分布の上側5%点

実践 ▶▶▶

▶ Excelの操作①：カイ二乗値を求める

サンプル
7-05

カイ二乗値を求めるには、期待値を先に求めておく必要があります。期待値は、従来のシェアから計算される売上数量です。自社の場合、競合を含めた全体の売上数量240個のうち、15%が従来の取り分ですから、「240×15%」が期待値となります。

期待値を求める

● セル「G3」に入力する式

| G3 | =$E$8*B3 |

	A	B	C	D	E	F	G	H	I
1	▽商品Xのシェア			▽標本調査した売上数量					
2	社名	シェア		社名	売上数量	売上構成比	期待値	期待値との差	差の2乗
3	自社	15%		自社	48	20.0%	36		
4	A社	10%		A社	25	10.4%	24		
5	B社	45%		B社	92	38.3%	108		
6	C社	25%		C社	60	25.0%	60		
7	D社	5%		D社	15	6.3%	12		
8				合計	240	100.0%			
9									

❶ セル「G3」に式を入力し、セル「G7」までオートフィルでコピーする。各社の売上数量の期待値が求められた

CHAPTER 07 偶然と必然の分かれ道

カイ二乗値を求める

●セル「H3」~「I3」と「H8」に入力する式

| H3 | =E3-G3 | I3 | =H3^2 | J3 | =I3/G3 | H8 | =SUM(H3:H7) |

▶ セル「H8」にSUM関数を入力し、売上数量と期待値の差の合計は0になることを確認する。

	A	B	C	D	E	F	G	H	I	J	K
1	▽商品Xのシェア			▽標本調査した売上数量							
2	社名	シェア		社名	売上数量	売上構成比	期待値	期待値との差	差の2乗	差の2乗/期待値	
3	自社	15%		自社	48	20.0%	36	12	144	4	
4	A社	10%		A社	25	10.4%	24	1	1	0.0416667	
5	B社	45%		B社	92	38.3%	108	-16	256	2.3703704	
6	C社	25%		C社	60	25.0%	60	0	0	0	
7	D社	5%		D社	15	6.3%	12	3	9	0.75	
8				合計	240	100.0%		0			
9											

❶ セル「H3」~「J3」に式を入力し、セル範囲「H3:J3」をもとに、オートフィルで7行目までコピーする

❸ 有意水準と比べられるように、セル「J8」を参照して転記しておく

●セル「J8」と「M3」に入力する式

| J8 | =SUM(J3:J7) | M3 | =J8 |

	F	G	H	I	J	K	L	M	N
1	数量								
2	売上構成比	期待値	期待値との差	差の2乗	差の2乗/期待値		▽検定統計量		
3	20.0%	36	12	144	4		検定統計量(T)	7.162037	
4	10.4%	24	1	1	0.0416667				
5	38.3%	108	-16	256	2.3703704		▽有意水準の確率変数		
6	25.0%	60	0	0	0		上側5%点		
7	6.3%	12	3	9	0.75				
8	100.0%		0		7.162037				
9									

❷ セル「J8」に差の二乗値を期待値で割った値を合計するSUM関数を入力し、カイ二乗値が求められた

▶ Excelの操作②:有意水準の確率変数を求める

自由度4のカイ二乗分布の上側5%点を求めます。CHISQ.INV.RT関数は、上側確率を求めますので、そのまま5%を指定できます。

自由度4のカイ二乗分布の上側5%点を求める

●セル「M6」に入力する式

| M6 | =CHISQ.INV.RT(5%,4) |

❶ セル「M6」に式を入力し、自由度4のカイ二乗分布の上側5%点が求められた

	F	G	H	I	J	K	L	M	N
1	数量								
2	売上構成比	期待値	期待値との差	差の2乗	差の2乗/期待値		▽検定統計量		
3	20.0%	36	12	144	4		検定統計量(T)	7.162037	
4	10.4%	24	1	1	0.0416667				
5	38.3%	108	-16	256	2.3703704		▽有意水準の確率変数		
6	25.0%	60	0	0	0		上側5%点	9.487729	
7	6.3%	12	3	9	0.75				
8	100.0%		0		7.162037				

05 シェアは伸びたのか

▶ 結果の読み取り

標本から得た売上数量の売上構成比は20%になり、従来の15%より増えたように見えましたが、仮説検定の結果、カイ二乗値は有意水準の棄却域に入らず、シェアの構成には変化があったとはいえないという結果になりました。

カイ二乗値「7.16」＜有意水準5%の確率変数「9.49」

ところで、カイ二乗値は、2乗和であることから、標本として抽出するデータ量に敏感です。売上数量のサイズを「240」から1.5倍の「360」に増えたケースと2倍の「480」に増えたケースを示します。売上構成比には変化がありませんが、検定統計量が売上数量のサイズの増加率に比例して大きくなり、帰無仮説が棄却されて対立仮説が採択されます。これは、P.319の標本サイズが増えると棄却領域が広がって帰無仮説が棄却されやすくなるのと同様です。正規分布は、標本サイズの平方根の効き目でした。200件が800件に増えたからといって、4倍の検定統計量になるのではなく、4の平方根の2倍に留まります。しかし、カイ二乗値は、データ量に比例して大きくなり、正規分布の2倍の速さで棄却域に入ります。カイ二乗検定では、取り扱うデータ量が増えると棄却域に入りやすいことは知っておいた方がいいでしょう。

●売上数量サイズ「360」の場合

	D	E	F	G	H	I	J	K	L	M
1	▽標本調査した売上数量									
2	社名	売上数量	売上構成比	期待値	期待値との差	差の2乗	差の2乗／期待値		▽検定統計量	
3	自社	72	20.0%	54	18	324	6		検定統計量 (T)	10.97222
4	A社	37	10.3%	36	1	1	0.0277778			
5	B社	138	38.3%	162	-24	576	3.5555556		▽有意水準の確率変数	
6	C社	90	25.0%	90	0	0	0		上側5%点	9.487729
7	D社	23	6.4%	18	5	25	1.3888889			
8	合計	360	100.0%		0		10.972222			
9										

帰無仮説は棄却され、有意水準のもとで対立仮説が採択される

●売上数量サイズ「480」の場合

	D	E	F	G	H	I	J	K	L	M
1	▽標本調査した売上数量									
2	社名	売上数量	売上構成比	期待値	期待値との差	差の2乗	差の2乗／期待値		▽検定統計量	
3	自社	96	20.0%	72	24	576	8		検定統計量 (T)	14.32407
4	A社	50	10.4%	48	2	4	0.0833333			
5	B社	184	38.3%	216	-32	1024	4.7407407		▽有意水準の確率変数	
6	C社	120	25.0%	120	0	0	0		上側5%点	9.487729
7	D社	30	6.3%	24	6	36	1.5			
8	合計	480	100.0%		0		14.324074			
9										

売上数量が240個のときの2倍になる

CHAPTER **07** 偶然と必然の分かれ道

発展 ▶▶▶

▶ 類似の分析例

実測値と期待値との差の程度の検定は、実測値と期待値がどれくらい合っているかの検定でもあり、例題のカイ二乗検定を適合度検定ともいいます。適合度検定には、次のような例があります。考え方は例題と同じです。

● アンケート回答の差

良い／普通／悪いといったアンケート回答で得た各評価の頻度と想定される各評価の頻度との差を検定することができます。

	A	B	C	D	E	F
1	アンケート結果					
2	▽商品Aに対する満足度をお聞かせください					
3	満足度	回答数	期待値	期待値との差の2乗	差の2乗／期待値	
4	満足している	30	20	100	5	
5	どちらでもない	12	20	64	3.2	
6	不満である	18	20	4	0.2	
7	合計	60			8.4	
8						
9				▽自由度2のカイ二乗分布の上側5%点		
10				有意水準5%	5.991464547	
11						
12	検定結果：8.4＞5.99より、有意水準5%でアンケート回答には有意な差がある					
13						

● 年代構成の変化

従来の顧客の年代構成をもとに、購入者の年代を標本調査したところ、30 ～ 40代の割合が高くなったとき、年代構成には変化があったといえるかどうか、検定することができます。もし、30 ～ 40代をターゲットにプロモーション活動を強化していたと仮定すると、年代構成に変化があったといえれば、プロモーション活動に効果があったことになります。

	A	B	C	D	E	F	G	H
1	▽従来の顧客の年代構成			▽購入者の年代構成				
2	年代	構成比		年代	人数	構成比	期待値	期待値との差の2乗／期待値
3	10代～20代	25%		10代～20代	9	15.0%	15	2.4
4	30代～40代	55%		30代～40代	42	70.0%	33	2.454545455
5	50代～60代	15%		50代～60代	8	13.3%	9	0.111111111
6	70代以上	5%		70代以上	1	1.7%	3	1.333333333
7				合計	60	100.0%		6.298989899
8								
9				▽自由度3のカイ二乗分布の上側5%点				
10				有意水準5%	7.814728			
11								
12	検定結果：6.3＜7.8より、有意水準5%で購入者の年代構成には変化があったとは言えない							
13								

340

給料は上がったのか

前節と同様に実際の値と期待値との差についてカイ二乗検定を行います。前節は、「シェア」という変数が1つでしたが、ここでは、「調査時期」と「回答」という2種類の変数を用います。したがって、表構成は縦項目と横項目があるクロス集計表です。ここでは、2×2の表を使ってカイ二乗検定を行います。

導入 ▶▶▶

例題　「給料は上がったといえるのか？」

調査会社のR社が行った給料に関するアンケート結果は次のとおりです。今回調査は前回と比べて給料が上がったかどうかに対して「はい」と答えた比率が伸び、「いいえ」と答えた比率が下がりました。今回調査の結果から、世の中の人々の給料は上がったといえるでしょうか。有意水準5％で検定します。

●アンケート集計表：給料は上がったか

	A	B	C	D	E	F
1	▽アンケート集計表					▽期待値
2	回答	はい	いいえ	合計回答数		回答
3	前回調査	490	135	625		前回調査
4	今回調査	1015	230	1245		今回調査
5	合計回答数	1505	365	1870		合計回答数
6						
7	▽回答比率					▽検定統計量
8	回答	はい	いいえ			回答
9	前回調査	78.4%	21.6%			前回調査
10	今回調査	81.5%	18.5%			今回調査
11	伸び率	4.0%	-14.5%			
12						

今回調査では、明らかに「はい」が増えたので、全体的に給料は上がったとしてよいだろうか？

▶ カイ二乗分布で仮説検定を行う

クロス集計表で縦の項目と横の項目に関連性があるかどうかを検定することを独立性の検定といいます。例題の場合、前回調査の回答と今回調査の回答に何の関わりもないとしたら、たまたま前回より「はい」と答えた人が多かっただけになります。反対に、前回から今回への時間経過が回答に変化をもたらしたとすると、多くの人が答えた「はい」は気

のせいではないことになります。

　こういった調査結果が解釈付きで掲載されているのをよく見かけますが、実際どうなのでしょうか。表の内容は事実として、解釈まで鵜呑みにはできないです。そこで、前節と同様に期待値を求め、実際の回答数と期待値との差についてカイ二乗検定を実施します。検定統計量はP.337と同じです。

　カイ二乗検定の帰無仮説と対立仮説は次のとおりです。統計では互いに関連性がないことを独立しているといいます。

　　帰無仮説：クロス集計表の縦項目と横項目は何の関係もなく、独立している
　　対立仮説：クロス集計表の縦項目と横項目は関連性がある

　帰無仮説を棄却する条件は、次のとおりです。

　　χ^2値 $\geq$ 自由度1のカイ二乗分布の上側5%点

▶自由度の考え方
→P.346

　クロス集計表の自由度は、「縦項目数−1」×「横項目数−1」になるため、カイ二乗分布の自由度は1です。

▶ 期待値の求め方

　クロス集計表で期待値を求めるには、縦項目と横項目には関連がないという帰無仮説に立ちます。すると、たとえば、回答構成の「はい」「いいえ」は「前回調査」と「今回調査」には何の関わりもないはずなので、「はい」の期待値の割合は、回答全体の中の「はい」の割合になります。

　　「はい」の期待値の割合 ＝「はい」の合計回答数「1505」／全体回答数「1870」

●横項目は無視

行の横項目が関係ないなら、「1505/1870」「365/1870」は「はい」「いいえ」の期待値の割合になる

　同様に、調査時期の「前回調査」と「今回調査」は回答の「はい」「いいえ」とは何の関わりもないとすると、「前回調査」の期待値の割合は、回答全体の「前回調査」の割合になります。

　　「前回調査」の期待値の割合 ＝「前回調査」の合計回答数「625」／全体回答数「1870」

●縦項目は無視

列の縦項目が関係ないなら、「625/1870」「1245/1870」は「前回調査」「今回調査」の期待値の割合になる

以上より、「前回調査」×「はい」の期待値は、次のようになります。

「前回調査」×「はい」の期待値
＝「前回調査」の期待値の割合 ×「はい」の期待値の割合 ×全体回答数

実践 ▶▶▶

▶ Excelの操作①：カイ二乗値を求める

サンプル
7-06

カイ二乗値を求めるために、期待値を求めます。期待値を求めたら、P.338と同じ式に代入してカイ二乗値を求めます。

期待値を求める

●セル「G3」に入力する式

| G3 | =$D$5*(B$5/$D$5)*$D3/$D$5 |

▶期待値の縦合計と横合計は、もとのアンケート集計表の合計値と一致する。

	A	B	C	D	E	F	G	H	I
1	▽アンケート集計表					▽期待値			
2	回答	はい	いいえ	合計回答数		回答	はい	いいえ	合計回答数
3	前回調査	490	135	625		前回調査	503.00802	121.99198	625
4	今回調査	1015	230	1245		今回調査	1001.992	243.00802	1245
5	合計回答数	1505	365	1870		合計回答数	1505	365	1870
6									
7	▽回答比率					▽検定統計量（カイ二乗値）の算出			
8	回答	はい	いいえ			回答	はい	いいえ	
9	前回調査	78.4%	21.6%			前回調査			
10	今回調査	81.5%	18.5%			今回調査			
11	伸び率	4.0%	-14.5%						
12									

❶セル「G3」に式を入力し、セル「H4」までオートフィルでコピーする。縦横を組み合わせた4つの期待値が求められた

カイ二乗値を求める

●セル「G9」に入力する式

| G9 | =(B3-G3)^2/G3 |

CHAPTER 07 偶然と必然の分かれ道

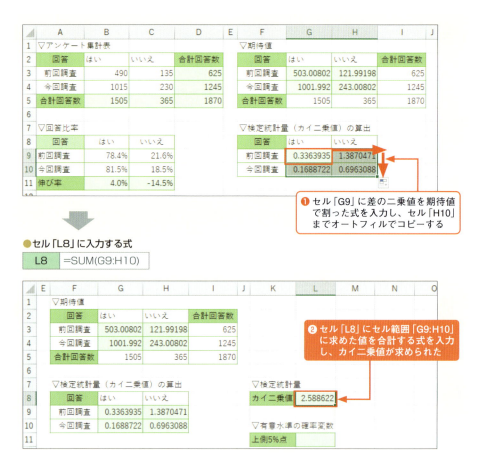

▶ Excelの操作②：有意水準の確率変数を求める

　自由度1のカイ二乗分布の上側5%点を求めます。CHISQ.INV.RT関数は、上側確率を求めますので、そのまま5%を指定できます。

自由度1のカイ二乗分布の上側5%点を求める

●セル「L11」に入力する式

| L11 | =CHISQ.INV.RT(5%,1) |

▶ 結果の読み取り

今回調査の絶対数が増えたこともあって、見た目には、給料が上がったことに「はい」と答えた人数がかなり多く増えたように見えました。しかし、実際に検定をしてみると、以下のとおり、帰無仮説は棄却できません。時間経過は回答構成に関連せず、たまたま、「はい」と答えた人が増え、「いいえ」と答えた人が減ったに過ぎないという仮説は捨てきれないことになります。

カイ二乗値「2.59」＜有意水準5%の確率変数「3.84」

Column　CHISQ.TEST関数の利用

CHISQ.TEST関数は、実際に得られた値と期待値を指定すると、検定統計量に対する確率が求められます。よって、期待値の計算は必要です。

●CHISQ.TEST関数を利用した仮説検定

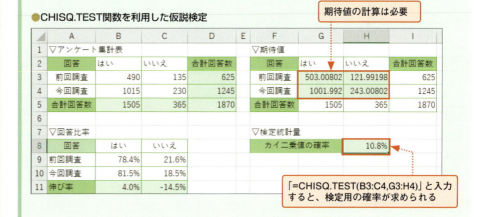

発 展 ▶▶▶

▶ m×nの分割表で仮説検定を行う

例題は2×2の表で独立性の検定を行いましたが、m列n行構成の集計表も同様に検定できます。考え方は例題と同様です。

● 研修と営業成績の3列4行のクロス集計表

下の図は、営業員205名を4つのグループに分けて、研修A～Dのいずれかを実施し、研修後の営業成績を3段階に分けて、人数をカウントした表です。横計は研修の参加人数、縦計は成績別の人数です。

CHAPTER 07 偶然と必然の分かれ道

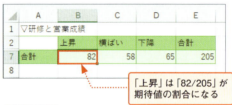

上の表の仮説検定の帰無仮説と対立仮説は次のとおりです。

帰無仮説：研修と営業成績には関連がない?研修をやっても営業成績に結び付かない
対立仮説：研修と営業成績には関連がある?研修は営業成績向上に効果がある

期待値の求め方は、例題と同じです。計算に迷った場合は、行や列を非表示するとわかりやすいです。

▶行や列を非表示にするには、非表示にしたい行または列を選んで、右クリックから【非表示】をクリックする。再表示は、非表示にした行や列を挟むように選び、右クリックから【再表示】を選ぶ。

● 縦項目無視

● 横項目無視

● 自由度の考え方

自由度は、自由に選べるデータ数です。クロス集計表の場合、横計と縦計がわかっていれば、営業成績の「下降」と「研修D」はデータがなくても計算で求められます。

● クロス集計表の自由度

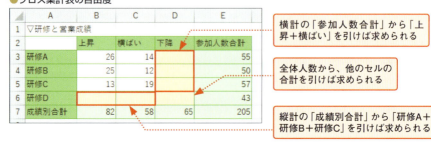

06 給料は上がったのか

前の図で数値が入っている箇所は、「3列－1」×「4行－1」＝6個ですので、自由度は6になりますので、P.342のとおり、「m列－1」×「n行－1」で自由度の計算ができます。ただし、自由に選べる数という観点でもう少し補足します。

本来は、4×3＝12個のデータがありますが、「下降」の1列分の「4個」と研修Dの1行分の「3個」は他の数字から自動で決まります。ここで、「下降」×「研修D」は1回ダブりがありますので、1個足し戻すと考えます。したがって、自由度は次のように計算されます。

自由度 ＝ 12個 － 4個 － 3個 ＋ 1個 ＝ 6 個

一般化して書き直します。

自由度 ＝（ m列×n行）個 － n個 － m個 ＋ 1個（ダブりの足し戻し）

上の式を因数分解した式が「(m列－1)×(n行－1)」になります。

● **カイ二乗検定**

自由度がわかれば、操作の手順は例題と同じです。仮説検定の結果は次のようになります。残念ながら、帰無仮説は棄却されず、研修と営業成績には関係があるとはいえないという結果です。

●3列4行の分割表のカイ二乗検定結果

	F	G	H	I	J	K	L	M
1		▽期待値						
2			上昇	横ばい	下降	合計		
3		研修A	22	15.56098	17.43902	55		
4		研修B	20	14.14634	15.85366	50		
5		研修C	22.8	16.12683	18.07317	57		
6		研修D	17.2	12.16585	13.63415	43		
7		合計	64.8	45.83415	51.36585	205		
8								
9		▽検定統計量（カイ二乗値）の算出				▽検定統計量		
10			上昇	横ばい	下降		カイ二乗値	10.98354
11		研修A	0.727273	0.156587	0.341122			
12		研修B	1.25	0.325652	0.513659		▽有意水準の確率変数	
13		研修C	4.212281	0.511887	2.654817		自由度	6
14		研修D	0.037209	0.057193	0.195864		上側5％点	12.59159
15								

有意水準のもとでは、帰無仮説は棄却されない

347

CHAPTER 07 偶然と必然の分かれ道

練習問題

問題❶ 対策後の平均問い合わせ件数は減少したのか？

従来の平均問い合わせ件数と標準偏差は既知です。問い合わせ件数を減らすため、取説の改善、購入前説明の充実などの対策を実施し、対策後の問い合わせ件数を30件ピックアップしました。対策前と比べて、対策後の問い合わせ件数は減少したといえるでしょうか。

練習：7-renshu
完成：7-kansei

●対策後の問い合わせ件数の標本データ

	A	B	C	D	E
1	▽対策前の問い合わせ件数			▽検定前調査	
2	平均件数	334		標本平均値	309.6333
3	標準偏差	64		標本サイズ	30
4					
5	▽対策後問い合わせ件数			▽Z検定	
6	No	件数		検定統計量（Z値）	
7	1	282			
8	2	325		▽有意水準5%の確率変数	
9	3	318			
10	4	263			
11	5	326		帰無仮説：	
12	6	283		対立仮説：	
13	7	308			
14	8	283		▽検定結果	

「Z検定」シートを開きます。

① 帰無仮説と対立仮説を立ててください。

② 検定統計量を求めてください。なお、標本平均値の分布は正規分布に従うものとします。

③ 有意水準5%で検定します。有意水準の確率変数の確率変数を求めてください。その際、上側／下側の何パーセント点の確率変数を求めたかをセル「D9」に入力してください。

④ 検定結果を考察してください。

問題❷ 曜日ごとの来店者数構成に変化はあったのか？

来客数が週末に集中する店舗で、平日限定のクーポン券を配布したところ、来店者数が次のようになりました。クーポン効果で平日の来店者は増加したといえるでしょうか。

帰無仮説は、従来の曜日ごとの来客数構成と変わらない

対立仮説は、曜日ごとの来店者数構成に変化があり、平日の来店者数が以前に比べて増えたとします。

● 来店者数の標本データ

	A	B	C	D	E	F	G	H	I	J	K
1	▽従来の来客数構成			▽来客数データ						▽検定統計量	
2	曜日	人数構成比		曜日	人数	構成比	期待値	差の2乗／期待値		カイ二乗値	
3	日	18%		日	27.5	16.2%					
4	月	3.5%		月	14	8.2%				▽有意水準の確率変数	
5	火	3.5%		火	11.5	6.8%				上側5%点	
6	水	12%		水	20	11.8%					
7	木	10%		木	17.5	10.3%				▽検定結果	
8	金	22%		金	38.5	22.6%					
9	土	31%		土	41	24.1%					
10				合計	170	100%					
11											
12		帰無仮説：		従来の来客数構成と現在の来客数構成は同じ							
13		対立仮説：		現在の平日の来客数＞従来の平日の来客数							
14											

「適合度検定」シートを開きます。

①期待値を求めてください。

②検定統計量のカイ二乗値を求めてください。

③有意水準5%で検定します。有意水準5%の確率変数を求めてください。

④検定結果を考察してください。

INDEX

■アルファベット

e-Stat	180
F検定	330
F分布	256、324
P値	120
t検定	331
t値	119、120、282、332、335
t分布	255、280、285
Z値	84、247、317、320

■関数

ABS関数	135
AND関数	274
AVERAGEIFS関数	47
AVERAGEIF関数	47
AVERAGE関数	40
BINOM.DIST関数	310
CHISQ.INV.RT関数	293
CHISQ.TEST関数	345
CORREL関数	100
COUNTIF関数	60、135
COVARIANCE.P関数	105
DEVSQ関数	176
F.INV.RT関数	326
F.TEST関数	327
FORECAST関数	115
FREQUENCY関数	22
IFERROR関数	310

IF関数	132
INDEX関数	188
INDIRECT関数	207
INTERCEPT関数	115
ISERROR関数	143
LINEST関数	128
LOG関数	34
MATCH関数	142
MAX関数	21
MEDIAN関数	50
MIN関数	21
MODE.MULT関数	58
MROUND関数	68
NORM.DIST関数	236
NORM.INV関数	243、318
NORM.S.DIST関数	249
OFFSET関数	198
QUARTILE.INC関数	55
RANDBETWEEN関数	192
RANK.EQ関数	188
ROUND関数	58
RSQ関数	114
SLOPE関数	115
SQRT関数	34、78、284
STANDARDIZE関数	91
STDEV.P関数	80、81
STDEV.S関数	80、81
SUMIF関数	311
SUMPRODUCT関数	149

索　引

T.INV.2T関数	283
T.TEST関数	334
VAR.P関数	80、81、284
VAR.S関数	80、81、198、219
Z.TEST関数	320

■あ行

移動中央	50
移動平均	50
因果	95
重み付け	146、190

■か行

回帰曲線	107
回帰式	107
回帰分析	107、122
階級数	20、34
階級値	42
階級幅	20
カイ二乗検定	341
カイ二乗値	292、338
カイ二乗分布	253、290、321、336
確率	8
確率分布	9、230、253
確率変数	225、243、285、326
確率密度	235
仮説検定	306、315、317、324

片側検定	307
傾き	114、115
カテゴリースコア	132、139
間隔尺度	14
間接相関	96
危険率	265、276
期待値	8、224、342
帰無仮説	307、317、321、330、336
級内変動	175
共分散	102
寄与率	148
近似曲線	108
区間推定	263、306
区間幅	301
グラフ	31
クロス集計表	341
クロスセッションデータ	13
群間変動	175
決定係数	108、114、117
検定統計量	308、317

■さ行

最小値	21
最大値	21
最頻値	56
残差	108
散布図	87、98、108
サンプルスコア	141

時系列データ	13		相関係数	97、100
四捨五入	58		相関比	175
質的データ	12		ソルバー	152、176
四分位数	54			
重回帰分析	113、128			
自由度	255		**■た行**	
自由度n-1	254、281		対立仮説	307、317、321、330、336
主成分得点	148		単回帰分析	107
主成分分析	145		中央値	48、50
順序尺度	14		中心極限定理	241
条件付き書式	65		重複データ	191
冗長化	131		定性データ	12、130、142
信頼区間	265、274、286		データバー	63、66
信頼度	263		データ分散	230
信頼度95%	263、265、277、294		統計学	2
推定	9		度数	22
数式の検証	203		度数分布表	18、62、232
数値データ	12			
スコットの公式	35			
スタージェスの公式	34		**■な行**	
ステータスバー	166		二項確率	310
正規分布	10、230、236、297		二項分布	257、297、310
正の相関	95			
制約条件	175			
切片	114、115		**■は行**	
説明変数	107、121、132		外れ値	44、127、136
線形近似曲線	114		判別境界線	169、179
全変動	175		判別式	163
相関	95		判別的中率	164、178

判別得点	163	補正R2	120
判別分析	162	母標準偏差	197
比尺度	14	母比率	211、297
ヒストグラム	18、233	母分散	198、219、231、254、290
ビッグデータ	16	母平均	186、195、231、280、330
標準化	83、91、119		
標準誤差	120		
標準残差	120、127	**■ま行**	
標準正規分布	245、249	無作為抽出	185、192
標準偏差	73、76	無相関	97
標本サイズ	187、195、216、265、301、319	名義尺度	14
標本数	187	目的変数	107、163
標本標準偏差	80、185、278	文字データ	12
標本比率	211		
標本分散値	215、221		
標本平均値	186、193、221	**■や行**	
フィッシャーの近似式	295	有意F	120
負の相関	95	有意水準	120
不偏分散	80、254	予測値	106、120、128
フリードマン＝ダイアニクスの公式	35		
分散	73、76、198、214		
分析ツール	119、332	**■ら行**	
平均値	36、40、43、47、166	乱数	188、192
平方根	34、78	両側確率	272
偏差	75	両側検定	307
変動	176	量的データ	12
母集団	185	累積寄与率	150

Excelで学ぶ
統計解析本格入門
URL https://isbn2.sbcr.jp/01133/

○本書をお読みいただいたご感想、ご意見を上記URLにお寄せください。
○本書に関する正誤情報など、本書に関する情報も掲載予定ですので、あわせてご利用ください。

Excelで学ぶ
統計解析本格入門

2019年2月25日	初版第一刷発行
2021年4月13日	第四刷発行

著 者	日花 弘子
発行者	小川 淳
発行所	SBクリエイティブ株式会社
	〒106-0032 東京都港区六本木2-4-5
	TEL 03-5549-1201（営業）
	https://www.sbcr.jp/
印 刷	株式会社 シナノ
装 丁	大島 恵理子
組 版	三門 克二（株式会社コアスタジオ）
編 集	平山 直克（Shallow）

落丁本、乱丁本は小社営業部にてお取替えいたします。
定価はカバーに記載されております。

Printed in Japan ISBN978-4-8156-0113-3